Walter Schlee

Einführung in die Spieltheorie

Walter Schlee

Einführung in die Spieltheorie

Mit Beispielen und Aufgaben

Bibliografische Information Der Deutschen Bibliothek
Die Deutsche Bibliothek verzeichnet diese Publikation in der Deutschen Nationalbibliografie;
detaillierte bibliografische Daten sind im Internet über <http://dnb.ddb.de> abrufbar.

Dr. Walter Schlee
Technische Universität München
Zentrum Mathematik
Boltzmannstr. 3
85748 Garching

E-Mail: schlee@mathematik.tu-muenchen.de

1. Auflage September 2004

Alle Rechte vorbehalten
© Springer Fachmedien Wiesbaden 2004
Ursprünglich erschienen bei Friedr. Vieweg & Sohn Verlag/GWV Fachverlage GmbH, Wiesbaden 2004

Der Vieweg Verlag ist ein Unternehmen von Springer Science+Business Media.
www.vieweg.de

Gedruckt auf säurefreiem und chlorfrei gebleichtem Papier.

ISBN 978-3-528-03214-2   ISBN 978-3-322-90143-9 (eBook)
DOI 10.1007/978-3-322-90143-9

Vorwort

Dieses Buch ist aus Vorlesungen für Mathematiker und Informatiker an der Technischen Universität München entstanden. Die Bedeutung der Spieltheorie wird in der Einleitung ausführlich dargestellt.

Die Druckvorlage wurde mit $\LaTeX\,2_\varepsilon$ erstellt und die Bilder, mit Ausnahme der Screenshots, wurden mit METAPOST/MFPIC gezeichnet und eingebunden.

Bei Beispielen und den Lösungen der Aufgaben wird die Verwendung der Softwarepakete MAPLE® und GAMBIT aufgezeigt. MAPLE® ist ein kommerzielles Produkt und GAMBIT ist für nichtkommerzielle Zwecke frei verfügbar.

München im Sommersemester 2004
Walter Schlee

Inhaltsverzeichnis

1 Einleitung

In dem Buch von Casti "Die großen fünf: Mathematische Theorien, die unser Jahrhundert prägten" ([13]) wird der Minimax-Satz der Spieltheorie neben dem Brouwerschen Fixpunktsatz, dem Theorem von Morse in der Singularitätentheorie, dem Anhaltesatz bei der Turingmaschine und der Simplexmethode in der Optimierung aufgeführt.

Das Wort Spiel hat eine sehr vielschichtige Bedeutung. Es umfaßt die Unterhaltungsspiele wie Brett-, Würfel- und Kartenspiele, Glücksspiele, auch das Murmelspiel, Kegeln, Eisstockschießen, Boccia usw. Hierzu gehört auch der Sport als mildere Form des Kampfspiels. Man spricht auch vom Leben als Spiel. Manchmal bezeichnet man auch die natürliche Neugierde als Spieltrieb. Im Althochdeutschen bezeichnet Spiel zunächst den Tanz. Unterhaltungsspiele sind seit dem Altertum überliefert (Ägypten, altes Reich). Das Schachspiel, das wohl berühmteste Spiel, stammt aus Indien oder China und erhielt etwa im 6. Jahrhundert n. Chr. die heutige Form. Es verbreitete sich über das oströmische Reich und über das arabische Spanien nach Europa. Nach Huizinga ([32])ist das Spiel wesentlicher Bestandteil aller Kultur und menschlicher Entwicklung.

Seit dem wegweisenden Buch ([54]) "Theory of Games and Economic Behaviour" von v. Neumann und Morgenstern aus dem Jahre 1944 ist die Spieltheorie eine mathematisch-wissenschaftliche Disziplin.

Die Bedeutung, die heutzutage der Spieltheorie beigemessen wird, ist in besonderer Weise augenfällig geworden durch die Verleihung des Nobelpreises für Wirtschaftswissenschaften im Jahre 1994 zu gleichen Teilen an Nash, Harsanyi und Selten für ihre bahnbrechenden Arbeiten auf dem Gebiet der Spieltheorie (siehe [51], [52], [63], [64], [22], [23], [24]). Holler und Illig ([31, Seite 1]) schreiben in ihrem Buch "Einführung in die Spieltheorie"(1996), dass viele Wirtschaftswissenschaftler heute die Spieltheorie als formale Sprache der ökonomischen Theorie betrachten.

Die älteste wissenschaftliche Abhandlung über Spiele scheint sich im Schriftwechsel von Bernoulli aus dem Jahre 1713 zu finden (siehe[79]). Im Jahre 1928 hat J. von Neumann ([53]) seine erste Arbeit über Spieltheorie veröffentlicht. Aus den Jahren 1921 und 1938 gibt es auch zwei Arbeiten von Borel ([10], [11]), die sich mit diesem Thema beschäftigen. In wirtschaftlicher Hinsicht scheint Cournot([16]) den ersten und immer noch wichtigen Beitrag im Jahre 1838 geliefert zu haben. Stackelberg ([75]) hat sich etwa gleichzeitig wie v. Neumann und Borel mit Gleichgewichtspunkten im wirtschaftlichen Bereich beschäftigt, die sich in die spieltheoretischen Ansätze einfügen.

Aus dem Buch von Mehlmann ([48]) entnehmen wir die folgenden biographischen Notizen über die drei Nobelpreisträger:

John Forbes Nash.

Am 13. Juni 1928 in Bluefield, Virginia, geboren, absolvierte Nash seine Studien in Princeton als Schüler Albert W. Tuckers. Über das MIT (Massachusetts Institute of Technology) kehrte er später als Professor nach Princeton zurück. Das Schicksal hatte ihm nur eine geringe Zeitspanne für die schlagenden Beweise seiner erstaunlich vielseitigen mathematischen Begabung gegönnt. Seit 1959 von einer schweren Erkrankung aus dem Gleichgewicht gebracht, gelang es Nash erst Mitte der 80er Jahre die Krankheit zu besiegen.

Dieses schwere Schicksal hat die Filmemacher angeregt. Im März 2002 ist in den deutschen Kinos der Film „A beautiful Mind" unter der Regie von Ron Howard und mit dem Hauptdarsteller Russel Crowe als John Nash angelaufen. Auch wenn der Hauptdarsteller keinen Oscar erhalten hat, so wurde der Film doch insgesamt mit vier Oscars ausgezeichnet.

Reinhard Selten.

Am 10. Oktober 1930 in Breslau (jetzt: Wroclaw) geboren, fühlte sich Selten frühzeitig zur Mathematik hingezogen. Die Studienjahre verbrachte er in Frankfurt, wo er bei Ewald Burger seine Magisterarbeit über ein Thema aus der kooperativen Spieltheorie verfaßte. Nach ersten Arbeiten auf dem Gebiet der experimentellen Ökonomie etablierte sich Selten binnen kürzester Zeit als einer der innovativsten Forscher der Spieltheorie. Auf Professuren in Berlin und Bielefeld folgte 1984 die Berufung auf den Lehrstuhl für wirtschaftliche Staatswissenschaften, insbesondere Wirtschaftstheorie der Universität Bonn. Besonders bemerkenswert ist Seltens Neigung zur wissenschaftlichen Kooperation und seine durch zahlreiche Arbeiten auf dem Gebiet der Politologie, der Biologie und der Psychologie erprobte Interdisziplinarität.

John Harsanyi.

John Harsanyi wurde am 29. Mai 1920 in Budapest geboren und ist einer Meldung der Süddeutschen Zeitung zufolge im August 2000 gestorben. In den Wirren der Nachkriegszeit musste er als politischer Flüchtling das Land verlassen. Der Ausbildung nach Philosoph, studierte er in seiner neuen Heimat Australien und danach an der Universität Stanford Ökonomie, wo er 1959 seinen PhD. erwarb. Er bekleidete eine Professur an der Wayne State University in Detroit und wurde 1964 nach Berkeley an die University of California berufen. Zu seinen bedeutendsten Forschungsgebieten zählen die Verhandlungstheorie und die nutzentheoretisch begründbare Ethik, die beide auf der Spieltheorie beruhen.

Hier auch noch eine Kurzbiographie der Begründer der wissenschaftlichen Spieltheorie.

John von Neumann.

Johann von Neumann, wie er ursprünglich hieß, wurde am 3. Dezember 1903 in Budapest geboren und starb am 8. Februar 1957 in Washington, D.C.. Er studierte in Berlin und Zürich Chemie und erhielt 1926 sein Diplom. Im gleichen Jahr promovierte er in Budapest mit einer Arbeit über Mengenlehre. Von 1926 bis 1929 war er Privatdozent in Berlin und danach bis 1930 in Hamburg. 1930 übersiedelte er zur Princeton University und wurde dort 1931 Professor. Neben den beiden Werken([53], [54]), mit denen er die Spieltheorie begründete, hat er auch bedeutende Arbeiten in reiner Mathematik und in Physik veröffentlicht.

Oskar Morgenstern.

Morgenstern wurde am 24. Januar 1902 in Görlitz geboren und ist am 26. Juli 1977 in Princeton gestorben. Morgenstern unterrichtete an der Universität Wien von 1929 - 1938, an der Princeton University von 1938 - 1970 und an der New York University von 1970-1977. Sein Arbeitsgebiet war die Ökonometrie, in dem er auch einige Bücher veröffentlichte.

Ein Jahr vor dem Buch von v. Neumann und Morgenstern ([54]) erschien ein literarisches Werk, das sich ebenfalls mit einem Spiel befaßt: "Das Glasperlenspiel" von **Hermann Hesse** ([28]). Der Verfasser erhielt den Nobelpreis für Literatur vom Jahre 1946. Hermann Hesse wurde am 2. Juli 1877 in Calw, Deutschland, geboren und starb 1962 in Montagnola, Schweiz. Hier einige Zitate aus der Einleitung, die unseren Kontext berühren:

> „Das Spiel war zunächst nichts weiter als eine witzige Art von Gedächtnis und Kombinationsübung unter den Studenten und Musikanten........

> ....später scheint das Spiel unter den Musikstudenten an Beliebtheit eingebüßt zu haben, dafür aber von den Mathematikern übernommen worden zu sein, ...

> .... war das Spiel soweit entwickelt, dass es in besonderern Zeichen und Abbreviaturen mathematische Vorgänge auszudrücken vermochte; ....

> Dieses mathematisch-astronomische Formelspiel erforderte eine große Aufmerksamkeit, Wachheit und Konzentration; unter den Mathematikern galt schon damals der Ruf eines guten Glasperlenspielers viel, er war gleichbedeutend mit dem eines sehr guten Mathematikers."

Heutzutage beschäftigt sich die wissenschaftliche Spieltheorie hauptsächlich mit Modellen für wirtschaftliche Probleme. Aber auch politische, soziale, biologische und zoologische Modelle werden ausgearbeitet. Gesellschaftsspiele werden ebenfalls intensiv untersucht, nicht zuletzt das Schachspiel. Die augenfälligen Ergebnisse sind hier Computerprogramme (vgl. [59]). Spiele werden auch als Turingmaschinen implementiert, wie z.B. in ([15]) dargestellt. Spiele haben eine sehr vielfältige Gestalt. Es kann Zug um Zug gespielt werden, oder es gibt nur eine einmalige Durchführung. Man spricht zwar auch von Solitärspielen, aber das eigentliche Spielproblem stellt sich erst, wenn mindestens zwei Spieler beteiligt sind. Die Spieltheorie trägt dieser Vielfalt durch ein reichliches Angebot an mathematischen Modellen Rechnung, von denen in den folgenden Abschnitten einige besprochen werden. Darüberhinaus beschreibt das Buch von Colman([14]) Experimente mit denen versucht wird, inwieweit die theoretischen Ansätze dem tatsächlichen Verhalten von Spielern oder Akteuren entsprechen. Hierzu und zur breiten Anwendungsmöglichkeit der Spieltheorie finden sich viele interessante Tatsachen in dem Buch von Mérö ([49])mit dem Titel „ Moral Calculations". Eine sehr amüsante und lesenswerte Einführung in die Spieltheorie bietet das Buch von Mehlmann ([48]).
Streng wissenschaftlich gibt das von Reinhard Selten herausgegebene vierbändige Werk mit dem Titel „Game Equilibrium Models"([66], [67], [68], [69]) durch die Beiträge vieler bekannter Autoren ebenfalls einen Überblick der vielfältigen Anwendungsbereiche. Der Inhalt der vier Bände geht auf ein Forschungsjahr vom 1.Oktober 1987 bis zum 30. September 1988 am Zentrum für interdisziplinäre Forschung an der Universität Bielefeld zurück. Aus dem Vorwort entnehmen wir, dass unter den Teilnehmern Wirtschaftswissenschaftler, Biologen, Mathematiker, Politikwissenschaftler und ein Philosoph waren. Man sieht also, dass Spieler oder Akteure nicht physische Personen sein müssen, es können auch die "Natur" oder juristische Personen oder Tiere als Akteure mitspielen. Neben den klassischen wirtschaftlichen Anwendungen, wird in den vielen Artikeln des vierbändigen Werkes auch versucht menschliche und tierische Verhaltensweisen und Entwicklungen nachzubilden.
Das Buch von Eigen und Winkler ([19]) mit dem Titel „Das Spiel: Naturgesetze steuern den Zufall"deckt Spielabläufe auch in der „unbelebten"Natur auf.
Anwendungen (bzw. die Versuche hierzu) der mathematisch-wissenschaftlichen Spieltheorie auf philosophische, politische, gesellschaftliche und soziale Probleme finden sich z.B. bei Binmore ([4], [5], [6]).
Die Spieltheorie kann auch als Teil der Entscheidungstheorie aufgefasst werden. Bei einem Spiel trifft ein Spieler seine Entscheidung unter Berücksich-

tigung möglicher Entscheidungen der anderen Spieler. In vielen Fällen entspricht dies der Realität eher als die Modellierung der Um- und Mitwelteinflüsse als Parameter oder Zufallseinflüsse (Solitärspiel!).

An wissenschaftlichen Zeitschriften, die sich nur mit Spieltheorie befassen, gibt es z.B. "Journal of Game Theory" und "Games and Economic Behavior". In Mehlmann ([48]) findet man auch viele Internetadressen zur Spieltheorie und ihrer Anwendung.

Die Auswahl des Stoffes für dieses Skriptum orientiert sich an der mathematischen Strenge der Themen und der Anwendung im wirtschaftlichen Bereich.

2 Spiele in Normalform

2.1 Definition

Wir orientieren uns in diesem Abschnitt an der Darstellung in Osborne und Rubinstein ([56]).

Definition 2.1 *Unter einem Spiel Γ (in Normalform oder strategischer Form, statisches Spiel) versteht man ein Tripel*

$$(\mathcal{A}, (\mathcal{S}^1, \ldots, \mathcal{S}^m), (\succeq_1, \ldots, \succeq_m)) \tag{2.1}$$

mit folgender Bedeutung:

1. *$\mathcal{A} = \{1, 2, \ldots, m\}$ ist eine Menge von $m > 0$ Spielern (Akteuren).*

2. *$\mathcal{S}^i$ ist für jeden Spieler i die nichtleere Menge der Strategien(Entscheidungen). $\mathcal{S} = \prod_{k=1}^m \mathcal{S}^k$ ist dann die Menge der Kombinationen von Strategien (Strategienkombinationen) aller Spieler und $\mathcal{S}^{-i} = \prod_{\substack{k=1 \\ k \neq i}}^m \mathcal{S}^k$ die Menge der Strategienkombinationen aller Spieler (Mitspieler des i-ten Spielers) mit Ausnahme des i-ten.*

3. *$\succeq_i$ ist die Präferenzordnung für den Spieler i auf der Menge aller Strategienkombinationen. Diese Präferenzordnungen werden zu $(\succeq_1, \ldots, \succeq_m)$ zusammengefasst.*

Die Durchführung eines Spieles besteht darin, dass jeder Spieler eine Strategie aus seiner Menge $\mathcal{S}^i$ wählt, ohne die Entscheidung seiner Mitspieler zu kennen. Die sich ergebende Strategienkombination beurteilt danach jeder Spieler entsprechend seiner Präferenzordnung.

Bemerkung. Die extensive Form eines Spieles, bei der der sequentielle Ablauf eines Spieles dargestellt werden kann, wird später in Abschnitt (4.1) behandelt. Die extensive Form kann auf die hier definierte Normalform zurück geführt werden.

Das Spiel in dieser Form heißt auch nicht-kooperativ , da keine Koalitionen berücksichtigt werden. Kooperative Spiele werden später in Abschnitt (5) behandelt.

Die angegebene Definition ist sehr allgemein und abstrakt und damit auch flexibel anwendbar. Wir geben im folgenden noch einige Erläuterungen zu den einzelnen Komponenten eines Spieles.

Spieler $\mathcal{A}$: Ein Schwerpunkt der Literatur ist der Fall endlich vieler Spieler (Akteure) ($\mathcal{A} = \{1, 2, 3, \ldots, m\}$ oder $\{A_1, \ldots, A_m\}$). In der neuesten Literatur findet sich jedoch immer häufiger der Fall unendlich vieler Spieler (z.B. $\mathcal{A} = \mathbb{R}$). Wir beschränken uns hier auf den endlichen Fall. Ein Spieler kann eine natürliche oder juristische Person, männlich oder weiblich, Mensch oder Tier,Lebewesen oder ein unbelebtes Ding sein. Genau genommen muss ein Spieler nur ein „Etwas" sein, das eine Strategie wählt. Vereinfachend verwenden wir im folgenden immer die Bezeichnung „der Spieler".

Strategien $\mathcal{S}$: Einem Spieler können endlich viele ($\mathcal{S}^i = \{s_1^i, \ldots, s_{n_i}^i\}$) oder unendlich viele Strategien (z.B. $\mathcal{S}^i = \mathbb{R}$ oder $\mathbb{R}^{d_i}$) zur Verfügung stehen. Die Strategie eines Spielers muss jedoch nicht unmittelbar in Zahlen ausdrückbar sein, z.B.„Wahl eines Berufes", „Herstellung eines neuen Produktes"oder Ähnliches.

Die Kombination von Strategien aller Spieler wird mit $s = (s^1, s^2, \ldots, s^m)$ bezeichnet. Häufig wird auch die Strategienkombination aller Spieler mit Ausnahme des i-ten Spielers benötigt und erhält die Bezeichnung s^{-i}. Man verwendet daher auch $s = (s^i, s^{-i})$. Folgerichtig wird die Strategienmenge aller Spieler mit Ausnahme des i-ten Spielers mit $\mathcal{S}^{-i}$ bezeichnet, d.h. $\mathcal{S} = \mathcal{S}^i \times \mathcal{S}^{-i}$.

Präferenzordnung: Grundlegend bei einem Spiel ist, dass das Spielergebnis für jeden Spieler nicht nur von seiner eigenen gewählten Strategie abhängt, sondern von der Strategienkombination, die sich aus der Wahl aller Spieler ergibt.

Wenn der Spieler i die Strategienkombination $s^* \in \mathcal{S}$ nicht schlechter beurteilt als die Strategienkombination $s \in \mathcal{S}$, dann wird hierfür die Bezeichnung $s^* \succeq_i s$ (synonym $s \preceq_i s^*$) verwendet.

Es kann auch eine strikte Präferenz betrachtet werden. Wenn der Spieler i die Strategienkombination $s^* \in \mathcal{S}$ der Strategienkombination $s \in \mathcal{S}$ vorzieht, dann wird hierfür die Bezeichnung $s^* \succ_i s$ (synonym $s \prec_i s^*$) verwendet.

Siehe ergänzend auch den Abschnitt (7.1).

Wie sich bei der unten stehenden Definition eines Nash-Gleichgewichts zeigt, verwendet aber jeder Spieler zur Auswahl seiner Strategie nur die daraus abgeleitete „bedingte" Präferenzordnung, wie sie in der folgenden Definition gegeben ist.

Definition 2.2 *Gegeben sei eine Präferenzordnung $\succeq_i$ des Spielers i über der Menge der Strategienkombinationen aller Spieler. Dann wird für den Spieler i eine Präferenzordnung $\succeq_{i|s^{*-i}}$ unter der Bedingung s^{*-i} definiert* *durch*

$$s^{*i} \succeq_{i|s^{*-i}} s^i \quad \Leftrightarrow \quad (s^{*i}, s^{*-i}) \succeq_i (s^i, s^{*-i}) \tag{2.2}$$

auf der Menge der Strategien S^i.

Diese bedingte Präferenzordnung wird im allgemeinen mit der Strategienkombination s^{*-i} der Mitspieler variieren. Der i-te Spieler beurteilt also seine eigenen Strategien im Hinblick auf die Strategienkombinationen seiner Mitspieler.

Ignoriert man die ausschließliche Verwendung der bedingten Präferenzordnung bei der Definition und Ermittlung von Nash-Gleichgewichten, so führt dies zu sogenannten Dilemmas oder paradoxen Gleichgewichten (siehe Abschnitt 2.2)

Berücksichtigt man die Definitionen (7.1) und (7.2) so können die Präferenzordnungen $\succeq_i$ $i = 1, \ldots, m$ als Totalordnungen über der Menge der Strategienkombinationen aufgefaßt werden.

Die Präferenzrelation (siehe Definition (7.3)) des Spielers i kann unmittelbar auf S gegeben sein oder mittelbar durch eine Abbildung $\mathcal{U}^i : S \to \mathcal{R}^i$ in eine Menge $\mathcal{R}^i$ von Ergebnissen oder Konsequenzen, die sich aus den gewählten Strategienkombinationen für den Spieler i ergeben, wie z.B. Gewinn oder Nutzen. Die Präferenzordnung auf S ist in diesem Fall diejenige, die nach Definition (7.5) durch die Präferenzordnungen auf den $\mathcal{R}^i$ induziert wird.

Das Spielergebnis kann also Gewinn oder Nutzen, oder auch ein nicht unmittelbar durch Zahlen beschreibbares Ergebnis sein.

In Zhao ([83]) wird der Fall einer Vektorauszahlung für jeden einzelnen Spieler betrachtet, d.h. jeder Spieler bewertet den Spielausgang unter mehreren Gesichtspunkten (Mehrzieloptimierung, -entscheidung, Vektoroptimierung). Einfacher ist es, wenn das Spielergebnis der einzelnen Spieler i durch eine Zahl bzw. das gemeinsame Spielergebnis aller Spieler durch einen reellen Vektor gegeben ist, d.h.

$$\mathcal{U}^i : S \to \mathbb{R} \tag{2.3}$$

$$\mathcal{U} = (\mathcal{U}^1, \ldots, \mathcal{U}^m) : S \to \mathbb{R}^m . \tag{2.4}$$

Man spricht in diesem Fall von **Auszahlung**, Gewinn oder Nutzen, und kann dies als Geldbetrag interpretieren. Die Präferenzordnungen sind dann durch die natürliche Ordnung in den reellen Zahlen gegeben und brauchen damit nicht extra hervorgehoben werden. Da wir uns hauptsächlich mit solchen Spielen beschäftigen, geben wir hier eine extra Definition.

Definition 2.3 *Unter einem Spiel Γ in Normalform mit Auszahlung versteht man ein Tripel $(A, S, \mathcal{U})$, wobei A und S wie im allgemeinen Fall erklärt sind, und $\mathcal{U}$ der Vektor der Auszahlungsfunktionen (nach Beziehung*

2.4) ist, dessen einzelne Komponenten i die entsprechenden Auszahlungen für die jeweiligen Spieler i angeben.

Wir verwenden auch folgende Bezeichnungen

$$\mathcal{U} = (\mathcal{U}^1, \ldots, \mathcal{U}^m) \quad \mathcal{U}^i(s) = \mathcal{U}^i(s^1, s^2, \ldots, s^m) = \mathcal{U}^i(s^i, s^{-i}) \quad i \in \mathcal{A} \quad (2.5)$$

Welche seiner Strategien soll nun ein Spieler wählen? Das zentrale Problem der Spieltheorie ist es, Kriterien hierfür anzugeben, wenn möglich sogar einen eindeutigen Vorschlag zu machen. Aus dem vorher Gesagten ergibt sich, dass der einzelne Spieler eine Strategie wählen soll, die im Sinne seiner Präferenzen ein möglichst gutes Spielergebnis für ihn bringt unter Berücksichtigung der Entscheidungen der Mitspieler. Unbestrittene Grundlagen für eine solche Entscheidung sind die unten definierten Begriffe Gleichgewicht in dominanten Strategien und das Nash-Gleichgewicht. Leider erfüllen beide nicht die Bedingung, immer einen eindeutigen Ratschlag für eine Strategienwahl geben zu können. Gleichgewichte in dominanten Strategien kommen selten vor und Nash-Gleichgewichte gibt es häufig mehrere (mit verschieden guten Auszahlungen für den einzelnen Spieler), siehe Abschnitt (3.5). Wir geben nun die grundlegenden Definitionen an.

Kann jeder Spieler seine optimale Strategie unabhängig davon wählen, wie sich die übrigen Spieler verhalten, dann nennt man dies ein Gleichgewicht in dominanten Strategien.

Definition 2.4 (Gleichgewicht in dominanten Strategien) *Eine Strategienkombination* $s^* = (s^{1*}, \ldots, s^{m*})$, *bei der jedes* s^{i*}, $i = 1, \ldots, m$ *die Eigenschaft*

$$(s^{i*}, s^{-i}) \succeq_i (s^i, s^{-i}) \quad \forall i \in \mathcal{A}, \ \forall s = (s^i, s^{-i}) \in \mathcal{S} \quad (2.6)$$

bzw. bei einem Spiel mit Auszahlung die Eigenschaft

$$U^i(s^{i*}, s^{-i}) \geq U^i(s^i, s^{-i}) \quad \forall i \in \mathcal{A}, \ \forall s = (s^i, s^{-i}) \in \mathcal{S} \quad (2.7)$$

hat, nennt man ein **Gleichgewicht in dominanten Strategien***.*

Bemerkung. Im Abschnitt (3.1.2) beschäftigen wir uns im Einzelnen mit dem Begriff dominante Strategien.
Als Grundlage der Spieltheorie gilt das Auswahlkriterium für Strategien, das im Jahre 1951 von Nash ([52]) entwickelt worden ist. Dieses Kriterium ist eine Verallgemeinerung des Gleichgewichtskonzepts, das Cournot ([16]) im

Jahre 1838 für die Oligopoltheorie entwickelt hat (siehe hierzu das Beispiel (7) und das allgemeinere Beispiel in Abschnitt (11). Ein wichtiger (zumindest historisch gesehen) Spezialfall ist das Minimax-Prinzip von J. v. Neumann ([53]), das wir in Abschnitt (3.2) besprechen werden.

Definition 2.5 (Nash-Gleichgewicht) *Eine Strategienkombination* $s^* = (s^{1*}, \ldots, s^{m*})$ *heißt Nash-Gleichgewicht, wenn gilt*

$$(s^{i*}, s^{-i*}) \succeq_i (s^i, s^{-i*}) \quad \forall i \in \mathcal{A},\ s^i \in \mathcal{S}^i \tag{2.8}$$

bzw. bei einem Spiel mit Auszahlung

$$U^i(s^{i*}, s^{-i*}) \geq U^i(s^i, s^{-i*}) \quad \forall i \in \mathcal{A},\ s^i \in \mathcal{S}^i\ . \tag{2.9}$$

Bemerkung. Hier erkennt man besonders klar, dass jeder Spieler nur seine eigenen Strategien, bei gegebener Strategienkombination der Mitspieler, beurteilt. Von der Präferenzordnung auf der Menge aller Strategienkombinationen werden also nur die bedingten Präferenzordnungen verwendet.

Satz 2.1 *Jedes Gleichgewicht in dominanten Strategien ist auch ein Nash-Gleichgewicht.*

Beweis:
Die Bedingungen aus Definition (2.5) folgen aus den Bedingungen der Definition (2.4), wenn man dort speziell $s^{-i} = s^{-i*}$ einsetzt. ◇

2.2 Beispiele

Alle Beispiele sind nicht auf die textliche Einkleidung fixiert, die im folgenden angegeben wird. Es ist sogar besonders interessant, wenn neue Situationen gefunden werden können, die dem gleichen Schema folgen. Teilweise werden solche Varianten auch bereits angegeben. Auch die vorgeschlagenen Zahlenwerte dürfen nicht zu eng gesehen werden.
Bei allen Beispielen, mit Ausnahme des ersten, wird die Präferenzordnung ausschließlich durch Auszahlungen an die Spieler (in diesem Abschnitt jeweils $m = 2$) definiert. Für jede Strategienkombination wird, wie häufig in der Literatur verwendet, ein Vektor von Auszahlungen angegeben, bei dem die i-te Komponente die Auszahlung an den i-ten Spieler ist.
Wir beginnen mit einem oft zitierten Problem, dem sogenannten „Kampf der Geschlechter". Bei der textlichen Einkleidung verwenden wir die Formulierung in Holler und Illig ([31]).

Beispiel 1 [Kampf der Geschlechter]: Frederic und Nicole haben beim letzten Treffen nichts Genaues ausgemacht, wann und wo sie sich das nächste Mal treffen wollen. Frederic geht gerne zum Fußballspiel, Nicole gerne ins Kino. Frederic denkt bei sich, wird sie mir zuliebe zum Fußball gehen, oder geht sie doch ins Kino. Nicole denkt ähnlich, wird er mir zuliebe ins Kino gehen, oder geht er doch zum Fußball. Beiden liegt aber sehr viel daran, sich zu treffen.

Es gibt also vier Strategienkombinationen (F, F), (K, K), (F, K), (K, F), wobei die erste Position die Strategie von Frederic und die zweite Position die Strategie von Nicole angibt. Nach der Beschreibung der beiden Spieler hat jeder offensichtlich eine etwas andere Präferenzrelation.

„ER" könnte folgende haben

$$(K, F) \prec_{Er} (F, K) \prec_{Er} (K, K) \prec_{Er} (F, F) \,, \tag{2.10}$$

und „SIE "

$$(K, F) \prec_{Sie} (F, K) \prec_{Sie} (F, F) \prec_{Sie} (K, K) \,. \tag{2.11}$$

Die beiden folgenden Beziehungen zeigen, dass (K, K) ein Nash-Gleichgewicht ist:

$$(F, K) \prec_{Er} (K, K) \qquad (K, F) \prec_{Sie} (K, K) \,.$$

Ebenso erweist sich (F, F) als Nash-Gleichgewicht:

$$(K, F) \prec_{Er} (F, F) \qquad (F, K) \prec_{Sie} (F, F) \,.$$

Ein Gleichgewicht in dominanten Strategien gibt es nicht.

Wie man sieht, wird von der Präferenzordnung (2.10), die "ER" hat, nur die beiden bedingten Präferenzordnungen, bei gegebener Strategie "K" und Strategie "F" verwendet, das sind die Beziehungen

$$(F, K) \prec_{Er} (K, K) \qquad (K, F) \prec_{Er} (F, F) \,.$$

Für "Sie" ist es entsprechend. Im Falle einer Auszahlungsmatrix ist dieses nicht so klar erkennbar.

Dieser Präferenzordnung entspricht beispielsweise die Auszahlungsmatrix in Holler und Illig ([31]):

		Sie	
		Kino	Fußball
Er	Kino	(1,3)	(0,0)
	Fußball	(0,0)	(3,1)

Die obigen Ergebnisse können wir hier nochmals nachprüfen. Es gibt kein Gleichgewicht in dominanten Strategien, weil

$$U^1(\text{Kino}, \left\{\begin{matrix} s_1^2 \\ s_2^2 \end{matrix}\right\}) = \begin{pmatrix} 1 \\ 0 \end{pmatrix} \not\succeq U^1(\text{Fußball}, \left\{\begin{matrix} s_1^2 \\ s_2^2 \end{matrix}\right\}) = \begin{pmatrix} 0 \\ 3 \end{pmatrix}$$

Die Strategien (Kino,Kino) und (Fußball, Fußball) sind Nash-Gleichgewichte.

Wenn nun „Sie" ihre Präferenzen ändert zu

$$(K, F) \prec_{Sie} (F, F) \prec_{Sie} (F, K) \prec_{Sie} (K, K) \;,$$

dann ist nur mehr (K, K) ein Nash-Gleichgewicht. Dies entspricht beispielsweise einer Auszahlungsmatrix

		Sie	
		Kino	Fußball
Er	Kino	(1,3)	(0,0)
	Fußball	(0,2)	(3,1)

Wenn nun „Er" auch seine Präferenzen ändert zu

$$(K, F) \prec_{Er} (K, K) \prec_{Er} (F, K) \prec_{Er} (F, F) \;,$$

dann ist (F, K) ein Gleichgewicht in dominanten Strategien, und also auch ein Nash-Gleichgewicht. Dies entspricht beispielsweise einer Auszahlungsmatrix

		Sie	
		Kino	Fußball
Er	Kino	(1,3)	(0,0)
	Fußball	(2,2)	(3,1)

◇

Beispiel 2 [Problem zweier Geschäftspartner]: Jeder der beiden Geschäftspartner besitze ein Patent für eine Erfindung. Sie seien aber nur gemeinsam in der Lage, eine der beiden Erfindungen zu vermarkten. Nun verlangt aber der, dessen Erfindung verwendet wird Lizenzgebühren. Als Spiel aufgefasst folgt dies dem gleichen Schema wie Beispiel 1. Man braucht nur „Kino" durch „Erste Erfindung " und „Fußball" durch „Zweite Erfindung " ersetzen. ◇

Beispiel 3 [Gefangenendilemma]: Aus Mehlmann ([48, Seite 87]) entnehmen wir die folgende (sich in allen Spieltheoriebüchern findende) Anekdote von A.W. Tucker: Bonnie und Clyde werden nach einem mißglückten Banküberfall geschnappt und in verschiedenen Zellen untergebracht. Der Staatsanwalt kann den beiden, falls sie nicht gestehen (s_2^i, $i = 1,2$) sollten, nur verbotenen Waffenbesitz nachweisen. Dafür gibt es drei Jahre Gefängnis. Falls einer der beiden standhaft bleibt, der andere jedoch gesteht (s_1^i, $i = 1,2$), so erhält der Geständige als Zeuge der Anklage nur ein Jahr Gefängnis. Der Nichtgeständige erhält jedoch 9 Jahre. Gestehen beide, so müssen sie 7 Jahre absitzen. (Ob diese Regelung juristisch einwandfrei ist, sei dahingestellt)

		2.Spieler	
		s_1^2	s_2^2
1.Spieler	s_1^1	(-7,-7)	(-1,-9)
	s_2^1	(-9,-1)	(-3,-3)

Das einzige Nash-Gleichgewicht ist (s_1^1, s_1^2). Es ist ein Gleichgewicht in dominanten Strategien. Das Dilemma ergibt sich daraus, dass beide sich nicht auf die günstigere Strategienkombination (s_2^1, s_2^2) einigen können ohne immer wieder versucht zu sein auszubrechen. Unter der Voraussetzung nämlich , dass der 2.Spieler s_1^2 wählt ist s_1^1 die günstigste Strategie für den 1. Spieler und leider ebenso unter der Voraussetzung, dass der 2. Spieler s_2^2 wählt.
Hätten beide Spieler nicht bloß die drohende Gefängnisstrafe im Sinn, sondern die Meinung prinzipiell bei der Polizei kein Geständnis abzulegen, so müssten die Auszahlungen anders gewählt werden, um diesen Sachverhalt zu modellieren.
Mehlmann ([48]) gibt noch zwei weitere Erzählvarianten zum „Gefangenendilemma". ◇

Beispiel 4 [Löwe-Lamm-Beispiel]: Unter der Bezeichnung Löwe-Lamm-Spiel hat Mehlmann ([48]) eine Menge bekannter Beispiele in ein Schema zusammengefasst. Wir geben dieses Schema hier wieder.

Es gibt zwei Spieler, von denen jeder die zwei gleichen Strategien hat, nämlich eine Löwenstrategie (agressive Strategie) und eine Lammstrategie (friedvolle Strategie). Das Spielziel ist es, ein wertvolles Gut zu erbeuten.

Wählen beide Spieler die Löwenstrategie, so kämpfen sie um die Beute, wählen beide die Lammstrategie, so einigen sie sich über die Aufteilung. Wählen beide unterschiedliche Strategien, so überläßt der, der die Lammstrategie gewählt hat dem anderen Spieler die Beute.

Die Auszahlung berechnet sich folgendermaßen:

V sei der Gewinn bei alleiniger Besitznahme der Beute,

D/2 sei der Verlust, der im Zuge eines Kampfes entsteht,

W/2 sei der Gewinn, der bei kampfloser Aufteilung der Beute zusätzlich entsteht

Als Auszahlung wird dann festgelegt:

	Löwe	Lamm
Löwe	$\left(\dfrac{V-D}{2}, \dfrac{V-D}{2}\right)$	(V, 0)
Lamm	(0, V)	$\left(\dfrac{V+W}{2}, \dfrac{V+W}{2}\right)$

Spezialfälle sind:

(1) Das Dilemma des Wettrüstens für V=4, D=2 und W=0.

Hier wird die friedliche Einigung nicht zusätzlich belohnt.

		2.Spieler	
		s_1^2	s_2^2
1.Spieler	s_1^1	(1,1)	(4,0)
	s_2^1	(0,4)	(2,2)

s_1^i, $i = 1,2$ sind die Löwenstrategien, d.h. hier Aufrüsten der Streitkräfte; s_2^i, $i = 1,2$ sind die Lammstrategien, d.h. hier Verzicht auf Rüstung. Das Nash-Gleichgewicht (Gleichgewicht in dominanten Strategien) ist (Rüstung,Rüstung)mit der Auszahlung 1 (Könnte eventuell als ein Maß für das verfügbare Bruttosozialprodukt gedeutet werden) an jeden Beteiligten. Würden beide sich auf Nicht-Rüstung einigen, so erhielte jeder die Auszahlung 2. Letzteres ist aber kein Nash-Gleichgewicht, d.h. jeder der Beteiligten ist versucht, den anderen reinzulegen und auf Rüstung umzustellen. Hierin liegt das Dilemma.

(2) Angsthasen-Spiel(auch Chicken-Spiel genannt) für V=2, D=4 und W=0.

Die friedliche Einigung wird nicht zusätzlich belohnt, und der Kampf besonders schwer bestraft.

		2.Spieler	
		s_1^2	s_2^2
1.Spieler	s_1^1	(-1,-1)	(2,0))
	s_2^1	(0,2)	(1,1)

Nash-Gleichgewichte sind (s_2^1, s_1^2) und (s_1^1, s_2^2).

Hierzu gibt es eine besonders eindrucksvolle Deutung von Bertrand Russel: Auf einer (für den allgemeinen Verkehr gesperrten Landstraße) steuern zwei Fahrer ihre Autos genau aufeinander zu. Verlierer (chicken) ist derjenige, der zuerst Angst bekommt und ausweicht(Lammstrategie).

Eine weitere Deutung findet sich in Nicholas Rays Film "Denn sie wissen nicht, was sie tun" aus dem Jahre 1955. Jimbo und sein Erzfeind Buzz rasen in ihren Autos auf eine Klippe zu und derjenige gewinnt, der als letzter aus seinem Wagen hechtet, bevor dieser über die Klippe stürzt.

Wie der Autor aus eigener Erfahrung weiß, ist diese Sache aber nicht so absurd, wie es auf den ersten Blick erscheint. In gering besiedelten Gegenden in Rajasthan (Indien) gibt es manchmal Straßen, die zwar so breit sind wie zwei Fahrzeuge, jedoch ist nur in der Mitte ein Streifen von der Breite eines Fahrzeuges geteert. Jeder versucht nun so lange auf dem Teerstreifen zu bleiben, wie es nur gerade geht. Wenn der Entgegenkommende nicht ausweichen will, sind natürlich die Größenverhältnisse der Fahrzeuge ein wichtiges Kriterium für den Entschluß zum Ausweichen. Da der Autor als Beifahrer überlebte, wurde offensichtlich immer einer der beiden Nash-Gleichgewichte gewählt, d.h. einer muss immer nachgeben. Vielleicht nicht ganz so krass spielen sich ähnliche Situationen auch bei uns ab. Man könnte hier von einem Verkehrsspiel sprechen.

(3) Rousseaus Hirschjagdparabel für V=4, D=0 und W=6.

Hier wird die friedliche Einigung besonders gut belohnt, während der Kampf überhaupt nicht bestraft wird.

		2.Spieler	
		s_1^2	s_2^2
1.Spieler	s_1^1	(2,2)	(4,0)
	s_2^1	(0,4)	(5,5)

Jean-Jacques Rousseau hat in seiner Abhandlung über den Ursprung der Ungleichheit folgendes Gleichnis vom Zwiespalt zwischen individuellen Zielen und gemeinschaftlichem Handeln gegeben:

Im Verlaufe einer Jagd ist es einer Gruppe von Jägern gelungen, einen Hirsch sowie mehrere Hasen einzukreisen. In die Enge getrieben, versuchen die Tiere gleichzeitig auszubrechen. Jeder Jäger steht nunmehr vor der Wahl, entweder die Hasen entkommen zu lassen und gemeinsam mit den anderen den Ausbruch des Hirsches zu verhindern (Lammstrategie, s_2^i, $i = 1, 2$) oder sich nach dem nächstbesten Hasen zu bücken (Löwenstrategie, s_1^i, $i = 1, 2$) und dabei vom Hirsch übersprungen zu werden. Der Hirsch kann nur dann erlegt werden, wenn jedermann der Versuchung widersteht, den leichten Fang zu machen. Wenn sich nur ein Jäger bückt, kann ihn der Hirsch überspringen und entkommen.

Als ersten Spieler kann man einen beliebigen der Jäger nehmen und als zweiten Spieler den Rest der Jäger. Es genügt ja, wenn ein Jäger sich bückt, was die anderen tun, ist dann gleichgültig.

Nash-Gleichgewichte sind hier (s_1^1, s_1^2) und (s_2^1, s_2^2).

◇

Ein weiteres berühmtes Beispiel ist auch das folgende.

Beispiel 5 [Schere-Stein-Papier]: Bei diesem Kinderspiel hat jeder der zwei Spieler drei Strategien, nämlich das Zeigen von Schere, Stein oder Papier. Dabei stehen die gespreizten Mittel- und Zeigefinger für die Schere, die Faust für den Stein und die flache Hand für das Papier. Der Sieger wird durch die folgenden Spielregeln ermittelt: Schere schneidet Papier, Papier umwickelt den Stein und Stein schleift die Schere. Der Gewinn für den einzelnen Spieler wird meist in der Weise festgelegt, dass der Verlierer dem Gewinner eine Geldeinheit zahlt. Zeigen beide Spieler das Gleiche, dann erfolgt keine Zahlung. Üblicherweise werden folgende Auszahlungen festgelegt:

	Schere	Stein	Papier
Schere	(0,0)	(-1,1)	(1,-1)
Stein	(1,-1)	(0,0)	(-1,1)
Papier	(-1,1)	(1,-1)	(0,0)

Es gibt hier weder Gleichgewichte in dominanten Strategien noch Nash-Gleichgewichte. ◊

Aufgabe 1:
Formulieren Sie das Angsthasen-Spiel allein mit Präferenzen! Versichern Sie sich, dass Sie wieder die gleichen Nash-Gleichgewichte erhalten!

Aufgabe 2:
Betrachten Sie das Spiel aus Beispiel (4): Geben Sie Bedingungen für V, D, W an, so dass es

1. ein Nash-Gleichgewicht,

2. ein Gleichgewicht in dominanten Strategien gibt.

Aufgabe 3:
Unter dem Titel „Ärzte im Hamsterrad" beschreibt die Süddeutsche Zeitung vom Dienstag, 20.6.2000 auf Seite 28 eine Vergütungsverordnung für Kassenärzte. Grob gesprochen (Details lesen Sie bitte selbst nach) werden alle ärztlichen Leistungen mit Punkten bewertet. Am Ende der Abrechnungsperiode wird ein vorgegebener Betrag entsprechend den Punkten anteilsmäßig verteilt.
Geben Sie eine geeignete Auszahlungsstruktur an.
Geben Sie eine Diskussion dieses Honorar-Spiels für verschiedene Anzahlen m von Ärzten(Spielern) und verschiedene Annahmen bezüglich deren Arbeitskraft.

Aufgabe 4:

Aus dem Buch [1, Seite 203ff.] entnehmen wir das folgende Spiel, das das Paradoxon von Braess widergibt.

Wir betrachten ein Verkehrsproblem, das jedem Autofahrer vertraut ist. Viele Autofahrer wollen vom Ort A zum Ort B. Dabei gibt es mehrere Routen, von denen jeder Autofahrer die am wenigsten befahrene und damit schnellste wählen will. In unserem Falle sind es drei Routen über die Zwischenorte C und D, nämlich $\overrightarrow{ACB}$, $\overrightarrow{ADB}$ und $\overrightarrow{ACDB}$. Andere Möglichkeiten gibt es nicht. Die Fahrzeit auf den einzelnen Abschnitten hänge von der Anzahl α der Fahrzeuge ab, die diesen Streckenabschnitt benutzen:

$\overrightarrow{AC}$ Zeit $t = 10\alpha$

$\overrightarrow{AD}$ Zeit $t = 50 + \alpha$

$\overrightarrow{CB}$ Zeit $t = 50 + \alpha$

$\overrightarrow{CD}$ Zeit $t = 10 + \alpha$

$\overrightarrow{DB}$ Zeit $t = 10\alpha$

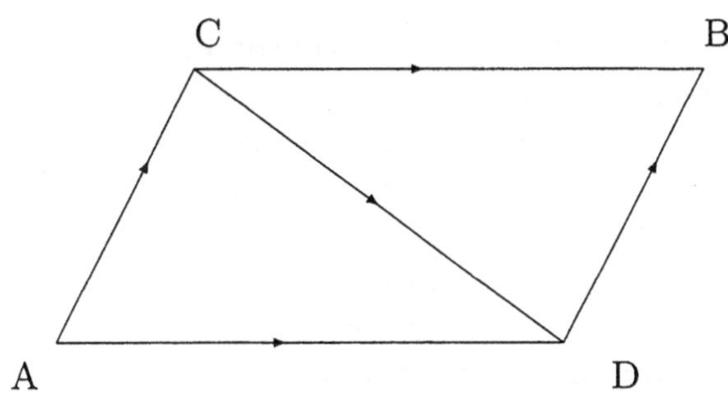

In dem oben erwähnten Buch wird behauptet, dass die gleichmäßige Aufteilung der Fahrzeuge ein Nash-Gleichgewicht ergibt, wenn als Auszahlung für jeden Autofahrer die negative Zeitdauer der Fahrt von A nach B genommen wird.

Verifizieren oder widerlegen Sie diese Behauptung, z.B. im Falle von $m = 3$, $m = 6$ oder $m = 12$ Fahrzeugen.

Eine weitere Behauptung ist, dass es bei Fehlen des Weges $\overrightarrow{ACDB}$ ein Nash-Gleichgewicht mit einer geringeren Fahrzeit für alle Autofahrer gibt. Dies wird als Paradoxon von Braess bezeichnet.

Aufgabe 5:

In dem Buch von Shubik ([73]) findet sich folgendes Spiel. Ein Gastgeber spricht mit der Einladung an die Gäste auch die Bitte aus, dass jeder eine Flasche Wein mitbringen möchte. Es schüttet dann jeder seinen mitgebrachten Wein in ein vorbereitetes Fass. Sollte sich herausstellen, dass zu viele gemogelt haben und Wasser statt Wein mitgebracht haben, dann kann die Einladung als misslungen bezeichnet werden.

Wem das etwas merkwürdig vorkommt, Weine aller möglichen Herkunft zusammen zu schütten, der kann sich eine andere Geschichte dazu ausdenken. Beispielsweise könnte der Gastgeber gebeten haben, dass jeder Gast etwas zu essen mitbringt. Wenn zuwenig Gäste etwas mitgebracht haben, dann will die Party auch nicht gelingen.

Formulieren Sie diese Situation als Spiel und bestimmen Sie Nash-Gleichgewichte.

2.3   Grundlegende Ergebnisse

2.3.1   Abbildung der besten Antwort

Eine wichtige Rolle bei der Untersuchung der Struktur eines Spieles und dem Nachweis eines Nash-Gleichgewichts spielt die „Menge der besten Antworten". Ein Spieler i betrachtet die Strategienkombination s^{-i} der übrigen Spieler und stellt sich die Frage: Welche meiner Strategien $s^i \in \mathcal{S}^i$ liefert mir den größten Nutzen $U^i(s)$, wenn meine Mitspieler ihre Strategie beibehalten? $r^i(s^{-i})$ sei die Menge aller solchen Strategien des Spielers i. Die Abbildung $r^i(\cdot)$ wird als die Abbildung der besten Antwort bezeichnet.

Die formale Beschreibung ist in den beiden folgenden Definitionen enthalten.

Definition 2.6 *Die Abbildung r^i der besten Antwort für den Spieler i ist die mengenwertige Funktion*

$$r^i : \mathcal{S}^{-i} \to \mathfrak{P}(\mathcal{S}^i) \tag{2.12}$$

mit den Funktionswerten

$$r^i(s^{-i}) := \{s^i \in \mathcal{S}^i \,|\, U^i(s^i, s^{-i}) = \max_{\tilde{s}^i} U^i(\tilde{s}^i, s^{-i})\} \tag{2.13}$$

Definition 2.7 *Die Abbildung r der besten Antwort (kurz: Bestantwort) ist die mengenwertige Funktion, deren Funktionswert das kartesische Produkt* *der Funktionswerte der r^i, $i = 1, \ldots, m$ aus Definition 2.6 ist:*

$$r : \mathcal{S} \to \prod_{i=1}^{m} \mathfrak{P}(\mathcal{S}^i) \tag{2.14}$$

mit den Funktionswerten

$$r(s) := (r^1(s^{-1}), \ldots, r^m(s^{-m})) \; . \tag{2.15}$$

Satz 2.2 *Eine Strategienkombination $s^* \in \mathcal{S}$ ist genau dann ein Nash-Gleichgewicht, wenn $s^* \in r(s^*)$*

Beweis:
Notwendig:
Sei nun s^* ein Nash-Gleichgewicht. Dann gilt nach Definition $U^i(s^*) \geq U^i(s^i, s^{-i*})$, $\forall s^i \in \mathcal{S}^i$ und alle i. Hieraus folgt $U^i(s^*) = \max_{\tilde{s}^i} U^i(\tilde{s}^i, s^{-i*})$, für alle i. Nach der Definition von $r^i(s^{-i*})$ folgt somit $s^* \in r(s^*)$.
Hinreichend:
Sei nun $s^* \in r(s^*)$, d.h. $s^{i*} \in r^i(s^{-i*}) \forall i$. Aus der Definition von $r^i(s^{-i*})$ folgt $U^i(s^*) = \max_{\tilde{s}^i} U^i(\tilde{s}^i, s^{-i*})$, d.h. $U^i(s^*) \geq U^i(s^i, s^{-i*})$, $\forall s^i \in \mathcal{S}^i$ und alle i . Dies ist die Definition des Nash-Gleichgewichts. $\diamond$

Beispiel 6 [Bestantwort-Abbildung]: Dazu betrachten wir ein Zweipersonen-Spiel, bei dem beide Spieler die gleiche Auszahlungsmatrix haben:

$$\begin{pmatrix} 1 & 3 \\ 1 & 2 \end{pmatrix}$$

Die Bestantwort-Abbildung ergibt sich aus

$$\begin{matrix} r^1(s_1^2) = \{s_1^1, s_2^1\} & r^1(s_2^2) = \{s_1^1\} \\ r^2(s_1^1) = \{s_2^2\} & r^2(s_2^1) = \{s_2^2\} \end{matrix}$$

zu den Werten

$$r(s_1^1, s_1^2) = \begin{pmatrix} \{s_1^1, s_2^1\} \\ \{s_2^2\} \end{pmatrix} \qquad r(s_1^1, s_2^2) = \begin{pmatrix} \{s_1^1\} \\ \{s_2^2\} \end{pmatrix}$$

$$r(s_2^1, s_1^2) = \begin{pmatrix} \{s_1^1, s_2^1\} \\ \{s_2^2\} \end{pmatrix} \qquad r(s_2^1, s_2^2) = \begin{pmatrix} \{s_1^1\} \\ \{s_2^2\} \end{pmatrix}$$

Wie man sieht gibt es nur einen Fixpunkt und damit auch nur ein Nash-Gleichgewicht: $(s_1^1, s_2^2)^T \in r(s_1^1, s_2^2)$. $\diamond$

Beispiel 7 [Nash-Gleichgewicht im Cournot'schen Dyopol]:
Dies ist ein Beispiel mit unendlich vielen Strategien. Es kann hier ein Nash-Gleichgewicht (in diesem Fall das einzige) direkt mit Hilfe der Abbildung der besten Antwort ausgerechnet werden.
Zwei Erdbeerfarmer $i = 1, 2$ ernten auf ihrem Feld jeweils $y^i \geq 0$ Mengeneinheiten(ME) Erdbeeren. Die Arbeitskosten $K_i = (y^i)^2$ hängen vom Quadrat der geernteten Menge ab. Der Marktpreis p hänge in folgender Weise mit der Gesamternte beider Farmer zusammen: $y^1 + y^2 = 60 - 0.5p$, also $p = 120 - 2(y^1 + y^2)$. Es kann angenommen werden, dass die Gesamternte vollständig verkauft werden kann. Der Gewinn des Farmers i beträgt dann $G^i(y^1, y^2) = y^i p - (y^i)^2 = (120 - 2(y^1 + y^2))y^i - (y^i)^2$.
Wir nehmen nun weiter an, dass jeder Farmer seine Erntemenge planen kann. Allerdings habe diese Planung keinen Einfluß auf die Angebotsmenge des anderen Farmers. Gibt es hier ein Nash-Gleichgewicht?
Jeder Farmer hat unendlich viele Strategien $y^i \in \mathbb{R}_+$. Es kann hier ein Nash-Gleichgewicht (in diesem Fall das einzige) direkt mit Hilfe der Abbildung der besten Antwort ausgerechnet werden. Da in diesem Fall die Funktionswerte der Bestantwort einelementige Mengen sind, geht dies über Differenzieren und Gleichungsauflösung.
Zur Lösung überlegen wir folgendes:
Nur der Bereich mit $y^1, y^2 \geq 0$ und $y^1 + y^2 \leq 60$ ist sinnvoll. Die erstere Bedingung gilt, da es keine negativen Erntemengen gibt und die zweite gilt, da bei einem negativen Preis am besten nichts produziert wird.

Bei gegebenem $y^{-i} \in \mathbb{R}_+$ des Konkurrenten maximiert (Bestantwort) der Farmer i seinen Gewinn G^i:

$$\frac{dG^i}{dy^i} = 120 - 6y^i - 2y^{-i} = 0 \ .$$

Als Anwort auf y^{-i} ergibt sich

$$r^i(y^{-i}) = 20 - 1/3y^{-i} \ .$$

Schließlich ergibt sich $y^1 = r^1(y^2)$, $y^2 = r^2(y^1)$ und hieraus $y^1 = y^2 = 15$(innerhalb des zulässigen Bereiches!) und $G^i = 675$.

$\diamond$

Aufgabe 6:
Geben Sie für

1. das Schere-Stein-Papier-Spiel

2. das Gefangenendilemma

3. dem Kampf der Geschlechter

jeweils die Bestantwort-Abbildung an! Versuchen Sie hieraus Nash-Gleichgewichte zu bestimmen!

Aufgabe 7:
Erweitern Sie den Dyopol der Erdbeerfarmer auf drei Farmer, bei gleichen Herstellungskosten und analogem Marktpreis. Berechnen Sie die Abbildung der besten-Antwort, das Nash-Gleichgewicht und den Gewinn der einzelnen Farmer.

2.3.2 Äquivalenz

Der Äquivalenzbegriff bei Spielen gestattet es, Spiele auf typische Formen zurückzuführen und deren Eigenschaften zu untersuchen.

Definition 2.8 (strategische Äquivalenz) *Gegeben seien zwei Spiele*

$$\Gamma_1 = (\mathcal{A}, (\mathcal{S}^1, \ldots, \mathcal{S}^m), (\succeq_{1,1}, \ldots, \succeq_{1,m}))$$

und

$$\Gamma_2 = (\mathcal{A}, (\mathcal{S}^1, \ldots, \mathcal{S}^m), (\succeq_{2,1}, \ldots, \succeq_{2,m})) \, ,$$

die sich nur durch die Präferenzordnungen unterscheiden.
Sie heißen (allgemein) strategisch äquivalent, wenn sie die gleichen Nash-Gleichgewichte besitzen (die Menge der Nash-Gleichgewichte ist identisch).

Bemerkung. Die strategische Äquivalenz ist tatsächlich eine Äquivalenzrelation in der Menge der Spiele mit gleicher Spieleranzahl und gleichen Strategienmengen. Genau genommen kommt es nur auf die Gleichheit der Anzahl der Spieler und der umkehrbar eindeutigen Abbildbarkeit der Strategienmengen an. Keinesfalls kommt es auf die inhaltliche Bedeutung der Spieler und der Strategien an.

Satz 2.3 *Seien zwei Spiele* $\Gamma_1 = (\mathcal{A}, (\mathcal{S}^1, \ldots, \mathcal{S}^m), (\succeq_{1,1}, \ldots, \succeq_{1,m}))$ *und*
$\Gamma_2 = (\mathcal{A}, (\mathcal{S}^1, \ldots, \mathcal{S}^m), (\succeq_{2,1}, \ldots, \succeq_{2,m}))$ *gegeben.*
Γ_1 *und* Γ_2 *sind strategisch äquivalent, wenn alle bedingten Präferenzordnungen von* Γ_1 *und* Γ_2 *identisch sind.*

Beweis:
Sei $s^* \in \mathcal{S}$ ein Nash-Gleichgewicht für Γ_1.
Aus der Definition der bedingten Präferenzordnung folgt

$$s^* \succeq_{1,i} \left(s^i, s^{*-i}\right) \quad \forall s^i \in \mathcal{S}^i, i = 1, \ldots, m$$

genau wenn

$$s^{*\,i} \succeq_{1,i|s^{*-i}} s^i \ .$$

Wegen der Identitat der Präferenzordnungen von Γ_1 und Γ_2 folgt

$$s^{*\,i} \succeq_{2,i|s^{*-i}} s^i \ .$$

Wegen der Definition der bedingten Präferenzordnung gilt dies genau, wenn

$$s^* \succeq_{2,i} \left(s^i, s^{*-i}\right) \quad \forall s^i \in \mathcal{S}^i, i = 1, \ldots, m \ .$$

Somit ist s^* auch ein Nash-Gleichgewicht bezüglich des Spiels Γ_2. Offensichtlich gilt auch die umgekehrte Richtung. $\diamond$

Satz 2.4 *Gegeben seien zwei Spiele mit Auszahlungen* $\Gamma = (\mathcal{A}, \mathcal{S}, \mathcal{U})$ *und*
$\tilde{\Gamma} = (\mathcal{A}, \mathcal{S}, \tilde{\mathcal{U}})$ *mit der gleichen Anzahl von Spielern* $\mathcal{A} = 1, 2, \ldots, m$ *und der gleichen Strategienmenge. Für die Auszahlungen* $\mathcal{U}$ *und* $\tilde{\mathcal{U}}$ *gelte*

$$\tilde{U}^i(s) = k^i U^i(s) + c^i(s^{-i}) \quad i = 1, 2, \ldots, m \quad \forall s \in \mathcal{S} , \qquad (2.16)$$

wobei $k^i > 0$ *und* $c^i : \mathcal{S}^{-i} \to \mathbb{R}, i = 1, \ldots, m.$
Die beiden Spiele Γ *und* $\tilde{\Gamma}$ *sind strategisch äquivalent.*

Beweis:
Die durch die Beziehung zwischen den Auszahlungen $\mathcal{U} = (U^1, \ldots, U^m)$ und
$\tilde{\mathcal{U}} = (\tilde{U}^1, \ldots, \tilde{U}^m)$ definierten Funktionen $f^i : \mathbb{R} \to \mathbb{R}$ mit $f^i(x) = k^i x + c^i(s^{-i}), x \in \mathbb{R}$ lassen die bedingten Präferenzordnungen unverändert. $\diamond$

Beispiel 8:
Gegeben sei ein Zweipersonen-Spiel mit jeweils zwei Strategien und den folgenden Auszahlungen:

$$\begin{pmatrix} (-7,-7) & (-1,-9) \\ (-9,-1) & (-3,-3) \end{pmatrix}$$

Das einzige Nash-Gleichgewicht ist (s_1^1, s_1^2). Für die Transformation wählen wir $k^1 = k^2 = 1$, nur die c^i werden speziell gewählt.

$$1.\text{Spieler} \quad \begin{pmatrix} -7 & -1 \\ -9 & -3 \end{pmatrix} \; \Rightarrow \; \begin{pmatrix} 2 & 0 \\ 0 & -2 \end{pmatrix}$$

$$\uparrow \qquad \uparrow$$
$$c^1(s_1^2) = 9 \qquad c^1(s_2^2) = 1$$

$$2.\text{Spieler} \quad \begin{pmatrix} -7 & -9 \\ -1 & -3 \end{pmatrix} \begin{matrix} \leftarrow & c^2(s_1^1) = 9 \\ \leftarrow & c^2(s_2^1) = 1 \end{matrix} \; \Rightarrow \; \begin{pmatrix} 2 & 0 \\ 0 & -2 \end{pmatrix}$$

$\diamond$

Definition 2.9 *Spiele, die bezüglich des Ordnungsisomorphismus (2.16) strategisch äquivalent sind, nennen wir erweitert strategisch linear-äquivalent. Ist $c^i(s^{-i})$ bezüglich s^{-i} konstant, dann nennen wir beide Spiele strategisch linear-äquivalent.*

Eine Verschärfung der strategischen Äquivalenz von Spielen ist die Äquivalenz der besten Antwort.

Definition 2.10 (beste-Antwort Äquivalenz) *Gegeben seien zwei Spiele*

$$\Gamma_1 = (\mathcal{A}, (\mathcal{S}^1, \dots, \mathcal{S}^m), (\succeq_{1,1}, \dots, \succeq_{1,m}))$$

und

$$\Gamma_2 = (\mathcal{A}, (\mathcal{S}^1, \dots, \mathcal{S}^m), (\succeq_{2,1}, \dots, \succeq_{2,m}))$$

mit der gleichen Anzahl von Spielern $\mathcal{A} = \{1, 2, \dots, m\}$ und der gleichen Strategienmenge. Sie heißen äquivalent bezüglich der besten Antwort (beste-Antwort-äquivalent), wenn die Funktionen der besten Antwort $r^i : \mathcal{S}^{-i} \to \mathcal{S}^i$, $i = 1, \dots, m$ für beide Spiele gleich sind.

Beispiel 9:

Die beste-Antwort Äquivalenz ist eine echte Verschärfung der strategischen Äquivalenz nach Definition (2.8). Dazu betrachten wir ein Zweipersonen-Spiel, bei dem beide Spieler die gleiche Auszahlungsmatrix haben. Hierzu geben wir ein ebensolches (allgemein) strategisch äquivalentes an, das jedoch nicht beste-Antwort äquivalent nach Definition (2.10) ist.

Die Auszahlungsmatrix des ursprünglichen Spieles:

$$\begin{pmatrix} 1 & 3 \\ 0 & 2 \end{pmatrix} \qquad \text{insbesondere ist } r^1(s_1^2) = s_1^1$$

Die Auszahlungsmatrix des äquivalenten Spieles:

$$\begin{pmatrix} 0 & 3 \\ 1 & 2 \end{pmatrix} \qquad \text{insbesondere ist } r^1(s_1^2) = s_2^1 \ .$$

Man überzeugt sich, dass in beiden Fällen das einzige Nash-Gleichgewicht die Strategienkombination (s_1^1, s_2^2) ist. Die beiden Spiele sind somit (allgemein) strategisch äquivalent, aber nicht beste-Antwort äquivalent nach Definition (2.10). Es gilt jedoch der folgende Satz. ◇

Satz 2.5 *Erweitert strategisch linear-äquivalente Spiele sind auch beste-Antwort-äquivalent.*

Beweis:

Die Menge

$$r^i(s^{-i}) := \left\{ s^i \in \mathcal{S}^i \,\middle|\, U^i(s^i, s^{-i}) = \max_{\tilde{s}^i} U^i(\tilde{s}^i, s^{-i}) \right\}$$

ist für alle zu dem Spiel Γ mit der Auszahlung $\mathcal{U}$ erweitert strategisch linear-äquivalenten Spiele gleich. ◇

Aufgabe 8:

Wir betrachten folgende drei Spiele:

1. das Schere-Stein-Papier-Spiel

2. das Gefangenendilemma

3. das Dilemma des Wettrüstens

Welche dieser drei Spiele sind strategisch äquivalent bzw. erweitert strategisch linear-äquivalent?

2.3.3   Spezielle Spiele

Definition 2.11 *Ein* **Konstantsummen-Spiel** *ist ein Spiel mit einer Auszahlung, für die gilt*

$$\sum_{i \in \mathcal{A}} U^i(s) = C \quad C \in \mathbb{R} \quad \forall s \in \mathcal{S} \ . \tag{2.17}$$

Ist $C = 0$, so spricht man von einem Nullsummen-Spiel.

Satz 2.6 *Jedes Konstantsummen-Spiel ist einem Nullsummen-Spiel strategisch linear-äquivalent.*

Beweis:
Mit den Konstanten $k^i = 1$ und $c^1 = -C$, $c^i = 0$, $i = 2, \ldots, m$ rechnet man nach:

$$\sum_{i \in \mathcal{A}} \tilde{U}^i(s) = \sum_{i=1}^{m} U^i(s) + c^1 = C + c^1 = 0 \ .$$

$\diamond$

Definition 2.12 *Ein Zweipersonen-Spiel heißt stark kämpferisch, wenn*

$$s \preceq_1 s' \quad \Leftrightarrow \quad s \succeq_2 s' \quad \forall s, s' \in \mathcal{S} \ .$$

Beispiel 10 [kämpferisches Spiel]:
Das folgende stark kämpferische Spiel mit Auszahlung stammt aus Vorob'ev ([77]):

		2.Spieler	
		s_1^2	s_2^2
1.Spieler	s_1^1	(-10,5)	(2,-2)
	s_2^1	(1,-1)	(-1,1)

$\diamond$

Satz 2.7 *Jedes Zweipersonen-Nullsummen-Spiel ist stark kämpferisch.*

Satz 2.8 *Ein stark kämpferisches Zweipersonen-Spiel mit einer Auszahlung ist einem Nullsummen-Spiel strategisch äquivalent.*

Beweis:
Nach Friedman ([20, Seite 79]) wurde dieser Satz erstmals in Leininger et al.([38]) bewiesen. Sei nun $\Gamma = (\mathcal{A}, \mathcal{S}, \mathcal{U})$ das gegebene stark kämpferische Spiel. In Anlehnung an Friedman ([20, Seite 80]) definieren wir ein neues Spiel $\tilde{\Gamma} = (\mathcal{A}, \mathcal{S}, \tilde{\mathcal{U}})$ mit

$$\tilde{U}^1(s) = U^1(s) \quad \tilde{U}^2(s) = -U^1(s) \quad \forall s \in \mathcal{S} \ .$$

Aus der Definition als kämpferisches Spiel folgt

$$U^2(s) \geq U^2(s') \Leftrightarrow U^1(s) \leq U^1(s') \ .$$

Vorzeichenumkehr liefert

$$U^1(s) \leq U^1(s') \Leftrightarrow -U^1(s) \geq -U^1(s') \ ,$$

und hieraus folgt schließlich entsprechend der Definition von $\tilde{U}^2$

$$-U^1(s) \geq -U^1(s') \Leftrightarrow \tilde{U}^2(s) \geq \tilde{U}^2(s') \ .$$

Damit ist gezeigt, dass die Funktion $f^2 : \mathbb{R} \rightarrow \mathbb{R}$ mit $f^2(U^2(s)) = -U^1(s), \forall s \in \mathcal{S}$ ein Ordnungsisomorphismus ist. Die verbleibende Funktion $f^1 : \mathbb{R} \rightarrow \mathbb{R}$ wird als identische Abbildung gewählt. $\diamond$

Bemerkung. Wie der vorangehende Beweis zeigt, ist das strategisch äquivalente Nullsummenspiel nicht eindeutig, z.B. hätte man auch $\tilde{\mathcal{U}}$ definieren können als

$$\tilde{U}^2(s) = U^2(s) \quad \tilde{U}^1(s) = -U^2(s) \quad \forall s \in \mathcal{S} \ .$$

Definition 2.13 *Ein Zweipersonen-Spiel mit Auszahlung heißt symmetrisch, wenn beide Spieler die gleiche Strategienmenge $\mathcal{S}^1 = \mathcal{S}^2 = \mathcal{S}$ besitzen und es eine Funktion $U : \mathcal{S} \times \mathcal{S} \rightarrow \mathbb{R}$ gibt, so dass für die Auszahlungen der beiden Spieler*

$$U^1(s^1, s^2) = U(s^1, s^2) \quad \text{und} \quad U^2(s^1, s^2) = U(s^2, s^1) \qquad (2.18)$$

gilt.

Definition 2.14 *Ein m-Personenspiel mit Auszahlung heißt ein Spiel mit identischem Nutzen $U : \mathcal{S} \rightarrow \mathbb{R}$, wenn*

$$U^i(s) = U(s) \quad i = 1, \ldots, m \ .$$

Bemerkung. Bei $m = 2$ spricht man auch von Partnerschaftsspiel.

Definition 2.15 (endliche Spiele) *Ein Spiel* $\Gamma = (\mathcal{A}, \mathcal{S}, (\succeq_1, \ldots, \succeq_m))$ *heißt endlich, wenn die Anzahl* $|\mathcal{A}|$ *der Spieler (Akteure) und die Anzahl* $|\mathcal{S}^i|$ *der Strategien, auch reine Strategien genannt, für jeden Spieler i endlich sind.*

Bemerkung. Die Auszahlungsfunktionen der einzelnen Spieler haben bei endlichen Spielen mit der Bezeichnung $n_i = |\mathcal{S}^i|$ folgende Darstellung:

$$U^i(s^1_{j_1}, \ldots, s^m_{j_m}) = u^i_{j_1,\ldots,j_m} \in \mathbb{R} \quad j_i = 1, \ldots, n_i \quad i = 1, \ldots, m \ .$$

Das Spiel wird also durch Tensoren beschrieben.

Endliche Zweipersonen-Spiele mit Auszahlung werden auch als Matrix-Spiele oder Bimatrix-Spiele bezeichnet, da die Auszahlungen für jeden Spieler durch eine Matrix $(u^1_{jk})_{jk}$ bzw $(u^2_{jk})_{jk}$ dargestellt werden kann. Im Falle eines symmetrischen endlichen Zweipersonen-Spiels sind nach Definition (2.13) beide Matrizen zueinander transponiert. Ist das Spiel außerdem ein Nullsummenspiel, dann muss die Matrix $U = (u^1_{jk})_{jk}$ schiefsymmetrisch sein, d.h. $U = -U^T$.

Im Falle von $m > 2$ Spielern ist allerdings die Bezeichnung Tensor-Spiel nicht gebräuchlich.

2.3.4 Gemischte Strategien

In diesem Abschnitt betrachten wir nur endliche Spiele.

Wie wir an dem Schere-Stein-Papier-Spiel von Beispiel 5 gesehen haben, haben endliche Spiele (siehe Definition 2.15) nicht notwendig ein Nash-Gleichgewicht. Dies ist **ein** Grund für die Einführung gemischter Strategien bei endlichen Spielen mit Auszahlung. Der **zweite** für die Anwendung wichtigere Grund ist der, dass viele Spiele öfters durchgeführt werden. In diesem Fall können die einzelnen Strategien mit gewissen Häufigkeiten bzw. Wahrscheinlichkeiten gespielt werden.

Die wichtigsten Ergebnisse und Definitionen bei Spielen mit gemischten Strategien werden wir jetzt besprechen.

Die folgende Definition gibt an, wie die Menge der reinen Strategien $\mathcal{S}$ zur Menge der sogenannten **gemischten** Strategien $\hat{\mathcal{S}}$ erweitert wird.

Definition 2.16 *Unter der gemischten Strategie des Spielers i mit der Strategienmenge $\mathcal{S}^i = \{s_1^i, \ldots, s_{n_i}^i\}$ versteht man einen Vektor*

$$\hat{s}^i = (\hat{s}_1^i, \hat{s}_2^i, \ldots, \hat{s}_{n_i}^i)^T \quad mit \quad \sum_{j=1}^{n_i} \hat{s}_j^i = 1, \quad \hat{s}_j^i \geq 0 \qquad (2.19)$$

Bemerkung. Vektoren $\hat{s}^i = (\hat{s}_1^i, \hat{s}_2^i, \ldots, \hat{s}_{n_i}^i)^T$ mit einem $\hat{s}_k^i = 1$ werden mit der k-ten reinen Strategie identifiziert und auch vereinfachend mit s_k^i bezeichnet . Gemischte Strategien sind damit echte Verallgemeinerungen der reinen Strategien. Die Menge der gemischten Strategien ist die konvexe Hülle der reinen Strategien, wenn diese als Punkte des $\mathbb{R}^{n_i}$, z.B. als Einheitsvektoren, dargestellt werden. Sie ist konvex und kompakt.

Gemischte Strategien können so gedeutet werden, dass der i-te Spieler die k-te reine Strategie s_k^i mit Wahrscheinlichkeit $\hat{s}_k^i$ auswählt. Ferner wird angenommen, dass jeder Spieler (stochastisch) unabhängig von den anderen seine Strategie auswählt. Für die gemischte Erweiterung wird die **Auszahlung** an den i-ten Spieler als Erwartungswert definiert.

Definition 2.17 *Spielt jeder Spieler eine gemischte Strategie, dann wird die Auszahlung an den Spieler i festgesetzt durch:*

$$\hat{U}^i(\hat{s}) = \hat{U}^i(\hat{s}^1, \ldots, \hat{s}^m) = \sum_{j_1=1}^{n_1} \cdots \sum_{j_m=1}^{n_m} U^i(s_{j_1}^1, \ldots, s_{j_m}^m) \prod_{k=1}^{m} \hat{s}_{j_k}^k \; . \qquad (2.20)$$

Wenn kein Zweifel besteht, dass es sich um eine Auszahlung bei gemischten Strategien handelt, verwenden wir auch die Bezeichnung $U^i(\hat{s})$ statt $\hat{U}^i(\hat{s})$.

Bemerkung. Die Funktionen $\hat{U}^i$ sind offensichtlich multilineare stetige reellwertige Funktionen auf der kompakten konvexen Menge $\prod_{i=1}^{m} \hat{\mathcal{S}}^i$, wobei

$$\hat{\mathcal{S}}^i = \{(\hat{s}_1^i, \ldots, \hat{s}_{n_i}^i) \mid \sum_{j=1}^{n_i} \hat{s}_j^i = 1, \quad \hat{s}_j^i \geq 0, j = 1, \ldots, n_i\} \qquad (2.21)$$

Wir kommen nun zur Definition der gemischten Erweiterung eines endlichen Spieles mit Auszahlung.

Definition 2.18 *Das Spiel $\hat{\Gamma} = (\mathcal{A}, \hat{\mathcal{S}}, \hat{\mathcal{U}})$ mit der Definition (2.21) für $\hat{\mathcal{S}}$ und (2.20) für $\hat{\mathcal{U}}$ heißt gemischte Erweiterung des endlichen Spieles $\Gamma = (\mathcal{A}, \mathcal{S}, \mathcal{U})$ mit der Auszahlung $\mathcal{U}$.*

Folgende Definition ist später nützlich.

Definition 2.19 *Eine gemischte Strategie $\hat{s}^i = (\hat{s}^i_1, \ldots, \hat{s}^i_{n_i})$ des i-ten Spielers heißt stark gemischt, wenn $\hat{s}^i_j > 0 \quad j = 1, \ldots, n_i$.*
Unter dem Träger $\mathcal{T}$ einer gemischten Strategie des i-ten Spielers versteht man die Menge der Indizes $\{j | \hat{s}^i_j > 0\}$ bzw. die Menge der reinen Strategien $\{s^i_j | \hat{s}^i_j > 0\}$. Abkürzend seien beide Mengen gleichermaßen mit $\mathcal{T}(\hat{s}^i)$ bezeichnet.

Definition 2.20 *Eine Strategienkombination $\hat{s}^*$ heißt ein striktes Nash-Gleichgewicht, wenn für alle Spieler i die Strategie s^{*i} die einzige beste Antwort für s^{*-i} ist.*
Eine Strategienkombination $\hat{s}^*$ heißt ein quasi-striktes Nash-Gleichgewicht, wenn für alle Spieler i der Träger der Strategie s^{*i} aus allen reinen besten Antworten für s^{*-i} besteht [17, Seite 24].

Satz 2.9 *Sei eine gemischte Strategie eines Spielers als Konvexkombination mehrerer anderer gemischter Strategien gegeben:*

$$\hat{s}^{i0} = \sum_{\ell=1}^{r} \lambda_\ell \times {}^\ell \hat{s}^i \qquad \sum_{\ell=1}^{r} \lambda_\ell = 1 \qquad \lambda_\ell \geq 0 \, ,$$

dann gilt für die Auszahlung an den k-ten Spieler

$$\hat{U}^k(\hat{s}^1, \ldots, \hat{s}^{i0}, \ldots, \hat{s}^m) = \sum_{\ell=1}^{r} \lambda_\ell \hat{U}^k(\hat{s}^1, \ldots, {}^\ell \hat{s}^{i0}, \ldots, \hat{s}^m) \qquad (2.22)$$

Beweis:
Die Auszahlung bei der gemischten Erweiterung

$$U^i(\hat{s}) = \sum_{j_1=1}^{n_1} \quad \ldots \quad \sum_{j_m=1}^{n_m} U^i(s^1_{j_1}, \ldots, s^m_{j_m}) \prod_{k=1}^{m} \hat{s}^k_{j_k}$$

läßt sich mit der Strategie $\hat{s}^{i0}$ für den i-ten Spieler folgendermaßen schreiben

$$U^i(\hat{s}) = \sum_{j_1=1}^{n_1} \quad \ldots \quad \sum_{j_m=1}^{n_m} U^i(s^1_{j_1}, \ldots, s^m_{j_m}) \prod_{\substack{k=1 \\ k \neq i}}^{m} \hat{s}^k_{j_k} \times \left(\sum_{\ell=1}^{r} \lambda_\ell \times {}^\ell \hat{s}^i \right) \, .$$

Hieraus ergibt sich unmittelbar die Behauptung des Satzes. $\diamond$

Mehrfache Anwendung des vorhergehenden Satzes liefert

Satz 2.10 (Darstellung der Auszahlungsfunktion) *Die gemischten Strategien $\hat{s}^{i\circ}$ des Spielers i seien als Konvexkombination gegeben*

$$\hat{s}^{i\circ} = \sum_{\ell=1}^{r_i} \lambda_\ell^i \times {}^{\ell}\hat{s}^i \qquad \sum_{\ell=1}^{r_i} \lambda_\ell = 1 \quad \lambda_\ell \geq 0 \ ,$$

wobei die gemischten Strategien ${}^{\ell}\hat{s}^i$ vorgegeben sind.
Dann gilt für die Auszahlung an den i-ten Spieler

$$\hat{U}^i(\hat{s}^{1\circ}, \ldots, \hat{s}^{m\circ}) = \sum_{\ell_1=1}^{r_1} \cdots \sum_{\ell_m=1}^{r_m} \hat{U}^i({}^{\ell_1}\hat{s}^1, \ldots, {}^{\ell_m}\hat{s}^m) \prod_{k=1}^{m} \lambda_{\ell_k}^k \tag{2.23}$$

Bemerkung. Leider ist die Aussage, dass die gemischten Erweiterungen strategisch äquivalenter endlicher Spiele mit Auszahlung wieder strategisch äquivalent sind, in dieser Allgemeinheit nicht richtig. (Das Gegenbeispiel (siehe Beispiel 17) kann erst weiter unten besprochen werden, wenn die Berechnung von Nash-Gleichgewichten gemischter Erweiterungen überlegt worden ist.) Diese Aussage gilt jedoch, wenn man sich auf die erweiterte strategische Linear-Äquivalenz beschränkt, wie der nachfolgende Satz zeigt.

Satz 2.11 *Die gemischten Erweiterungen von (erweitert) strategisch linear-äquivalenten endlichen Spielen sind ebenfalls (erweitert) strategisch linear-äquivalent.*

Beweis:
Bei (erweitert) strategisch linear-äquivalenten Spielen bestehen die folgenden Beziehungen zwischen den Auszahlungstensoren:

$$\tilde{u}_{j_1,\ldots,j_m}^i = k^i u_{j_1,\ldots,j_m}^i + c^i(s^{-i}) \quad i = 1, \ldots, m \ ,$$

wobei $k^i > 0$ und $c^i : \mathcal{S}^{-i} \to \mathbb{R}$. Es gilt nun für $i = 1, \ldots, m$

$$\tilde{U}^i(\hat{s}) = \sum_{j_1=1}^{n_1} \cdots \sum_{j_m=1}^{n_m} \tilde{u}_{j_1,\ldots,j_m}^i \prod_{k=1}^{m} \hat{s}_{j_k}^k$$

$$= \sum_{j_1=1}^{n_1} \cdots \sum_{j_m=1}^{n_m} (k^i u_{j_1,\ldots,j_m}^i + c^i(s^{-i})) \prod_{k=1}^{m} \hat{s}_{j_k}^k$$

$$= k^i \sum_{j_1=1}^{n_1} \cdots \sum_{j_m=1}^{n_m} u_{j_1,\ldots,j_m}^i \prod_{k=1}^{m} \hat{s}_{j_k}^k + \sum_{j_1=1}^{n_1} \cdots \sum_{j_m=1}^{n_m} c^i(s^{-i})) \prod_{k=1}^{m} \hat{s}_{j_k}^k$$

$$= k^i U^i(\hat{s}) + \tilde{c}^i(\tilde{s}^{-i}) \ ,$$

wobei $\tilde{c}^i : \mathcal{S}^{-i} \to \mathbb{R}$ definiert ist durch

$$\tilde{c}^i(\tilde{s}^{-i}) = \sum_{j_1=1}^{n_1} \cdots \sum_{j_{i-1}=1}^{n_{i-1}} \sum_{j_{i+1}=1}^{n_{i+1}} \cdots \sum_{j_m=1}^{n_m} c^i(s^{-i})) \prod_{\substack{k=1 \\ k \neq i}}^{m} \hat{s}^k_{j_k}$$

Dies ist die Definition der erweiterten strategischen Linear-Äquivalenz. c^i hat sich dabei zu $\tilde{c}^i$ gewandelt. $\diamond$

2.4 Existenz eines Nash-Gleichgewichts

Bisher haben wir ganz allgemeine Strategienmengen zugelassen. Jetzt betrachten wir nur solche $S^i \subseteq \mathbb{R}^{d_i}$ mit einem gewissen d_i für alle $i = 1, \ldots, m$ (siehe z.B. (7)). Ferner beschränken wir uns auf Auszahlungen als Spielergebnisse.

Satz 2.12 (Existenz eines Nash-Gleichgewichts) *Sei* $(\mathcal{A}, \mathcal{S}, \mathcal{U})$ *ein Spiel* Γ *mit folgenden Eigenschaften:*

(1) Die Strategienmenge $\mathcal{S}^i \subset \mathbb{R}^{d_i}$ *sei kompakt und konvex für alle Spieler* $i \in \mathcal{A}$

(2) Die Auszahlungsfunktion für den i-ten Spieler $U^i : \mathcal{S}^i \times \mathcal{S}^{-i} \to \mathbb{R}$ *sei stetig und beschränkt und für festes* $s^{-i} \in \mathcal{S}^{-i}$ *sei sie quasi-konkav in* $s^i \in \mathcal{S}^i$.

Das Spiel Γ *besitzt dann ein Nash-Gleichgewicht.*

Beweis:
Nach dem Satz (2.2) existiert genau dann ein Nash-Gleichgewicht, wenn die Abbildung der besten Antwort einen Fixpunkt hat. Um einen Fixpunkt mit dem Satz von Kakutani (siehe Abschnitt 7.3) nachweisen zu können, müssen dessen Voraussetzungen überprüft werden. Insbesondere sind die folgenden zwei Sätze zu zeigen. $\diamond$

Satz 2.13 *Die Abbildung* r *der besten Antwort ist unter den Voraussetzungen des Satzes (2.12) wohldefiniert und alle Mengen* $r(s)$, $s \in \mathcal{S}$, *sind konvex.*

Beweis:
Da U^i nach Annahme des Satzes (2.12) stetig ist und die Menge $\mathcal{S}$ kompakt, existiert das Maximum in der Definition von r^i. Damit ist r^i wohldefiniert und somit auch r. Da dieses Maximum für eine quasikonkave Funktion gebildet wird, ist die Menge der Punkte, für die das Maximum erreicht wird, konvex. Das kartesische Produkt konvexer Mengen ist wieder konvex, daher ist auch $r(s)$ für $s \in \mathcal{S}$ konvex. $\diamond$

Satz 2.14 *Die mengenwertige Abbildung* $r : \mathcal{S} \to \prod_{i=1}^{m} \mathfrak{P}(\mathcal{S}^i)$ *der besten Antwort ist unter den Voraussetzungen des Existenzsatzes (2.12) eine von oben halbstetige mengenwertige Funktion.*

Beweis:

Wir betrachten zwei konvergente Folgen $^k s$ und $^k t$ mit $^k t \in r(^k s)$, $^k s \in \mathcal{S}$. Es gelte $^k s \xrightarrow[k\to\infty]{} \, ^0 s$, und $^k t \xrightarrow[k\to\infty]{} \, ^0 t$.

Zum Nachweis der Halbstetigkeit von oben muss $^0 t \in r(^0 s)$ gezeigt werden. Aus der Definition der mengenwertigen Funktion r folgt für jedes $t^i \in r^i(^0 s^{-i})$ und jedes i die Ungleichungen $U^i(^0 t^i, ^0 s^{-i}) \leq U^i(t^i, ^0 s^{-i})$. Gilt $U^i(^0 t^i, ^0 s^{-i}) = U^i(t^i, ^0 s^{-i})$, so ist $^0 t \in r(^0 s)$ gezeigt und der Satz bewiesen.

Es ist also noch der Fall $U^i(^0 t^i, ^0 s^{-i}) < U^i(t^i, ^0 s^{-i})$ für alle i auszuschließen. Sei also

$$\varepsilon = U^i(t^i, ^0 s^{-i}) - U^i(^0 t^i, ^0 s^{-i}) > 0 \, . \tag{2.24}$$

Wegen der Stetigkeit der U^i gibt es für jedes $\delta > 0$ ein endliches k_δ so, dass für $k > k_\delta$ gilt

$$|U^i(^k t^i, ^k s^{-i}) - U^i(^0 t^i, ^0 s^{-i})| < \delta \tag{2.25}$$

und

$$|U^i(t^i, ^k s^{-i}) - U^i(t^i, ^0 s^{-i})| < \delta \, . \tag{2.26}$$

Mit $\delta < \varepsilon/4$ gilt weiter

$$U^i(t^i, ^k s^{-i}) \underset{(2.26)}{>} U^i(t^i, ^0 s^{-i}) - \varepsilon/4 \underset{-\varepsilon/2}{>} U^i(t^i, ^0 s^{-i}) - 3\varepsilon/4$$

$$\underset{(2.24)}{=} U^i(^0 t^i, ^0 s^{-i}) + \varepsilon/4 \underset{(2.25)}{>} U^i(^k t^i, ^k s^{-i}) \, .$$

Also folgt $U^i(t^i, ^k s^{-i}) > U^i(^k t^i, ^k s^{-i})$, was $^k t^i \notin r^i(^k s^{-i})$ bedeutet. Dies ist ein Widerspruch gegen die anfänglichen Annahmen. Es muss also $U^i(^0 t^i, ^0 s^{-i}) = U^i(t^i, ^0 s^{-i})$ gelten und damit ist die Halbstetigkeit von oben für r gezeigt. $\diamond$

Das folgende Beispiel aus dem Buch von Friedman [20] ist eine Verallgemeinerung des bereits erwähnten Dyopols.

Beispiel 11 [Cournot Oligopol (siehe [16])]:

Wir betrachten einen einzigen Markt mit m Anbietern eines homogenen Gutes. Die potentiellen Käufer werden durch eine inverse Nachfragefunktion

$p(Q)$ dargestellt, wobei $p(Q)$ der Preis einer Mengeneinheit des Gutes ist, wenn insgesamt Q [ME] angeboten werden. Die Produktion der Firma i sei q^i. Die Produktion von q^i [ME] des Gutes verursache der Firma i die Kosten $K^i(q^i)$. Der Profit der Firma i berechnet sich dann zu

$$U^i(q^1, \ldots, q^m) = q^i \times p(\sum_{i=1}^{m} q^i) - K^i(q^i) \ .$$

Um den obigen Existenzsatz anwenden zu können, muss die Menge der Strategien jedes Spielers konvex und kompakt sein. Klar ist $q^i \geq 0$. Theoretisch könnte q^i beliebig groß werden, tatsächlich aber sind durch Produktionskapazitäten und dem erwünschten Mindestprofit (z.B. ≥ 0) Grenzen gesetzt, etwa $\sum_{i=1}^{m} q^i \leq a$. Um den obigen Existenzsatz anwenden zu können, muss noch Stetigkeit und Konkavität bzw. Konvexität der Funktionen $q \times p(q)$ und K^i angenommen werden.

Diese und ähnliche Beispiele führen bei differenzierbaren Funktionen auf nichtlineare Gleichungssysteme. In dem Buch von Kelley ([35]) findet man hierzu Lösungsverfahren. $\diamond$

Beispiel 12 [Gemischte Erweiterung]:
Es kann nun gezeigt werden, dass die gemischte Erweiterung eines endlichen Spieles mindestens ein Nash-Gleichgewicht besitzt. Dazu müssen die Voraussetzungen des Satzes (2.12) gezeigt werden. Offensichtlich ist hier die Strategienmenge konvex und kompakt, die Auszahlungsfunktion ist multilinear und erfüllt daher ebenfalls die Stetigkeit und Konkavität. $\diamond$

Aufgabe 9:
Betrachten wir nun das Cournot'schen Oligopol mit $m = 2$ Anbietern und den Kosten- und Preisfunktionen:

$$K^1(q^1) = 4q^1 \quad \text{und} \quad K^2(q^2) = 2q^2 + 0.1q^2 \times q^2$$
$$p(Q) = A - 4Q + 3Q^2 - Q^3 \ ,$$

wobei A als Parameter betrachtet wird und z.B. $A = 100$ oder gleich einem anderen Wert gewählt werden kann.

Erfüllen diese Festlegungen die Voraussetzungen des Existenzsatzes für Nash-Gleichgewichte?

Aus Friedman ([20]) entnimmt man für $A = 100$ als Lösung den Gleichgewichtspunkt $q^T = (2.028, 2.081)$. In dem Buch von Kelley ([35]) findet man

Verfahren zur Lösung von nichtlinearen Gleichungssystemen, die bei diesem und ähnlichen Beispielen verwendet werden können.

Aufgabe 10:
Die Formulierung der Aufgabe orientiert sich an [56].
Es werde ein Objekt versteigert, das m Interessenten $(i = 1, \ldots, m)$ jeweils mit $v_1 > v_2 > \ldots > v_m > 0$ bewerten. Die Gebote b_i, $i = 1, \ldots, m$ müssen von allen Interessenten gleichzeitig abgegeben werden. Das Objekt erhält derjenige mit dem höchsten Gebot. Haben mehrere Interessenten dieses größte Gebot abgegeben, dann erhält unter diesen der Interessent mit der kleinsten Nummer das Objekt. Es wird dann eine Zahlung in der Höhe des höchsten Gebotes fällig.
Formulieren Sie diese Versteigerung als Spiel, geben Sie die Strategienmengen und geeignete Auszahlungen für die Spieler (=Interessenten) an. Vereinfachend können Sie annehmen, dass jedem Interessenten neben der eigenen, auch die Bewertungen der anderen Interessenten bekannt sind.
Existiert ein Nash-Gleichgewicht nach dem Satz (2.12)? Können Sie Nash-Gleichgewichte angeben?

3 Endliche Spiele

3.1 gemischte Erweiterung

Die gemischte Erweiterung endlicher Spiele ist in Abschnitt (2.3.4) eingeführt worden. Diese Art Spiele sind in der Literatur die am häufigsten untersuchten.

3.1.1 Existenz eines Nash-Gleichgewichts

Wie bereits in Beispiel 12 gezeigt, ist der Existenzsatz (2.12) für ein Nash-Gleichgewicht hier anwendbar. Bei der gemischten Erweiterung endlicher Spiel existiert also ein Nash-Gleichgewicht.

Da der ursprüngliche Beweis von Nash ([52]) für die Existenz eines Nash-Gleichgewichts bei der gemischten Erweiterung von endlichen Spielen mit Auszahlung eine interessante Anwendung des Brouwerschen Fixpunktsatzes ist, werden wir ihn noch am Schluss dieses Abschnittes bringen.

Zunächst werden jedoch spezielle Charakterisierungen von gemischten Strategien im Zusammenhang mit dem Nash-Gleichgwicht besprochen.

Satz 3.1 *Für jede gemischte Strategienkombination $\hat{s}^0$ hat jeder Spieler i wenigstens eine reine Strategie s_k^i mit*

$$\hat{s}_k^{i0} > 0 \quad und \quad \hat{U}^i(s_k^i, \hat{s}^{-i0}) \leq \hat{U}^i(\hat{s}^0)$$

Beweis:
Der Beweis erfolgt durch Widerspruch.
Wir nehmen an, dass für den Spieler i gilt

$$\hat{U}^i(s_k^i, \hat{s}^{-i0}) > \hat{U}^i(\hat{s}^0) \quad \forall k : \hat{s}_k^{i0} > 0 .$$

Hieraus folgt die Ungleichung

$$\hat{U}^i(s_k^i, \hat{s}^{-i0})\hat{s}_k^{i0} > \hat{U}^i(\hat{s}^0)\hat{s}_k^{i0} \quad \forall k : \hat{s}_k^{i0} > 0 .$$

Für die übrigen k gilt

$$\hat{U}^i(s_k^i, \hat{s}^{-i0})\hat{s}_k^{i0} = \hat{U}^i(\hat{s}^0)\hat{s}_k^{i0} = 0 .$$

Summiert man diese Ungleichungen und Gleichungen auf, dann folgt weiter

$$\sum_{j=1}^{n_i} \hat{U}^i(s_j^i, \hat{s}^{-i\,0})\hat{s}_j^{i\,0} > \sum_{j=1}^{n_i} \hat{U}^i(\hat{s}^0)\hat{s}_k^{i\,0} \; .$$

was gleichbedeutend ist mit

$$\hat{U}^i(\hat{s}^0) > \hat{U}^i(\hat{s}^0) \; .$$

Die letzte Ungleichung ist ein offensichtlicher Widerspruch, daher gilt die Aussage des Satzes. ◇

Satz 3.2 *Für die gemischte Erweiterung eines endlichen Spieles gilt folgende äquivalente Formulierung des Nash-Gleichgewichts. $\hat{s}^* = (\hat{s}^{i\,*}, \hat{s}^{-i\,*})$ ist genau dann ein Nash-Gleichgewicht, wenn für alle reinen Strategien s_j^i der Spieler $i = 1, \ldots, m$ gilt*

$$\hat{U}^i(s_j^i, \hat{s}^{-i\,*}) \leq \hat{U}^i(\hat{s}^*) \quad j = 1, \ldots, n_i \quad i = 1, \ldots, m \tag{3.1}$$

Beweis:
Notwendige Bedingung.
Dies folgt unmittelbar aus der Definition eines Nash-Gleichgewichts.

Hinreichende Bedingung.
Wenn die Ungleichung (3.1) für alle reinen Strategien s_i des i-ten Spielers gilt, dann folgt für alle gemischten Strategien:

$$\hat{U}^i(\hat{s}^i, \hat{s}^{-i\,*}) = \sum_{j=1}^{n_i} \hat{U}^i(s_j^i, \hat{s}^{-i\,*})\hat{s}_j^i \leq \sum_{j=1}^{n_i} \hat{U}^i(\hat{s}^*)\hat{s}_j^i = \hat{U}^i(\hat{s}^*)$$

◇

Die Ungleichungen (3.1) des vorangehenden Satzes haben eine wichtige Eigenschaft, die im folgenden Satz formuliert wird.

Satz 3.3 *Sei für einen gewissen Spieler i die Strategie $\hat{s}^{i\,*}$ eine beste Antwort auf die Strategienkombination $\hat{s}^{-i}$ der Mitspieler. Jede reine Strategie s_j^i aus der Trägermenge der gemischten Strategie $\hat{s}^{i\,*}$ ist eine beste Antwort auf die Strategie $\hat{s}^{-i}$ der Mitspieler.*
Anders ausgedrückt heißt dies, dass nur solche reinen Strategien s_j^i in der Trägermenge der gemischten Strategie $\hat{s}^{i\,*}$ sein können, für die gilt:

$$\hat{U}^i(s_j^i, \hat{s}^{-i}) = \hat{U}^i(\hat{s}^{i\,*}, \hat{s}^{-i}) = \max_{\hat{s}^i} \hat{U}^i(\hat{s}^i, \hat{s}^{-i}) \; . \tag{3.2}$$

Beweis:
Nach Satz 2.9 ergibt sich

$$\hat{U}^i(\hat{s}^{i*}, \hat{s}^{-i}) = \sum_{j=1}^{n_i} \hat{U}^i(s_j^i, s^{-i})\hat{s}_j^i \ .$$

Wäre nun für ein j mit $\hat{s}_j^{i*} > 0$ der Wert $\hat{U}^i(s_j^i, s^{-i*}) < \hat{U}^i(\hat{s}^*)$, dann würde gelten

$$\hat{U}^i(\hat{s}^{i*}, \hat{s}^{-i}) > \sum_{j=1}^{n_i} \hat{U}^i(s_j^i, s^{-i})\hat{s}_j^{i*} = \hat{U}^i(\hat{s}^{i*}, \hat{s}^{-i}) \ ,$$

was ein Widerspruch ist. Es muss also Gleichheit gelten. Hieraus folgen die Aussagen des Satzes. $\diamond$

Bemerkung. Ergänzt man die Ungleichungen (3.1) durch Schlupfvariable zu Gleichungen, so liefert der vorangehende Satz eine Komplementärbedingung zwischen den Komponenten der gemischten Strategien und den Schlupfvariablen. Wir kommen hierauf später nochmals zurück.

Aufgabe 11:
Beweisen Sie:
Wenn die gemischte Erweiterung eines endlichen symmetrischen Zweipersonen-Spiels genau ein stark gemischtes Nash-Gleichgewicht besitzt, dann sind die beiden Strategien dieses Gleichgewichts identisch und beide Spieler erhalten die gleiche Auszahlung.

Aufgabe 12:
Versuchen Sie bei den Spielen "Kampf der Geschlechter","Schere-Stein-Papier" und "Gefangenendilemma" Nash-Gleichgewichte in stark gemischten Strategien mit Hilfe bisher besprochener geeigneter Sätze der Vorlesung zu berechnen.

Wir kommen nun, wie zu Beginn dieses Abschnitts angekündigt, zum ursprünglichen Beweis von Nash ([52]) für die gemischte Erweiterung endlicher Spiele.

Satz 3.4 *Die gemischte Erweiterung eines endlichen Spieles hat mindestens ein Nash-Gleichgewicht.*

Beweis:
Der Beweis erfolgt mit dem Brouwer'schen Fixpunktsatz (7.6)
Es wird nun eine Abbildung $f : K \to K$ konstruiert, die die konvexe und kompakte Menge K der gemischten Strategien aller Spieler in sich abbildet. Diese Abbildung f ist stetig auf K. Somit existiert nach dem Brouwerschen Fixpunktsatz ein Fixpunkt. Es kann gezeigt werden, dass dessen Existenz äquivalent mit der Existenz eines Nash-Gleichgewichts ist.

Definition der Abbildung f   Hier ist

$$K = \prod_{i=1}^{m} \hat{S}^i \subset \prod_{i=1}^{m} \mathbb{R}^{n_i} \tag{3.3}$$

$$f(\hat{s}) = (f_{11}(\hat{s}), \ldots, f_{1n_1}(\hat{s}), \ldots, f_{m1}(\hat{s}), \ldots, f_{mn_m}(\hat{s}))^T \tag{3.4}$$

und

$$f_{ij}(\hat{s}) = \frac{\hat{s}_j^i + \phi_{ij}(\hat{s})}{1 + \sum_{k=1}^{n_i} \phi_{ik}(\hat{s})} \ . \tag{3.5}$$

Mit der reinen Strategie s_j^i (j-te Komponente) des i-ten Spielers wird definiert

$$\phi_{ij}(\hat{s}) = \max\{0, \hat{U}^i(s_j^i, \hat{s}^{-i}) - \hat{U}^i(\hat{s})\} \ . \tag{3.6}$$

$f(\hat{s})$ liegt tatsächlich in K, wegen

$$\sum_{j=1}^{n_i} \frac{\hat{s}_j^i + \phi_{ij}(\hat{s})}{1 + \sum_{k=1}^{n_i} \phi_{ik}(\hat{s})} = 1 \quad \forall i \ .$$

Da der Nenner nie Null werden kann und die Funktion f aus lauter stetigen Funktionen zusammengesetzt ist, ist f stetig auf K.

Der Fixpunkt erweist sich als Nash-Gleichgewicht $\hat{s}^*$ sei ein Fixpunkt, d.h.

$$\hat{s}_j^{i\,*} = \frac{\hat{s}_j^{i\,*} + \phi_{ij}(\hat{s}^*)}{1 + \sum_{k=1}^{n_i} \phi_{ik}(\hat{s}^*)} \quad \forall i, j$$

Multipliziert man die Gleichung mit dem Nenner ($\neq 0!$), so ergibt sich nach dem Streichen gleicher Summanden

$$\hat{s}_j^{i\,*} \sum_{k=1}^{n_i} \phi_{ik}(\hat{s}^*) = \phi_{ij}(\hat{s}^*) \tag{3.7}$$

Nach dem Satz (3.1) gibt es für jeden Spieler i und jede gemischte Strategie $\hat{s}^i$ ein $j = \ell$, sodass

$$\hat{s}_\ell^{-i} > 0 \quad \text{und} \quad \hat{U}^i(s_\ell^i, \hat{s}^{-i}) - \hat{U}^i(\hat{s}) \leq 0$$

Wir wählen nun für den Fixpunkt $\hat{s}^*$ und jedes i ein solches $j = \ell$, dass $\phi_{i\ell}(\hat{s}^*) = 0$; und wegen $\hat{s}_\ell^{-i\,*} > 0$ folgt aus der Gleichung (3.7)

$$\sum_{k=1}^{n_i} \phi_{ik}(\hat{s}^*) = 0 \quad \forall i$$

Da alle $\phi_{ik} \geq 0$ sind folgt

$$\phi_{ik}(\hat{s}^*) = 0 \quad k = 1, \ldots, n_i \quad \forall i$$

und somit

$$\hat{U}^i(s_k^i, \hat{s}^{-i\,*}) - \hat{U}^i(\hat{s}^*) \leq 0 \quad k = 1, \ldots, n_i \quad \forall i$$

Diese Aussage ist nach Satz (3.2) äquivalent dazu, dass $\hat{s}^*$ ein Nash-Gleichgewicht ist. $\diamond$

3.1.2 Reduktion der Menge der reinen Strategien

In diesem Abschnitt wollen wir genauer besprechen, welche Strategien für einen Spieler überhaupt sinnvoll sind, bzw. welche für ein Nash-Gleichgewicht keine Rolle spielen.

Definition 3.1 *Eine Strategienkombination aus $\hat{S}^{-i}$ nennen wir eine Spielhypothese oder kürzer eine Hypothese des Spielers i.*

Definition 3.2 *Eine Strategie eines Spielers i heißt eine niemals-beste-Antwort, wenn es keine Hypothese des Spielers i gibt, für die diese Strategie eine beste Antwort ist.*

Definition 3.3 *Eine reine Strategie $s^{i\,*} \in \hat{S}^i$ heißt dominiert, wenn es eine gemischte Strategie $\hat{s}^i \in \hat{S}^i$ gibt, sodass*

$$U^i(\hat{s}^i, s^{-i}) \geq U^i(s^{i\,*}, s^{-i}) \quad \forall s^{-i} \in \mathcal{S}^{-i} \tag{3.8}$$

und für wenigstens ein $s^{-i} \in \mathcal{S}^{-i}$ gilt $U^i(\hat{s}^i, s^{-i}) > U^i(s^{i\,*}, s^{-i})$, $\tag{3.9}$

andernfalls spricht man von einer undominierten Strategie.
Eine Strategie $s^{i*} \in \hat{S}^i$ heißt stark dominiert, wenn sie dominiert ist und für alle $\hat{s}^i \in \hat{S}^i$ die strenge Ungleichung (3.9) gilt.
Eine Strategie $s^{i*} \in \hat{S}^i$ heißt schwach dominiert, wenn sie dominiert ist und die Ungleichung (3.9) nicht für alle $\hat{s}^i \in \hat{S}^i$ gilt.
Man sagt auch $\hat{s}^i$ dominiert s^{i*} schwach bzw. stark.

Bemerkung. In einem späteren Abschnitt (3.2.5) werden wir ein allgemeines Verfahren zum Test auf Dominanz besprechen.

Beispiel 13:
Es wird ein Zweipersonen-Spiel mit folgenden Auszahlungen betrachtet

$$\begin{pmatrix} (1,2) & (1,1) & (5,4) \\ (2,1) & (3,3) & (3,3) \\ (1,1) & (2,1) & (4,3) \end{pmatrix}$$

Beim ersten Spieler dominiert die gemischte Strategie $(1/2, 1/2, 0)$ die reine Strategie $(0, 0, 1)$, aber weder die erste noch die zweite Strategie dominiert für sich allein die dritte Strategie.
Beim zweiten Spieler dominiert die dritte Strategie die zweite schwach und die erste stark. ◇

Satz 3.5 *Eine Strategie eines Spielers in einem endlichen Spiel ist genau dann eine niemals-beste-Antwort, wenn sie stark dominiert wird.*

Bemerkung. Der Beweis ergibt sich unmittelbar aus den Eigenschaften der Abbildung der besten Antwort r.
Aufgrund dieses Satzes macht es Sinn, stark dominierte Strategien jedes Spielers zu eliminieren. Dies muss ein iterativer Prozeß sein, da nach einer Elimination im neuen Spiel andere Strategien ebenfalls wieder stark dominiert sein können. Im günstigsten Falle bleibt für jeden Spieler zum Schluß genau eine Strategie übrig; natürlich muss es auch mindestens eine sein.

Definition 3.4 *Unter einer iterativen Elimination stark dominierter Strategien in dem Spiel $\Gamma = (\mathcal{A}, \mathcal{S}, \mathcal{U})$ verstehen wir eine Folge $t = 0, 1, \ldots, T$ von Teilmengen $^t X^i \subseteq \mathcal{S}^i$ mit den Eigenschaften*

1. $^0 X^i = \mathcal{S}^i$;

2. $^{t+1} X^i \subseteq {}^t X^i$;

3. *Für $t = 0, 1, \ldots, T - 1$ ist jede Strategie aus ${}^t X^i \backslash {}^{t+1} X^i$ eine stark dominierte in dem Spiel ${}^t\Gamma = (\mathcal{A}, {}^t X, {}^t U)$;*

4. *keine Strategie in ${}^T X^i$ ist in dem Spiel ${}^T\Gamma = (\mathcal{A}, {}^T X, {}^T U)$ stark dominiert.*

Aufgabe 13:

Eliminieren Sie bei dem folgenden Zweipersonen-Spiel alle stark dominierten Strategien

	s_1^2	s_2^2	s_3^2
s_1^1	(1,3)	(2,7)	(3,9)
s_2^1	(2,1)	(3,1)	(3,8)
s_3^1	(3,1)	(2,1)	(5,3)

Geben Sie ein Nash-Gleichgewicht dieses Spiels an!

In Harsanyi ([25], [26]) findet sich ein weiterer Ansatz für die Reduktion der Strategienmenge, der im Folgenden dargestellt wird.

Definition 3.5 *Eine Menge $H^i \subseteq \hat{S}^{-i}$ von Hypothesen des Spielers i heißt $\hat{s}^i$-stabil, wenn die (reine oder gemischte) Strategie $\hat{s}^i$ eine beste Antwort des Spielers i für alle $\hat{s}^{-i} \in H^i$ ist. Um den Zusammenhang mit der besten Antwort $\hat{s}^i$ auszudrücken, wird die Bezeichnung $H^i = H^i(\hat{s}^i)$ gewählt.*

Satz 3.6 *Die stabile Hypothesenmenge einer gemischten Strategie ist der Durchschnitt der stabilen Hypothesenmengen der Menge der reinen Strategien des Trägers der gemischten Strategie.*

Beweis:

Nach Satz (3.3) sind die reinen Strategien des Trägers einer gemischten Strategie ebenfalls beste Antworten. ◇

Bemerkung. Es genügt also stabile Hypothesenmengen für reine Strategien zu betrachten.

Satz 3.7

$$\bigcup_{j=1}^{n_i} H^i(s_j^i) = \hat{S}^{-i} \quad \forall i \ .$$

Satz 3.8 *Die stabilen Hypothesenmengen sind abgeschlossene (eventuell leere) Teilmengen von $\hat{S}^{-i}$.*

Beweis:
Die Abgeschlossenheit folgt aus der Stetigkeit der Auszahlungsfunktion, die eine multilineare Funktion der Strategien der Spieler ist. ◇

Aufgabe 14:
Geben Sie die stabilen Hypothesenmengen bei den Spielen "Kampf der Geschlechter" und "Gefangenen-Dilemma" an.

Definition 3.6 *Eine reine Strategie s^i_j des Spielers i heißt mindere Strategie, wenn die stabile Hypothesenmenge $H^i(s^i_j)$ das Lebesguemaß Null (z.B. gleich $\emptyset$ ist) hat oder wenn $H^i(s^i_j)$ eine echte Teilmenge einer anderen stabilen Hypothesenmenge $H^i(s^i_k)$, $k \neq j$, ist.*

Satz 3.9 *Stark und schwach dominierte Strategien sind mindere Strategien.*

Beweis:
Nach Satz (3.5) ist die stabile Hypothesenmenge einer stark dominierten Strategie leer. Die Hypothesenmenge einer schwach dominierten Strategie ist aufgrund der Definition eine Teilmenge der Hypothesenmenge der dominierenden Strategie. ◇

3.2   Zweipersonen-Konstantsummen-Spiel

Da jedes Konstantsummen-Spiel einem Nullsummen-Spiel äquivalent ist (siehe Satz 2.6), werden im Folgenden nur Zweipersonen-Nullsummen-Spiele betrachtet.

Gegeben sei ein Zweipersonen-Nullsummen-Spiel durch

$$\Gamma_0 = (\{1,2\}, \hat{S}^1 \times \hat{S}^2, \hat{\mathcal{U}}^1 \times \hat{\mathcal{U}}^2) \,, \tag{3.10}$$

wobei $\hat{\mathcal{U}}^1 = U$ und $\hat{\mathcal{U}}^2 = -U$ mit $U : \hat{S}^1 \times \hat{S}^2 \to \mathbb{R}$.

Wir verzichten bei U auf die Markierung mit ^ und bezeichnen auch die Auszahlungsmatrix mit $U(s^1_j, s^2_k) = U = (u_{jk})_{(j,k)}$

Wenn $U^1 = U$ die Auszahlungsmatrix für den ersten Spieler ist, dann muss $U^2 = -U^1 = -U$ die Auszahlungsmatrix für den zweiten Spieler sein. Es genügt daher die Auszahlungsmatrix $U = (u_{jk})_{(j,k)}$ für den ersten Spieler zu betrachten.

Dieser spezielle Typ eines Spiels kann durch ein lineares Optimierungsproblem gelöst werden. Mit den Ausführungen des nächsten Abschnittes folgen wir der historischen Entwicklung und stellen den Zusammenhang mit dem Begriff eines Sattelpunktes her.

3.2.1   Sattelpunktseigenschaft der Nash-Gleichgewichte

Allgemein gilt die folgende Definition

Definition 3.7 *Sei $f : X \times Y \to \mathbb{R}$ eine Funktion von zwei Variablen x und y, dann heißt ein Punkt (x^*, y^*) ein Sattelpunkt der Funktion f, falls*

$$f(x, y^*) \leq f(x^*, y^*) \leq f(x^*, y) \quad \forall x, y \in X \times Y$$

Satz 3.10 *Die Strategienkombination $(\hat{s}^{1*}, \hat{s}^{2*})$ eines Zweipersonen-Nullsummen-Spiels ist genau ein Nash-Gleichgewicht, wenn $(\hat{s}^{1*}, \hat{s}^{2*})$ ein Sattelpunkt der Funktion U ist.*
In der Menge der gemischten Strategien gibt es mindestens einen Sattelpunkt.

Beweis:

1. Aus der allgemeinen Definition (2.5) eines Nash-Gleichgewichts folgt hier speziell:

$$\hat{U}^1(\hat{s}^{1*}, \hat{s}^{2*}) \geq \hat{U}^1(\hat{s}^1, \hat{s}^{2*}) \quad \text{und} \quad \hat{U}^2(\hat{s}^{1*}, \hat{s}^{2*}) \geq \hat{U}^2(\hat{s}^{1*}, \hat{s}^2) \ .$$

Wegen der Beziehung $U^2 = -U^1 = -U$ folgt schließlich die **Sattelpunkt**seigenschaft des Strategienpaares $(\hat{s}^{1*}, \hat{s}^{2*})$ (Sattelpunktsstrategie) bezüglich der reinen oder gemischten Strategien:

$$\hat{U}(\hat{s}^1, \hat{s}^{2*}) \leq \hat{U}(\hat{s}^{1*}, \hat{s}^{2*}) \leq \hat{U}(\hat{s}^{1*}, \hat{s}^2) \quad \forall \hat{s}^i \in \hat{S}^i \ . \tag{3.11}$$

2. Nach dem Satz (3.4) über die Existenz eines Nash-Gleichgewichts gibt es in gemischten Strategien immer ein Nash-Gleichgewicht und damit nach Teil 1 dieses Beweises einen Sattelpunkt.

$\diamond$

Die folgende Darstellung eines Sattelpunktes führt auf die ursprünglichen Ideen zur Behandlung eines Zweipersonen-Nullsummen-Spieles nach v. Neumann und Morgenstern ([54]).

Satz 3.11 *Sei eine stetige Funktion $f : X \times Y \to \mathbb{R}$ gegeben, wobei $X \subseteq \mathbb{R}^{n_1}$ und $Y \subseteq \mathbb{R}^{n_2}$ kompakte Mengen seien.*
Notwendig und hinreichend für die Existenz eines Sattelpunktes der Funktion f ist die Gültigkeit der folgenden Gleichung:

$$\max_x \min_y f(x,y) = \min_y \max_x f(x,y) \ . \tag{3.12}$$

Beweis:
Notwendige Bedingung.
(x^*, y^*) sei ein Sattelpunkt der Funktion f, d.h.

$$f(x, y^*) \leq f(x^*, y^*) \leq f(x^*, y) \quad \forall x, y$$

Hieraus folgt

$$\max_x f(x, y^*) \leq f(x^*, y^*) \leq \min_y f(x^*, y) \ .$$

Nun können wir die äußerste linke Seite dieser Doppelungleichung weiter verkleinern, und die äußerste rechte Seite weiter vergrößern

$$\min_y \max_x f(x,y) \leq f(x^*, y^*) \leq \max_x \min_y f(x,y) \ .$$

Damit gilt

$$\min_y \max_x f(x,y) \leq \max_x \min_y f(x,y) \ .$$

Da ganz allgemein

$$\max_x f(x,y) \geq \min_y f(x,y) \qquad \forall\, x, y$$

$$\Rightarrow \qquad \min_y \max_x f(x,y) \geq \max_x \min_y f(x,y)$$

gilt, folgt die Gleichheit wie im Satz behauptet.

Hinreichende Bedingung.
Es gelte nun

$$\max_x \min_y f(x,y) = \min_y \max_x f(x,y) \ .$$

Die beiden äußeren Extrema mögen für die Werte x^* bzw. y^* angenommen werden, dann gilt

$$\max_x \min_y f(x,y) = \max_x f(x, y^*) \geq f(x^*, y^*)$$

$$\min_y \max_x f(x,y) = \min_y f(x^*, y) \leq f(x^*, y^*)$$

Somit folgt

$$\min_{y} \max_{x} f(x,y) = \min_{y} f(x^*,y) \leq f(x^*,y^*) \leq \max_{x} f(x,y^*) = \max_{x} \min_{y} f(x,y)$$

Wegen der Gleichheit der beiden äußeren Größen folgt überall Gleichheit und somit auch

$$f(x,y^*) \leq \max_{x} f(x,y^*) = f(x^*,y^*) = \min_{y} f(x^*,y) \leq f(x^*,y)$$

Dies ist die Sattelpunktsdefinition. $\diamond$

Sattelpunkte in reinen Strategien: Die folgenden Überlegungen zeigen, dass diese Minimax-Darstellung für Sattelpunktsstrategien intuitiv einleuchtend sind.

Überlegung des 1. Spielers: Wenn ich meine Strategie Nr. j spiele, dann gewinne ich mindestens $\min_k u_{jk} = \min_k U(s_j^1, s_k^2)$, egal welche Strategie der 2.Spieler spielt. Ich wähle dann diejenige Strategie j, die mir die Auszahlung $\max_j \min_k u_{jk}$ liefert.

Überlegung des 2. Spielers: Wenn ich meine Strategie Nr. k spiele, dann verliere ich höchstens $\max_j u_{jk} = \max_j U(s_j^1, s_k^2)$. Ich wähle dann diejenige Strategie k, die mir den geringsten Verlust beschert, nämlich $\min_k \max_j u_{jk}$.

Bemerkung. Man kann leicht Beispiele angeben, bei denen kein Sattelpunkt in reinen Strategien existiert, z.B. beim Schere-Stein-Papier-Spiel:

<table>
<tr><td></td><td>Schere</td><td>Stein</td><td>Papier</td><td></td><td></td></tr>
<tr><td>Schere</td><td>0</td><td>-1</td><td>1</td><td>-1</td><td></td></tr>
<tr><td>Stein</td><td>1</td><td>0</td><td>-1</td><td>-1</td><td>-1</td></tr>
<tr><td>Papier</td><td>-1</td><td>1</td><td>0</td><td>-1</td><td></td></tr>
<tr><td></td><td>1</td><td>1</td><td>1</td><td></td><td></td></tr>
<tr><td></td><td></td><td>1</td><td></td><td></td><td></td></tr>
</table>

Der folgende Satz zeigt, dass die Funktionswerte aller Sattelpunkte gleich sind und dass Sattelpunkte auch „gemischt" werden können.

Satz 3.12 *Sei eine stetige Funktion $f : X \times Y \to \mathbb{R}$ gegeben, wobei $X \subseteq \mathbb{R}^{n_1}$ und $Y \subseteq \mathbb{R}^{n_2}$ kompakte Mengen seien. Ferner seien $(\tilde{x}, \tilde{y})$ und (x^*, y^*) zwei verschiedene Sattelpunkte der Funktion f. Dann sind auch $(x^*, \tilde{y})$ und $(\tilde{x}, y^*)$ Sattelpunkte der Funktion f und es gilt:*

$$f(\tilde{x}, \tilde{y}) = f(x^*, y^*) = f(\tilde{x}, y^*) = f(x^*, \tilde{y}) \ .$$

Beweis:
Der Beweis geschieht durch direktes Nachprüfen.

$$f(x^*, \tilde{y}) \leq f(\tilde{x}, \tilde{y}) \leq f(\tilde{x}, y^*) \leq f(x^*, y^*) \leq f(x^*, \tilde{y})$$
$$\Rightarrow \quad f(\tilde{x}, \tilde{y}) = f(x^*, y^*) = f(\tilde{x}, y^*) = f(x^*, \tilde{y})$$

$(\tilde{x}, y^*)$ ist Sattelpunkt:

$$f(x, y^*) \leq f(x^*, y^*) = f(\tilde{x}, y^*) = f(\tilde{x}, \tilde{y}) \leq f(\tilde{x}, y) \ .$$

Die Sattelpunktseigenschaft von $(x^*, \tilde{y})$ wird analog bewiesen. $\diamond$

Bemerkung. Dieser Satz rechtfertigt die folgende Definition und zeigt, dass
jedes Nash-Gleichgewicht eines Zweipersonen-Nullsummen-Spieles die gleiche Auszahlung für beide Spieler ergibt (im Gegensatz zu dem allgemeinen
Bimatrix-Spiel aus Abschnitt 3.3).

Definition 3.8 *Sei* (s^{1*}, s^{2*}) *ein Nash-Gleichgewicht eines endlichen Zweipersonen-Nullsummen-Spieles* Γ. *Die Auszahlung* $v(\Gamma) = \hat{U}(s^{1*}, s^{2*})$ *an den
ersten Spieler heißt auch Wert des Zweipersonen-Nullsummen-Spieles* Γ.

Satz 3.13 *Sei* $v(U)$ *der Wert des Zweipersonen-Nullsummen-Spieles mit der
Auszahlungsmatrix* $U = (u_{jk})$ *für den ersten Spieler, dann gilt*

$$\max_{j} \min_{k} u_{jk} \leq v(U) \leq \min_{k} \max_{j} u_{jk} \ . \tag{3.13}$$

Beweis:
Nach Satz (3.2) und der Eigenschaft eines Nullsummen-Spiels gilt:

$$v \leq \sum_{j=1}^{n_1} u_{jk} x_j \quad k = 1, \ldots, n_2 \tag{3.14}$$

$$\sum_{k=1}^{n_2} u_{jk} y_k \leq v \quad j = 1, \ldots, n_1 \tag{3.15}$$

Aus (3.14) folgt $v \leq \min_k \max_j u_{jk}$.
Aus (3.15) folgt $v \geq \max_j \min_k u_{jk}$. $\diamond$

Satz 3.14 *Die Strategienkombination* $(\hat{s}^{1*}, \hat{s}^{2*})$ *ist genau dann ein Nash-
Gleichgewicht eines Zweipersonen-Nullsummen-Spieles, wenn folgende Be-
ziehungen gelten:*

$$U(\hat{s}^{1*}, \hat{s}^{2*}) = \max_{\hat{s}^1} \min_{\hat{s}^2} U(\hat{s}^1, \hat{s}^2) = \max_{\hat{s}^1} \min_{k} U(\hat{s}^1, s_k^2) = \tag{3.16}$$

$$\min_{\hat{s}^2} \max_{\hat{s}^1} U(\hat{s}^1, \hat{s}^2) = \min_{\hat{s}^2} \max_{j} U(s_j^1, \hat{s}^2) \tag{3.17}$$

Beweis:
Der Beweis folgt aus den Sätzen (3.2) und (3.3).
Da die beste Antwort des ersten Spielers auf die Strategie $\hat{s}^2$ auch für eine reine Strategie angenommen wird, gilt

$$\max_{\hat{s}^1} U(\hat{s}^1, \hat{s}^2) = \max_j U(s_j^1, \hat{s}^2)$$

und es kann auf beiden Seiten das Minimum genommen werden:

$$U(\hat{s}^{1*}, \hat{s}^{2*}) = \min_{\hat{s}^2} \max_{\hat{s}^1} U(\hat{s}^1, \hat{s}^2) = \min_{\hat{s}^2} \max_j U(s_j^1, \hat{s}^2)$$

Beim fehlenden Teil der Aussage des Satzes wird die beste Antwort des zweiten Spielers auf die Strategie $\hat{s}^1$ in gleicher Weise betrachtet:

$$\max_{\hat{s}^2} [-U(\hat{s}^1, \hat{s}^2)] = \max_k [-U(\hat{s}^1, s_k^2)]$$

und es kann wieder auf beiden Seiten das Minimum genommen werden:

$$-U(\hat{s}^{1*}, \hat{s}^{2*}) = \min_{\hat{s}^1} \max_{\hat{s}^2} [-U(\hat{s}^1, \hat{s}^2)] = \min_{\hat{s}^1} \max_k [-U(\hat{s}^1, s_k^2)] \ .$$

Zieht man nun das Minuszeichen vor das $\min\max$, dann wird dieses zu $\max\min$ und es folgt die Aussage des Satzes. $\diamond$

Berechnung der Nash-Gleichgewichte als Sattelpunktsstrategien.
Aus Satz (3.14) ergibt sich das Folgende.

Problem des ersten Spielers   Die Berechnung von

$$v = \max_{\hat{s}^1} \min_k \sum_{j=1}^{n_1} u_{jk} \hat{s}_j^1 \tag{3.18}$$

ist dem folgenden linearen Optimierungsproblem (mit $x_j = \hat{s}_j^1$) äquivalent

$$v \to \max_x \tag{3.19}$$

$$v \le \sum_{j=1}^{n_1} u_{jk} x_j \quad k = 1, \ldots, n_2 \tag{3.20}$$

$$\sum_{j=1}^{n_1} x_j = 1 \tag{3.21}$$

$$x_j \ge 0 \quad j = 1, \ldots, n_1 \tag{3.22}$$

Da ein Sattelpunkt der gemischten Erweiterung des Spieles existiert, hat dieses Optimierungsproblem immer eine Lösung.

Problem des zweiten Spielers   Die Berechnung von

$$v = \min_{\hat{s}^2} \max_j \sum_{k=1}^{n_2} u_{jk}\hat{s}_k^2 \tag{3.23}$$

ist dem folgenden linearen Optimierungsproblem (mit $y_k = \hat{s}_k^2$) äquivalent

$$v \to \min_y \tag{3.24}$$

$$\sum_{k=1}^{n_2} u_{jk}y_k \le v \quad j = 1, \dots, n_1 \tag{3.25}$$

$$\sum_{k=1}^{n_2} y_k = 1 \tag{3.26}$$

$$y_k \ge 0 \quad k = 1, \dots, n_2 \tag{3.27}$$

Auch hier folgt aus der oben bewiesenen Existenz eines Sattelpunkts die Lösbarkeit dieser Optimierungsaufgabe.

Andere Darstellung der Optimierungsprobleme des 1. und des 2. Spielers.

Zu jedem Zweipersonen-Nullsummen-Spiel kann ein ebensolches strategisch äquivalentes mit einem Spielwert > 0 konstruiert werden (Addition einer Konstanten zu den Auszahlungen). Wenn nun der Spielwert $v > 0$ ist, dann kann bei den Optimierungsaufgaben durch v dividiert werden und es ergibt sich:

Problem des ersten Spielers   Sei $\tilde{x} = \dfrac{x}{v}$.

$$\sum_{j=1}^{n_1} \tilde{x}_j \to \min \tag{3.28}$$

$$\sum_{j=1}^{n_1} u_{jk}\tilde{x}_j \ge 1 \quad k = 1, \dots, n_2 \tag{3.29}$$

$$\tilde{x}_j \ge 0 \quad j = 1, \dots, n_1 \tag{3.30}$$

Problem des zweiten Spielers　　Sei $\tilde{y} = \dfrac{y}{v}$.

$$\sum_{k=1}^{n_2} \tilde{y}_k \to \max \tag{3.31}$$

$$\sum_{k=1}^{n_2} u_{jk}\tilde{y}_k \leq 1 \quad j = 1, \ldots, n_1 \tag{3.32}$$

$$\tilde{y}_k \geq 0 \quad k = 1, \ldots, n_2 \tag{3.33}$$

Aufgabe 15:

Berechnen Sie ein Nash-Gleichgewicht des folgenden stark vereinfachten Marktmodells!

In einer (kleineren) Stadt bestehe die folgende Situation. Eine gewisse Ware werde nur von zwei verschiedenen Kaufleuten angeboten. Die Kaufleute legen zu Beginn des Tages unabhängig voneinander den Preis fest. Eine Änderung des Preises sei erst am nächsten Tag wieder möglich. Es werde angenommen, daß nur drei verschiedene Preise p_1, p_2, p_3 ($0 < p_1 < p_2 < p_3$) gewählt werden. Der billigere Anbieter macht an diesem Tag um a_1 Geldeinheiten mehr Gewinn als sein Konkurrent, falls p_1 sein Preis ist. Er macht um a_2 Geldeinheiten mehr Gewinn, wenn p_2 sein Preis ist ($0 < a_1 < a_2$). Jeder der beiden Kaufleute betrachtet den Mehrgewinn seines Konkurrenten als eigenen (fiktiven) Verlust. Es kann außerdem angenommen werden, daß bei gleichem Preis jeder an diesem Tag gleich viel Gewinn macht.

Aufgabe 16:

In dem Buch [58] von Rauhut-Schmitz-Zachow findet man auf Seite 221 folgendes Problem.

Eine Firma F produziert ein Gerät, dessen Lebensdauer von einem Transistor abhängt. Wird das Gerät innerhalb der Garantiefrist defekt, so muss es auf Kosten der Firma F repariert werden; die Reparaturkosten betragen 36[GE]. Die Lieferfirma L bietet 3 Typen von Transistoren zu unterschiedlichen Preisen und Garantieleistungen an:

- Typ I kostet 4[GE] pro Stück und L übernimmt keinerlei Garantie.

- Typ II kostet 24[GE] pro Stück und L übernimmt die Reparaturkosten bei einem Defekt innerhalb der Garantiefristen.

- Typ III kostet 40[GE] pro Stück, da er zusätzlich versichert ist. Wird ein Transistor vom Typ III innerhalb der Garantiefrist defekt, so übernimmt L die Reparaturkosten und zahlt zusätzlich (aus der Versicherung) 40[GE] an F.

a) Beschreiben Sie diese Situation als Zweipersonen-Nullsummen-Spiel. Wer ist der zweite Spieler. Welche Strategien haben beide Spieler?

b) Bestimmen Sie den Wert der gemischten Erweiterung sowie eine optimale Strategie von F. Wie läßt sich diese Strategie realisieren?

Aufgabe 17:

Viele Spieltheoriebücher zitieren das Problem des Colonel Blotto.

Colonel Blotto muß zwei Gebirgspässe gegen den Feind verteidigen. Er hat 6 Kompanien zur Verfügung, sein Gegner 5 Kompanien. Stellt Colonel Blotto auf einem Pass weniger Kompanien auf als sein Gegner, dann verliert er alle diese Kompanien. Stellt er mehr Kompanien auf als sein Gegner, dann verliert sein Gegner alle dort aufgestellten Kompanien. Stehen auf beiden Seiten gleich viel Kompanien, dann erleidet keiner einen Verlust. Die Verluste des Gegners zählt Colonel Blotto als seinen Gewinn. Verlust und Gewinn auf beiden Pässen werden zusammengezählt. Der Gegner zählt genauso, so dass ein Zweipersonen-Nullsummenspiel entsteht. Es ergeben sich die Strategien und Auszahlungen für Colonel Blotto in der nebenstehenden Tabelle.

Berechnen Sie die Strategien beider Spieler z.B. mit Maple.

	4:1	3:2	2:3	1:4
5:1	4	2	1	0
4:2	1	3	0	-1
3:3	-2	2	2	-2
2:4	-1	0	3	1
1:5	0	1	2	4

Tabelle 3.1

3.2.2   Lösung bei stark gemischten Gleichgewichtsstrategien

Die folgenden Überlegungen gelten nur, wenn die Gleichgewichtsstrategien tatsächlich stark gemischt sind, ansonsten stößt man auf einen Widerspruch. Zusätzlich sei $n_1 = n_2 = n$, d.h. jeder Spieler habe n reine Strategien.

Wir folgen hier einer Darstellung in ([57, Seite 28ff.])

(x^0, y^0) seien optimale Sattelpunktsstrategien mit $x_j^0 > 0$, $y_j^0 > 0$ für alle

$j = 1, \ldots, n$. Nach Satz (3.3) gilt dann für den Spielwert v

$$\sum_{k=1}^{n} u_{jk} y_k^0 = v \quad j = 1, \ldots, n \tag{3.34}$$

bzw.

$$\sum_{j=1}^{n} u_{jk} x_j^0 = v \quad k = 1, \ldots, n \tag{3.35}$$

Als Erstes betrachten wir das Gleichungssytem (3.34) für den zweiten Spieler. Nehmen wir zunächst an, dass die Matrix $U = (u_{jk})$ invertierbar ist. Sei ferner $\vec{1}$ ein Vektor passender Größe, dessen Komponenten alle gleich 1 sind. Dann gilt

$$\vec{1}^T y^0 = 1 \quad Uy = v\vec{1} \Rightarrow y = vU^{-1}\vec{1} \Rightarrow 1 = \vec{1}^T y^0 = v\vec{1}^T U^{-1}\vec{1} \, .$$

Somit folgt weiter

$$v = \frac{1}{\vec{1}^T U^{-1}\vec{1}} \qquad y^0 = \frac{U^{-1}\vec{1}}{\vec{1}^T U^{-1}\vec{1}} \, . \tag{3.36}$$

Bei der Strategie x^0 für den 1. Spieler starten wir analog mit

$$\vec{1}^T x^0 = 1 \quad U^T x = v\vec{1} \Rightarrow x = vU^{-T}\vec{1} \Rightarrow 1 = \vec{1}^T x^0 = v\vec{1}^T U^{-T}\vec{1} \, .$$

Es ergibt sich dann

$$v = \frac{1}{\vec{1}^T U^{-T}\vec{1}} \qquad x^0 = \frac{U^{-T}\vec{1}}{\vec{1}^T U^{-T}\vec{1}} \, . \tag{3.37}$$

Selbstverständlich ergibt sich für v der gleiche Wert, da $\vec{1}^T U^{-1}\vec{1} = \vec{1}^T U^{-T}\vec{1}$. Wir wollen nun einen Grenzübergang von einer nichtsingulären Matrix U zu einer singulären, d. h. auch $|U| \to 0$ durchführen.

Zu diesem Zweck wird eine explizite Darstellung der Inversen verwendet. Der (j, k)-Minor einer Determinante $|U|$ einer quadratischen Matrix ist die mit dem Vorzeichen $(-1)^{j+k}$ versehene Determinante einer Matrix U_{jk}, die aus U durch Streichen der j-ten Zeile und der k-ten Spalte entsteht. Hieraus wird die folgende (immer existierende) Matrix konstruiert:

$$U^* = ((-1)^{j+k}|U_{jk}|)^T \tag{3.38}$$

Die Inverse, wenn sie existiert, ist nun gleich $\dfrac{U^*}{|U|}$.

Setzen wir dies in die obigen Formeln ein, dann ergibt sich

$$v = \frac{|U|}{\vec{\mathbf{1}}^{T} U^* \vec{\mathbf{1}}} \qquad x^0 = \frac{U^{*,T}\vec{\mathbf{1}}}{\vec{\mathbf{1}}^{T} U^* \vec{\mathbf{1}}} \qquad y^0 = \frac{U^* \vec{\mathbf{1}}}{\vec{\mathbf{1}}^{T} U^* \vec{\mathbf{1}}} \qquad (3.39)$$

Mit der schwächeren Annahme $\vec{\mathbf{1}}^{T} U^* \vec{\mathbf{1}} \neq 0$ kann ein Grenzübergang für $|U| \to 0$ durchgeführt werden. Die Darstellungen für x^0 und y^0 bleiben erhalten, v ergibt sich zu 0.

Wenn die Gleichungen (3.39) tatsächlich gemischte Strategien liefern, dann sind diese auch Gleichgewichtsstrategien nach Satz 3.2

Aufgabe 18:

Gegeben sei ein Zweipersonen-Nullsummen-Spiel, bei dem der Spieler 2 ein Objekt versteckt, das der Spieler 1 suchen muss. Wenn der Spieler 2 den j-ten Ort als Versteck wählt, dann hat das Auffinden des Objektes den Wert $a_j > 0$. Wählt der Spieler 1 ebenfalls den j-ten Ort (j-te Strategie), dann erhält er das gefundene Objekt, der Spieler 2 verliert es. Wählen beide Spieler verschiedene Orte aus, dann erhält jeder die Auszahlung 0.

Offensichtlich ist die Auszahlungsmatrix für den Spieler 1 eine Diagonalmatrix $\operatorname{diag}(a_1, a_2, \ldots, a_n)$.

Geben Sie den Spielwert und die Minimax-Strategien der gemischten Erweiterung dieses Spieles an.

Wie ändern sich Spielwert und Minimax-Strategien, wenn man auch nichtpositive a_j zulässt?

3.2.3   Graphische Lösung

Wenn der erste oder der zweite Spieler nur zwei reine Strategien zur Verfügung hat, dann kann man den Spielwert und die Sattelpunkts-Strategien des Spielers mit den zwei reinen Strategien graphisch bestimmen.

Nehmen wir nun an, dass der erste Spieler nur zwei reine Strategien besitze: $n_1 = 2$.

Für den ersten Spieler ergibt sich dann folgendes Problem mit $x = x_1$ und $x_2 = 1 - x$

$$v \to \max_{x} \qquad (3.40)$$

$$v \leq u_{2k} + (u_{1k} - u_{2k})x \quad k = 1, \ldots, n_2 \qquad (3.41)$$

$$0 \leq x \leq 1 \qquad (3.42)$$

Von den Funktionen

$$g_k(x) = u_{2k} + (u_{1k} - u_{2k})x \qquad k = 1, \ldots, n_2 \qquad (3.43)$$

wird auf dem Intervall $0 \leq x \leq 1$ das Minimum gesucht. Das Maximum der sich ergebenden Funktion $g_{\min}(x)$ liefert den Spielwert v und eine optimale gemischte Strategie x ($x_1 = x$, $x_2 = 1 - x$) für Spieler No. 1. Als Minimum linearer Funktionen ist $g_{\min}(\cdot)$ eine konkave Funktion. Das Maximum ist daher global oder wird auf einem Intervall (bzw. in einen Punkt) angenommen. Im letzteren Fall entsprechen allen x aus diesem Intervall optimale gemischte Strategien des ersten Spielers.

Optimale Strategien für den zweiten Spieler bekommt man folgendermaßen. Das Problem des zweiten Spielers ist:

$$v \to \min_{y} \qquad (3.44)$$

$$\sum_{k=1}^{n_2} u_{1k}y_k \leq v \qquad \sum_{k=1}^{n_2} u_{2k}y_k \leq v \qquad (3.45)$$

$$\sum_{k=1}^{n_2} y_k = 1 \qquad y_k \geq 0 \quad k = 1, \ldots, n_2 \qquad (3.46)$$

Jeder Funktion $g_k(\cdot)$ des ersten Spielers entspricht eine reine Strategie k des zweiten Spielers. Für alle Funktionen $g_k(\cdot)$, deren Graph durch das Maximum von $g_{\min}(\cdot)$ geht, kann $y_k > 0$ gewählt werden (Satz (3.3)). Da das Problem des zweiten Spielers außer der Variablen v nur zwei weitere Basisvariablen besitzt, genügt es, deren zwei auszuwählen. Man hat dann schließlich nur ein Spiel mit höchstens zwei reinen Strategien für jeden Spieler (falls $x \neq 0, 1$). Der Fall, dass der zweite Spieler nur zwei reine Strategien zur Verfügung hat, lässt sich durch Umnumerierung der Spieler auf den vorigen Fall zurückführen.

Beispiel 14:
Folgende Auszahlungsmatrix für den ersten Spieler sei gegeben:

$$\begin{pmatrix} 3 & 4 & 7 \\ 9 & 2 & -7/9 \end{pmatrix}$$

Es werden nun die Funktionen g_k, $k = 1, 2, 3$ entsprechend zu (3.43) in der Abbildung 3.1 gezeichnet:

$$g_1(x) = 9 - 6x \quad g_2(x) = 2 + 2x \quad g_3(x) = -\frac{7}{9} + (7 + \frac{7}{9})x \qquad 0 \leq x \leq 1 \, .$$

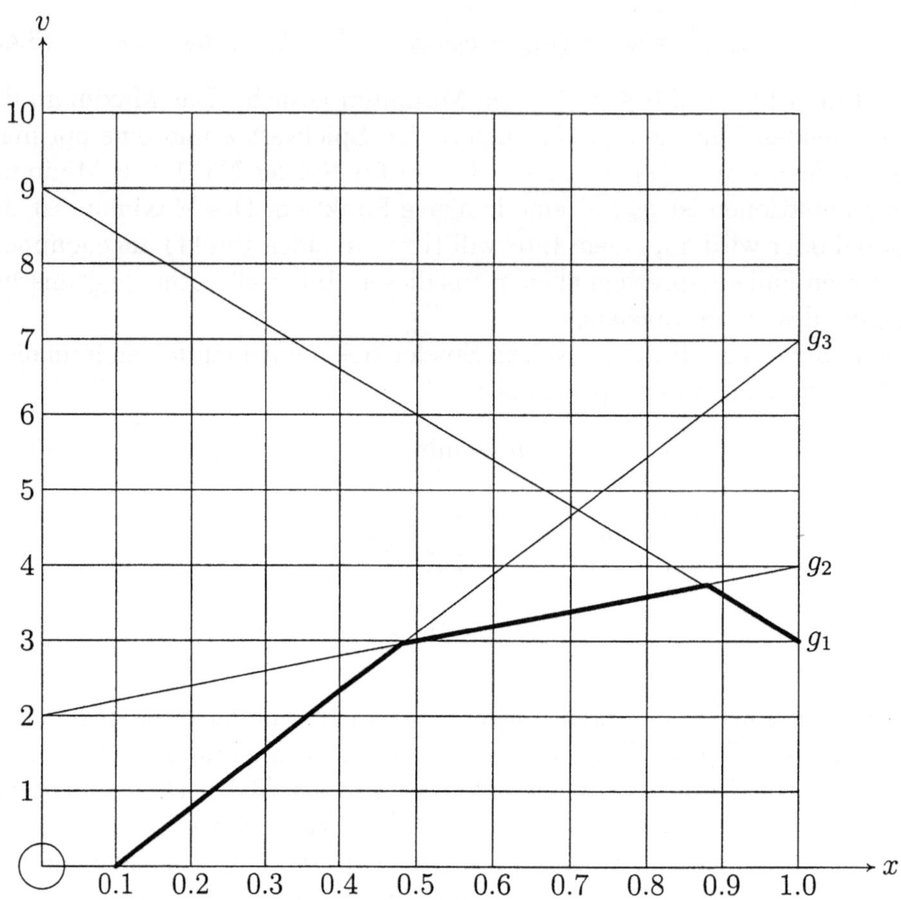

Abbildung 3.1

Die fett gezeichneten Linien stellen die Funktion $g_{\min}(x) = \min_i g_i(x)$ dar.
$g_{\min}$ nimmt sein Maximum offensichtlich für den Schnittpunkt von g_1 und g_2
an , das ist $(7/8, 15/4)$. Der Spielwert ist also $v = 15/4$ mit der optimalen
Strategie $x^* = (7/8, 1/8)$ für den ersten Spieler.
Für den zweiten Spieler muss $y_3 = 0$ und $y_1 > 0$, $y_2 > 0$ gewählt werden.
Damit ergibt sich:

$$3y_1 + 4y_2 = 15/4 \qquad 9y_1 + 2y_2 = 15/4 \ .$$

Hieraus folgt $y_1 = 1/4$ und $y_2 = 3/4$.

$\diamond$

Aufgabe 19:
Gegeben sei ein Zweipersonen-Nullsummen-Spiel mit der folgenden Auszahlungsmatrix für den ersten Spieler

$$U = \begin{pmatrix} -5 & 7 & 1 & 4 \\ 5 & 2 & 11 & -1 \end{pmatrix}$$

Bestimmen Sie die Sattelpunktsstrategien graphisch!

3.2.4 Lineare Optimierung als Spielproblem

Wie die folgenden Ausführungen zeigen, kann jedes lineare Optimierungsproblem als Zweipersonen-Nullsummen-Spiel formuliert werden. Eine wichtige Rolle spielen dabei die symmetrischen Spiele, siehe hierzu die Definition (2.13) und die anschließende Bemerkung (2.3.3).

Satz 3.15 *Ein symmetrisches Nullsummen-Spiel hat den Spielwert 0 und beide Spieler haben die gleichen Sattelpunktsstrategien.*

Beweis:
Zunächst zeigt man, dass bei einem symmetrischen Spiel das Problem (3.19) - (3.22) des ersten Spielers gleich dem Problem (3.24) - (3.27) des zweiten Spielers ist und somit auch $x^0 = y^0$.
Man beweist dies so. Im Problem des ersten Spielers

$$v \to \max_x$$
$$v \le U^T x$$
$$\sum_{j=1}^{n_1} x_j = 1$$
$$x_j \ge 0 \quad j = 1, \dots, n_1$$

wird $U^T = -U$ verwendet und die Ungleichungen mit -1 multipliziert. Dies ergibt

$$-v \to \min_x$$
$$-v \ge U x$$

Setzt man $\tilde{v} = -v$ so folgt das Problem des zweiten Spielers mit der Bezeichnung $\tilde{v}$.

Aus der Darstellung des Spielwertes als

$$x^{0T}Uy^0 = x^{0T}Ux^0 = \left(x^{0T}Ux^0\right)^T = x^{0T}U^Tx^0 = -x^{0T}Ux^0$$

folgt dann der Wert 0 des Spieles. $\diamond$

Satz 3.16 *Gegeben sei das folgende Paar dualer linearer Optimierungsprobleme:*

primales Problem	*duales Problem*
$Ax \leq b$	$A^Ty \geq c$
$x \geq 0$	$y \geq 0$
$c^Tx \to \max$	$b^Ty \to \min$

Diesen beiden dualen Optimierungsproblemen wird ein Zweipersonen-Null-summen-Spiel mit der folgenden Auszahlungsmatrix (in Blockmatrixform) für den ersten Spieler zugeordnet:

$$\mathbb{U} = \begin{pmatrix} 0 & -A^T & c \\ A & 0 & -b \\ -c^T & b^T & 0 \end{pmatrix}$$

Sei $\hat{s}^{*T} = (\hat{r}^{*T}, \hat{z}^{*T}, \tau^*)$ eine optimale gemischte Strategie des ersten Spielers. Es gelten folgende Aussagen:

(1) Wenn $\hat{s}^*$ eine optimale Strategie mit $\tau^* > 0$ ist, dann sind

$$x^0 = \frac{1}{\tau^*}\hat{r}^* \quad bzw. \quad y^0 = \frac{1}{\tau^*}\hat{z}^*$$

optimale Lösungen des primalen bzw. dualen Problems.

(2) Wenn für jede optimale Strategie $\hat{s}^*$ die letzte Komponente $\tau^* = 0$ ist, dann haben beide linearen Optimierungsprobleme keine optimale Lösung.

(3) Seien x^0 und y^0 optimale Lösungen des primalen bzw. dualen Problems, dann ergibt sich die optimale gemischte Strategie $\hat{s}^{*T} = (\hat{r}^{*T}, \hat{z}^{*T}, \tau^*)$ des Spieles zu

$$\tau^* = \frac{1}{\vec{1}^T x^0 + \vec{1}^T y^0 + 1} \qquad \hat{r}^* = \tau^* x^0 \qquad \hat{z}^* = \tau^* y^0$$

Beweis:

Das angegebene Spiel mit der Matrix $\mathbb{U}$ ist ein symmetrisches Spiel, daher ist der Spielwert gleich 0 und beide Spieler haben die gleichen optimalen Strategien.

Die Auszahlungsmatrix für den 2. Spieler ist $-\mathbb{U}$. Nach den Ungleichungen (3.1) gilt:

$$\underbrace{\hat{s}^{*T}(-\mathbb{U})\hat{s}^{*}}_{=0}\,\vec{\mathbf{1}} \geq \hat{s}^{*T}(-\mathbb{U}) \tag{3.47}$$

woraus folgt

$$\vec{0} \geq \hat{s}^{*T}(-\mathbb{U}) = \hat{s}^{*T}\mathbb{U}^{T} \tag{3.48}$$

und durch Transponieren

$$\vec{0} \leq \mathbb{U}\hat{s}^{*} \tag{3.49}$$

Da $\hat{s}^{*}$ eine gemischte Strategie ist, gilt ferner

$$\hat{r}^{*} \geq 0 \quad \hat{z}^{*} \geq 0 \quad \tau^{*} \geq 0 \quad \vec{\mathbf{1}}^{T}\hat{r}^{*} + \vec{\mathbf{1}}^{T}\hat{z}^{*} + \tau^{*} = 1 \tag{3.50}$$

Wir beweisen nun die drei Aussagen des Satzes der Reihe nach:

(1) Beweis der Aussage (1). Sei nun ein optimales $\hat{s}^{*}$ mit $\tau^{*} > 0$ gegeben. Die Bedingungen (3.49) ergeben ausgeschrieben (und mit -1 multipliziert)

$$\hat{r}^{*} \geq 0 \quad \hat{z}^{*} \geq 0 \quad \tau^{*} > 0 \tag{3.51}$$

$$\vec{\mathbf{1}}^{T}\hat{r}^{*} + \vec{\mathbf{1}}^{T}\hat{z}^{*} + \tau^{*} = 1 \tag{3.52}$$

$$\hat{z}^{*T}A - \tau^{*}c^{T} \geq 0 \tag{3.53}$$

$$-\hat{r}^{*T}A^{T} + \tau^{*}b^{T} \geq 0 \tag{3.54}$$

$$\hat{r}^{*T}c - z^{*T}b \geq 0 \tag{3.55}$$

Da $\tau^{*} > 0$ ist, können alle diese Beziehungen durch τ^{*} dividiert werden. Bei den Ungleichungen bleibt die Richtung erhalten. Wir sehen dann, dass

$$x^{0} = \frac{1}{\tau^{*}}r^{*} \quad \text{bzw.} \quad y^{0} = \frac{1}{\tau^{*}}z^{*}$$

zulässige Lösungen des jeweiligen Optimierungsproblems sind. Es gilt immer $x^{0T}c - y^{0T}b \leq 0$. Nach Formel (3.55) gilt jedoch auch die entgegengesetzte Ungleichung, also folgt Gleichheit und damit sind x^0 und y^0 optimale Lösungen.

(2) Beweis der Aussage (2). Wir greifen hier wieder zurück auf die Beziehungen (3.51). Da es keine optimale Lösung mit $\tau^* > 0$ gibt, muss wegen der „komplementären Schlupfbedingung" (Satz 3.3) für wenigstens eine Lösung $\hat{r}^{*T}c - \hat{z}^{*T}b > 0$ gelten, denn die Strategienkomponente τ des ersten Spielers korrespondiert mit dieser Ungleichung. Es gibt nun zwei Fälle.

(Fall 2a) $r^{*T}c > 0$:

Sei nun ein $\alpha > 0$ und eine zulässige Lösung x gegeben. Dann ist für beliebige $\alpha > 0$ der Vektor $x + \alpha r^* > 0$ eine zulässige Lösung des primalen Optimierungsproblems, wegen

$$(Ax \leq b) \wedge (-r^{*T}A^T \geq 0) \Rightarrow A(x + \alpha r^*) \leq b \ .$$

Dies zeigt, dass es keine optimale Lösung des primalen Problems gibt, und damit keine zulässige Lösung für das duale Problem. Der Wert der Zielfunktion ergibt sich zu

$$c^T(x + \alpha r^*) = c^T x + \alpha \underbrace{c^T r^*}_{>0 \text{ nach Annahme}}$$

(Fall 2b) $r^{*T}c \leq 0$:

Dann gilt $b^T z^* < 0$. Analoge Überlegungen wie bei Fall 2a zeigen, dass keine optimale Lösung für das duale Problem existiert und damit keine zulässige Lösung für das primale Problem.

$\diamond$ (3) Wird durch direktes Nachrechnen gezeigt.

Aufgabe 20:
Geben Sie zu jeden Zweipersonen-Nullsummen-Spiel ein solches symmetrisches Spiel an, aus dessen Lösung die Lösung des ursprünglichen Spiels abgelesen werden kann.

Aufgabe 21:
Drei Gase mit den in der Tabelle angeführten Konstanten sollen so gemischt werden, dass ein möglichst billiges Mischgas mit einem Heizwert von mindestens $3000\,Kcal/m^3$ und einem Schwefelgehalt von höchstens $3g/m^3$ entsteht.

Gas Nr.	1	2	3	Einheit
Preis p_i	10	30	20	DM/1000 m^3
Heizwert h_i	1000	3000	6000	Kcal/m^3
Schwefelgehalt S_i	8	1	2	g/m^3

Gesucht ist ein Mischgas mit den geringsten Kosten pro m^3.
Reduzieren Sie die Anzahl der Variablen auf zwei und berechnen Sie die optimale Mischung mit Hilfe eines geeigneten Zweipersonen-Nullsummen-Spieles!

3.2.5 Test auf Dominanz bei Strategien

Ob eine Strategie $\hat{s}^{i*} \in \hat{\mathcal{S}}^i$ in einem Spiel Γ dominiert wird, kann mit Hilfe eines zugeordneten Zweipersonen-Nullsummen-Spieles Γ^0 überprüft werden. Die folgenden Überlegungen orientieren sich an van Damme ([17]).

Satz 3.17 *Gegeben sei eine Strategie $\hat{s}^{i*} \in \hat{\mathcal{S}}^i$, $i \in \mathcal{A}$, der gemischten Erweiterung eines endlichen Spieles $\Gamma = (\mathcal{A}, \mathcal{S}, \mathcal{U})$. Diesem Spiel wird ein endliches Zweipersonen-Nullsummen-Spiel Γ^0 zugeordnet, wobei der i-te Spieler die Rolle des 1. Spielers übernimmt und die übrigen Spieler zum 2. Spieler zusammengefasst werden. Die Menge der reinen Strategien des ersten Spielers ist gleich $\mathcal{S}^i$ (das sind n_i Stück) und die Menge der reinen Strategien des zweiten Spielers ist gleich $\mathcal{S}^{-i}$ (das sind $n_{-i} = \prod_{j \neq i} n_j$. Die Elemente der Auszahlungsmatrix des ersten Spielers werden festgelegt zu*

$$\bar{u}^0_{j_1, (j_i, \ldots, j_m)'} = u^i_{j_1, \ldots, j_m} - \sum_{j_i = 1}^{n_i} u^i_{j_1, \ldots, j_m} \hat{s}^{i*}_{j_i} . \tag{3.56}$$

Für den Zeilenindex j_i dieser Auszahlungsmatrix gilt $j_i = 1, \ldots, n_i$, der Spaltenindex $(j_1, \ldots, j_m)'$ jedoch ist eine beliebige eindimensionale Anordnung der Menge der Indexvektoren $(j_1, \ldots, j_{i-1}, j_{j+1}, \ldots, j_m)$, $j_k = 1, \ldots, n_k, k \neq i$, die einer eindimensionalen Anordnung der Strategienkombinationen $\mathcal{S}^{-i}$ entspricht.
Wenn es eine stark gemischte Sattelpunktsstrategie des zweiten Spielers im Spiel Γ^0 gibt, dann ist die Strategie $\hat{s}^{i*}$ genau dann undominiert, wenn der Spielwert $v(\Gamma^0) = 0$ ist.

Beweis:
Zunächst wird gezeigt, dass $v(\Gamma^0) \geq 0$. Die Strategie $\hat{s}^{i*}$ des ersten Spielers liefert nämlich für alle (reinen) Strategien s^{-i} des zweiten Spielers die

Auszahlung

$$U^0(\hat{s}^{i*}, s^{-i}) = \sum_{j_i=1}^{n_i} u^i_{j_1,\dots,j_m} \hat{s}^{i*}_{j_i} - \underbrace{\sum_{j'_i=1}^{n_i} \hat{s}^{i*}_{j'_i}}_{=1} \sum_{j_i=1}^{n_i} u^i_{j_1,\dots,j_m} \hat{s}^{i*}_{j_i} = 0$$

Also muss die Auszahlung für den ersten Spieler $v(\Gamma^0) \geq 0$ sein, da er die Auszahlung 0 mit der Strategie $\hat{s}^{i*}$ erzwingen kann.
$(\hat{s}^{i0}, \hat{s}^{-i0})$ sei ein Sattelpunkt des Spiels Γ^0, wobei die Sattelpunktsstrategie $\hat{s}^{-i0}$ des zweiten Spielers stark gemischt sei.
Der weitere Beweis des Satzes folgt in zwei Teilen

Teil 1:   Zu zeigen ist, dass aus $v(\Gamma^0) = 0$ die Undominiertheit von $\hat{s}^{i*}$ folgt. Stattdessen wird die äquivalente Aussage

$$\hat{s}^{i*} \text{ wird dominiert} \quad \Rightarrow \quad v(\Gamma^0) > 0$$

bewiesen.
Werde nun $\hat{s}^{i*}$ durch $\hat{s}^{i**}$ dominiert, dann gilt $\hat{U}^i(\hat{s}^{i**}, s^{-i}) - \hat{U}^i(\hat{s}^{i*}, s^{-i}) \geq 0$ für alle s^{-i}, und für wenigstens ein s^{-i} die scharfe Ungleichung. Anders ausgedrückt ergibt sich:

$$U^0(\hat{s}^{i**}, s^{-i}) =$$

$$\sum_{j_i=1}^{n_i} u^i_{j_1,\dots,j_m} \hat{s}^{i**}_{j_i} - \underbrace{\sum_{j'_i=1}^{n_i} \hat{s}^{i**}_{j'_i}}_{=1} \sum_{j_i=1}^{n_i} u^i_{j_1,\dots,j_m} \hat{s}^{i*}_{j_i} =$$

$$= \hat{U}^i(\hat{s}^{i**}, s^{-i}) - \hat{U}^i(\hat{s}^{i*}, s^{-i}) \geq 0 \;.$$

Dies gilt für alle s^{-i}, und für wenigstens ein s^{-i} gilt die scharfe Ungleichung. Da es nach Annahme eine stark gemischte Sattelpunktsstrategie des zweiten Spielers gibt, muss $v(\Gamma^0) > 0$ sein.

Teil 2:   Zu zeigen ist, dass aus der Undominiertheit von $\hat{s}^{i*}$ der Spielwert $v(\Gamma^0) = 0$ folgt. Stattdessen wird die äquivalente Aussage

$$v(\Gamma^0) > 0 \quad \Rightarrow \quad \hat{s}^{i*} \text{ wird dominiert}$$

bewiesen.

$$0 < v(\Gamma^0) = \sum_{j_i=1}^{n_i} \sum_{(j_1,\ldots,j_m)'} u^0_{j_i,(j_1,\ldots,j_m)'}\, \hat{s}^{i\,0}_{j_i}\, \hat{s}^{-i\,0}_{(j_1,\ldots,j_m)'} =$$

$$\sum_{(j_1,\ldots,j_m)'} \hat{s}^{-i\,0}_{(j_1,\ldots,j_m)'} \left(\sum_{j_i=1}^{n_i} u^i_{j_1,\ldots,j_m}\, \hat{s}^{i\,0}_{j_i} - \underbrace{\left(\sum_{j'_i=1}^{n_i} \hat{s}^{i\,0}_{j'_i}\right)}_{=1} \sum_{j_i=1}^{n_i} u^i_{j_1,\ldots,j_m}\, \hat{s}^{i\,*}_{j_i} \right) =$$

$$\sum_{(j_1,\ldots,j_m)'} \hat{s}^{-i\,0}_{(j_1,\ldots,j_m)'} \left(\hat{U}^i(\hat{s}^{i\,0}, s^{-i}) - \hat{U}^i(\hat{s}^{i\,*}, s^{-i}) \right)$$

Da nach Annahme alle $\hat{s}^{-i\,0}_{(j_1,\ldots,j_m)'} > 0$ gibt es zwei Möglichkeiten

a) für alle Indizes $(j_1,\ldots,j_m)'$ gilt $\hat{U}^i(\hat{s}^{i\,0}, s^{-i}) - \hat{U}^i(\hat{s}^{i\,*}, s^{-i}) \geq 0$, dann muss es aber auch mindestens einen Index geben bei dem dieser Term > 0 ist, sonst kann die ganze Summe nicht > 0 sein;

b) für wenigstens einen Index $(j_1,\ldots,j_m)'$ gilt $\hat{U}^i(\hat{s}^{i\,0}, s^{-i}) - \hat{U}^i(\hat{s}^{i\,*}, s^{-i}) < 0$.

Im Fall (a) wird $\hat{s}^{i\,*}$ durch $\hat{s}^{i\,0}$ dominiert.
Der Fall (b) kann nicht eintreten, da der zweite Spieler sonst eine (nicht stark gemischte) Strategie hätte, mit der er für sich ein besseres Ergebnis als den Sattelpunktswert erzielen könnte. Er müsste nur für die reinen Strategien mit $\hat{U}^i(\hat{s}^{i\,0}, s^{-i}) - \hat{U}^i(\hat{s}^{i\,*}, s^{-i}) \geq 0$ eine positive Wahrscheinlichkeit wählen. Dies widerspricht aber der Annahme, dass $\hat{s}^{-i\,0}_{(j_1,\ldots,j_m)'}$ eine stark gemischte Sattelpunktsstrategie des zweiten Spielers ist. $\diamond$

Bemerkung. Die Sattelpunktstrategie des zweiten Spielers im Spiel Γ^0 liefert im Falle $m > 2$ im allgemeinen keine Strategienkombination für die Spieler $\{1, 2, \ldots, m\}/\{i\}$ im Spiel Γ, da diese ein Produktmaß auf $\mathcal{S}^{-i}$ sein muss.

Satz 3.18 *Wir betrachten das Spiel Γ^0, das im Satz (3.17) beschrieben ist. Der Einfachheit halber bezeichnen wir deren Auszahlungsmatrix für den ersten Spieler mit $(\bar{u}^0_{jk})_{\substack{j=1,\ldots,n_i \\ k=1,\ldots,n_{-i}}}$. Sei ferner $\bar{u}^{0a}_{jk} = \bar{u}^0_{jk} + a$ mit einem $a > 0$.*
Wir verwenden auch die Bezeichnung $n_{-i} = \prod_{j \neq i} n_j$.
Die Strategie $\hat{s}^{i\,*}$ aus der Definition von Γ^0 ist genau dann undominiert, wenn der Zielwert des nachfolgenden Optimierungsproblems $z > 0$ und der optimale Wert der Variablen u^a gleich $1/a$ ist.

Das Optimierungsproblem ist

$$z \longrightarrow \max_{\substack{u^a \\ x_1,\ldots,x_{n_i} \\ y_1,\ldots,y_{n_{-i}}}} \tag{3.57}$$

$$u^a = \sum_{j=1}^{n_i} x_j \qquad u^a = \sum_{k=1}^{n_{-i}} y_k \tag{3.58}$$

$$\sum_{j=1}^{n_i} \bar{u}_{jk}^{0a} x_j \geq 1 \quad \forall k = 1,\ldots,n_{-i} \tag{3.59}$$

$$\sum_{k=1}^{n_{-i}} \bar{u}_{jk}^{0a} y_k \leq 1 \quad \forall j = 1,\ldots,n_i \tag{3.60}$$

$$x_j \geq 0 \quad j = 1,\ldots,n_i \qquad y_k \geq 0 \quad k = 1,\ldots,n_{-i} \tag{3.61}$$

$$y_k \geq z \qquad k = 1,\ldots,n_{-i} \tag{3.62}$$

$$u^a \geq 0 \qquad z \geq 0 \tag{3.63}$$

Beweis:

Die Bedingungen 3.58 bis 3.62 entsprechen den beiden dualen Optimierungsproblemen 3.28 und 3.31 des ersten und zweiten Spielers, wenn man berücksichtigt, dass durch den Spielwert für die Auszahlungsmatrix (u_{jk}^{0a}) dividiert werden kann. Die Zielfunktion (3.57) verwendet, dass bei einer stark gemischten Sattelpunktsstrategie des zweiten Spieler auch die $y_k > 0$ sein müssen.

Der Rest der Aussagen folgt aus Satz 3.17. $\diamond$

Beispiel 15:

Dieses Beispiel aus van Damme ([17, Seite 29]) wird später noch weiter verwendet. Hier untersuchen wir die Dominanz von Strategien. Es gibt drei Spieler, die jeweils zwei Strategien haben. Die folgenden beiden Matrizen geben die Auszahlungen für Spieler 1, 2 und 3, in dieser Reihenfolge an. Spieler 1 wählt eine Zeile aus, Spieler 2 eine Spalte und Spieler 3 eine Matrix.

		s_1^2	s_2^2			s_1^2	s_2^2
s_1^3	s_1^1	(1,1,1)	(1,0,1)	s_2^3	s_1^1	(1,1,0)	(0,0,0)
	s_2^1	(1,1,1)	(0,0,1)		s_2^1	(0,1,0)	(1,0,0)

Wir zeigen nun mit Hilfe des obigen linearen Optimierungsproblems, dass die Strategie s_2^1 undominiert ist. Die Werte u_{j_1,j_2,j_3}^1 als Matrix angeordnet mit j_1 als Zeilenindex ergibt.

$(j_2\,j_3)$	(11)	(12)	(21)	(22)	
$j_1 = 1$	1	1	1	0	$u^1_{1\,j_2\,j_3}$
$j_1 = 2$	1	0	0	1	$u^1_{2\,j_2\,j_3}$

Für die Auszahlungsmatrix $(u^1_{j_1\,j_2,j_3} - u^1_{2\,j_2\,j_3})$ des Spieles Γ^0 folgt

$$\begin{pmatrix} 0 & 1 & 1 & -1 \\ 0 & 0 & 0 & 0 \end{pmatrix}$$

Da bekannt ist, dass $v(\Gamma^0) \geq 0$ genügt es $a = 1$ zu nehmen, um einen Spielwert > 0 zu erhalten:

$$\begin{pmatrix} 1 & 2 & 2 & 0 \\ 1 & 1 & 1 & 1 \end{pmatrix}$$

Für diese Auszahlungsmatrix lösen wir nun das Optimierungsproblem (3.57) – (3.63):

$$z \to \max$$

$$u^a = x_1 + x_2 \qquad u^a = y_1 + y_2 + y_3 + y_4$$

$$x_1 + x_2 = 1 \qquad 2x_1 + x_2 = 1 \qquad (2x_1 + x_2 = 1) \qquad x_2 = 1$$

$$y_1 + 2y_2 + 2y_3 \leq 1 \qquad y_1 + y_2 + y_3 + y_4 \leq 1$$

$$y_1 \geq z \qquad y_2 \geq z \qquad y_3 \geq z \qquad y_4 \geq z$$

alle Variablen können als nichtnegativ angenommen werden

Mit Maple6 ergibt sich folgende Lösung:

$$(z = 1/5), u^a = 1, x_1 = 0, x_2 = 1, y_1 = y_2 = y_3 = 1/5, y_4 = 2/5 \ .$$

Es gibt also eine stark gemischte Strategie y des 2. Spielers und der Spielwert $v(\Gamma^0) = 0$, da $u^a = 1/a = 1$. Nach Satz (3.17) ist somit die Strategie s^1_2 des Spiels Γ undominiert. $\diamond$

Aufgabe 22:
Das Beispiel aus van Damme ([17, Seite 29]) werde weiter untersucht.
Prüfen Sie mit Hilfe des Optimierungsproblems (3.57) – (3.63),ob die Strategien s^2_1 und s^3_1 undominiert sind!

3.3 Bimatrix-Spiel

3.3.1 Zweipersonen-Zweistrategien-Spiel

Der Fall eines endlichen Spieles mit zwei Spielern, bei dem jeder Spieler
nur zwei Strategien hat, ist ein Spiele-Modell, das genügend komplex ist,
um bereits Eigenheiten von allgemeinen m-Personen-Spielen aufzeigen zu
können.Wir werden daher im folgenden eine vollständige Lösung dieses Spie-
letyps angeben.

Die gemischten Strategien stellen wir hier folgendermaßen dar:

$$\hat{s}^{1*} = (x, 1-x)^T \qquad \hat{s}^{2*} = (y, 1-y)^T \tag{3.64}$$

Die beiden Ungleichungen $(i = 1, 2)$

$$U^i((1,0), \hat{s}^{-i*}) \leq U^i(\hat{s}^{1*}, \hat{s}^{2*}) \qquad U^i((0,1), \hat{s}^{-i*}) \leq U^i(\hat{s}^{1*}, \hat{s}^{2*})$$

ergeben für den ersten Spieler $(i = 1)$ mit den Abkürzungen A, und a:

$$A = U^1_{11} - U^1_{12} - U^1_{21} + U^1_{22} \tag{3.65}$$
$$a = U^1_{22} - U^1_{12} \tag{3.66}$$
$$A(1-x)y - a(1-x) \leq 0 \tag{3.67}$$
$$Axy - ax \geq 0 \tag{3.68}$$

und für den zweiten Spieler $(i = 2)$ mit den Abkürzungen B und b:

$$B = U^2_{11} - U^2_{12} - U^2_{21} + U^2_{22} \tag{3.69}$$
$$b = U^2_{22} - U^2_{21} \tag{3.70}$$
$$B(1-y)x - b(1-y) \leq 0 \tag{3.71}$$
$$Bxy - by \geq 0 \tag{3.72}$$

Wie man sieht, ergeben sich die Bedingungen für die Gleichgewichtsstrategi-
en, die zum Spieler 2 gehören, aus denen des Spielers 1, indem man A durch
B, a durch b und x und y ersetzt.

Alle möglichen Fälle sind in den folgenden beiden Tabellen 3.2 und 3.3 zu-
sammengefaßt.

A	a	x	y
$A = 0$	$a = 0$	$0 \leq x \leq 1$	$0 \leq y \leq 1$
$A = 0$	$a > 0$	$x = 0$	$0 \leq y \leq 1$
$A = 0$	$a < 0$	$x = 1$	$0 \leq y \leq 1$
$A > 0$	$0 \leq a \leq A$	$0 < x < 1$	$y = a/A$
		$x = 0$	$0 \leq y \leq a/A$
		$x = 1$	$a/A \leq y \leq 1$
$A > 0$	$A \leq a$	$x = 0$	$0 \leq y \leq 1$
$A > 0$	$a \leq 0$	$x = 1$	$0 \leq y \leq 1$
$A < 0$	$A \leq a \leq 0$	$0 < x < 1$	$y = a/A$
		$x = 0$	$a/A \leq y \leq 1$
		$x = 1$	$0 \leq y \leq a/A$
$A < 0$	$0 \leq a$	$x = 0$	$0 \leq y \leq 1$
$A < 0$	$a \leq A$	$x = 1$	$0 \leq y \leq 1$

Tabelle 3.2

Die Tabellen 3.2 und 3.3 werden folgendermaßen angewendet. Man berechnet A,a und B,b und erhält aus den Spalten x und y jeweils eine eine Teilmenge des Einheitsquadrats in der (x,y)-Ebene. Der Durchschnitt beider Mengen liefert die Menge der Nash-Gleichgewichte des Spiels. Man kann dies auch graphisch darstellen (siehe beispielsweise Abbildungen 3.2 und 3.3).

Beispiel 16 [Fortsetzung der Beispiele 1 und 2]:
Es wird hier Bezug genommen auf die Beispiele „Kampf der Geschlechter" und „Problem zweier Geschäftspartner".
Es wurden die folgenden Auszahlungen verwendet:

$$\begin{pmatrix} (1,3) & (0,0) \\ (0,0) & (3,1) \end{pmatrix}$$

Es ergeben sich folgende charakteristischen Größen:

$$A = 1 - 0 - 0 + 3 = 4 \quad a = 3 - 0 = 3$$
$$B = 3 - 0 - 0 + 1 = 4 \quad b = 1 - 0 = 1$$

Es liegt der Fall $A > 0$, $0 \leq a \leq A$ vor. Hieraus ergibt sich die dreiteilige Menge: $M_1^x = \{(x,y)|0 < x < 1 \quad y = a/A\}$, $M_2^x = \{x = 0| \quad 0 \leq y \leq a/A\}$, $M_3^x = \{x = 1| \quad a/A \leq y \leq 1\}$.

B	b	y	x
$B = 0$	$b = 0$	$0 \leq y \leq 1$	$0 \leq x \leq 1$
$B = 0$	$b > 0$	$y = 0$	$0 \leq x \leq 1$
$B = 0$	$b < 0$	$y = 1$	$0 \leq x \leq 1$
$B > 0$	$0 \leq b \leq B$	$0 < y < 1$	$x = b/B$
		$y = 0$	$0 \leq x \leq b/B$
		$y = 1$	$b/B \leq x \leq 1$
$B > 0$	$B \leq b$	$y = 0$	$0 \leq x \leq 1$
$B > 0$	$b \leq 0$	$y = 1$	$0 \leq x \leq 1$
$B < 0$	$B \leq b \leq 0$	$0 < y < 1$	$x = b/B$
		$y = 0$	$b/B \leq x \leq 1$
		$y = 1$	$0 \leq x \leq b/B$
$B < 0$	$0 \leq b$	$y = 0$	$0 \leq x \leq 1$
$B < 0$	$b \leq B$	$y = 1$	$0 \leq x \leq 1$

Tabelle 3.3

Somit liegt der Fall $B > 0$, $0 \leq b \leq B$ vor. Hieraus ergibt sich die dreiteilige Menge: $M_1^y = \{(x,y)|0 < y < 1 \quad x = b/B\}$, $M_2^y = \{y = 0| \quad 0 \leq x \leq b/B\}$, $M_3^y = \{y = 1| \quad b/B \leq x \leq 1\}$.

Die Punkte der Menge $(M_1^x \cup M_2^x \cup M_3^x) \cap (M_1^y \cup M_2^y \cup M_3^y)$ sind die Nash-Gleichgewichte. Wie man aus der folgenden Abbildung (3.2) sieht, sind dies die Punkte (x,y)=(0,0), (1,1), (1/4, 3/4).

Dies ergibt für den ersten Spieler die Strategien: $^1\hat{s}^1 = (1,0)$, $^2\hat{s}^1 = (0,1)$, $^3\hat{s}^1 = (1/4, 3/4)$; und für den zweiten Spieler: $^1\hat{s}^2 = (1,0)$, $^2\hat{s}^2 = (0,1)$, $^3\hat{s}^2 = (3/4, 1/4))$.

Da es drei Nash-Gleichgewichte gibt, kann man auch philosophische Betrachtungen anstellen. Bei den Nash-Gleichgewichten Nummer 1 und 2 erhält der eine die Auszahlung 3, der andere die Auszahlung 1. Wenn dieses Spiel öfters gespielt wird, dann müsste sich in gewisser Weise abwechselnd immer einer dem unterordnen.

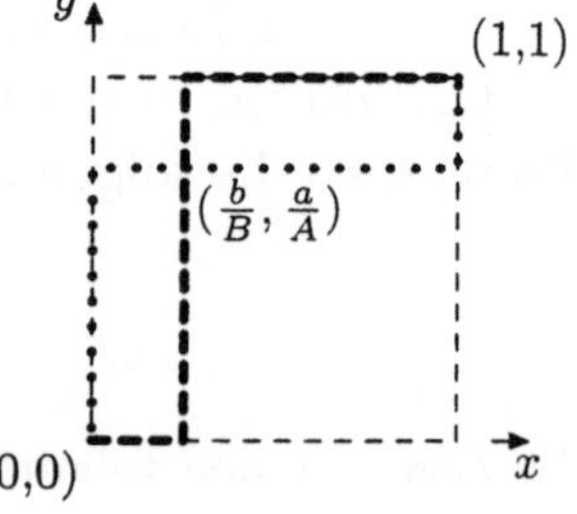

Abbildung 3.2

Das dritte Gleichgewicht ist ausgewogen, denn jeder Spieler erhält die gleiche Auszahlung: $v^1 = 1 \times \frac{1}{4} \times \frac{3}{4} + 3 \times \frac{3}{4} \times \frac{1}{4} = 3/4$ und $v^2 = 3 \times \frac{1}{4} \times \frac{3}{4} + 1 \times \frac{3}{4} \times \frac{1}{4} = 3/4$. Diese Auszahlung ist jedoch geringer als bei Fall 1 und 2 und mit Wahrscheinlichkeit 3/8 verfehlen sich beide Partner. ◇

Beispiel 17 [Gegenbeispiel strategische Äquivalenz]:
Hier handelt es sich um das in der Bemerkung auf Seite 32 angekündigte Gegenbeispiel, dass die gemischten Erweiterungen äquivalenter endlicher Spiele nicht notwendig ebenfalls äquivalent sein müssen.
Zu diesem Zweck betrachten wir das folgende Spiel (Spiel A) aus Vorob'ev ([77]) und ein dazu äquivalentes Nullsummenspiel (Spiel B). Beide Spiele haben kein Nash-Gleichgewicht, wovon man sich direkt überzeugt oder was man auch der Lösung der gemischten Erweiterung weiter unten entnimmt.Es zeigt sich aber, dass die gemischten Erweiterungen beider Spiele nicht äquivalent sind.

		2.Spieler	
Spiel A		s_1^2	s_2^2
1.Spieler	s_1^1	(-10,5)	(2,-2)
	s_2^1	(1,-1)	(-1,1)

Die relevanten Werte für die Lösung der gemischten Erweiterung dieses Spieles A sind $A = -14$, $a = -3$ und $B = 9$, $b = 2$. Nach den obigen Tabellen 3.2 und 3.3 ergibt sich die gemischte Lösung zu x=b/B=2/9 und y=a/A=(-3)/(-14)=3/14.
Das Spiel A selbst ist nun beispielsweise äquivalent dem folgenden Nullsummen-Spiel B:

		2.Spieler	
Spiel B		s_1^2	s_2^2
1.Spieler	s_1^1	(-10,10)	(2,-2)
	s_2^1	(1,-1)	(-1,1)

Die relevanten Werte für die Lösung der gemischten Erweiterung dieses Spieles B sind $A = -14$, $a = -3$ und $B = 14$, $b = 3$. Nach den obigen Tabellen 3.2 und 3.3 ergibt sich die Lösung hier zu $x = b/B = 3/14$ und

$y = a/A = (-3)/(-14) = 3/14.$
Die gemischten Erweiterungen der Spiele A und B
sind beide vom gleichen Typ (siehe die nebenstehenden Abbildung 3.3), d.h. beide haben genau ein
Nash-Gleichgewicht und das ist jeweils ein streng gemischtes. Jedoch sind diese verschieden und daher
besteht keine Äquivalenz. Die beiden gemischten Erweiterungen können daher nicht äquivalent sein.

$\diamond$

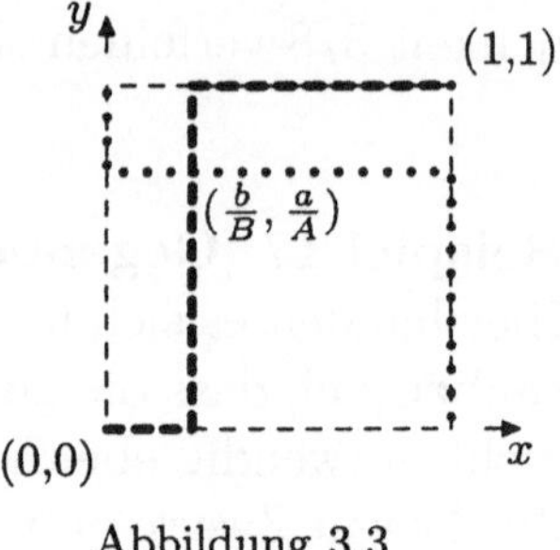

Abbildung 3.3

Aufgabe 23:
Untersuchen Sie das Bimatrixspiel mit den folgenden Auszahlungen auf Nash-
Gleichgewichte in gemischten Strategien:

((V-D)/2, (V-D)/2)	(V,0)
(0,V)	((W+V)/2,(W+V)/2)

3.3.2   Allgemeines Zweipersonen-Spiel

Ein in der Literatur vorgeschlagener Lösungsansatz stützt sich auf die in
Satz (3.2) gegebene äquivalente Formulierung für das Nash-Gleichgewicht
und Satz (3.3), der als Satz vom komplementären Schlupf aufgefasst werden
kann. Diese Ungleichungen können als lineares Komplementaritätsproblem
(siehe 3.4.1) formuliert werden. Lemke und Howson haben hierfür 1964 eine
Lösungsmethode entwickelt ([40]).
Die Spezialisierung des Satzes (3.2) auf das zu lösende Bimatrix-Spiel, hier
kurz mit $\Gamma(A, B, m, n)$ bezeichnet, ergibt den folgenden Satz.

Satz 3.19 *Die gemischten Strategien x^*, y^* sind genau dann Nash-Gleichgewichte des Bimatrix-Spiels $\Gamma(A, B, m, n)$, falls es nichtnegative $t^T =
(t_1, \ldots, t_n)$ und $u^T = (u_1, \ldots, u_m)$ gibt, so dass mit $v^1 = x^{*T}Ay^*$ und
$v^2 = x^{*T}By^*$ gilt*

$$Ay^* + u = v^1 \mathbf{1} \quad y^* \geq 0 \quad t \geq 0 \tag{3.73}$$

$$B^T x^* + t = v^2 \mathbf{1} \quad x^* \geq 0 \quad u \geq 0 \tag{3.74}$$

$$\sum_{i=1}^{m} x_i^* = 1 \quad \sum_{j=1}^{m} y_j^* = 1 \tag{3.75}$$

$$y^{*T} t = 0 \quad x^{*T} u = 0 \tag{3.76}$$

Es gibt immer ein zu $\Gamma(A, B, m, n)$ äquivalentes Spiel mit $A > 0$ und $B > 0$, das Auszahlungen $v^1 > 0$ und $v^2 > 0$ besitzt. In diesem Fall können die jeweiligen Gleichungen durch v^1 bzw. v^2 dividiert werden. Man betrachtet dann folgende Gleichungen:

$$A > 0 \quad\quad B > 0 \tag{3.77}$$

$$\tilde{x} = x/v^2 \quad \tilde{y} = y/v^1 \tag{3.78}$$

$$A\tilde{y} + \tilde{t} = \mathbf{1} \quad \tilde{y} \geq 0 \quad \tilde{t} \geq 0 \tag{3.79}$$

$$B^T \tilde{x} + \tilde{u} = \mathbf{1} \quad \tilde{x} \geq 0 \quad \tilde{u} \geq 0 \tag{3.80}$$

$$\tilde{y}\tilde{t} = 0 \quad \tilde{x}\tilde{u} = 0 \tag{3.81}$$

$$\tilde{x} \neq 0 \quad \tilde{y} \neq 0 \tag{3.82}$$

Jede Lösung $\tilde{x}, \tilde{y}, \tilde{t}, \tilde{u}$ dieser Gleichungen liefert in der beschriebenen Weise ein Nash-Gleichgewicht.

Zur Begründung des Lemke-Howson-Algorithmus werden die reinen Strategien des 1.Spielers und des 2.Spielers durchgehend von 1 bis $m + n$ durchnummeriert, wobei die Strategien des ersten Spielers die Nummern 1 bis m haben, und die des zweiten Spielers die Nummern $m + 1$ bis $m + n$. Die Nummerierung ergibt sich aus geeigneten Mengen von gemischten Strategien. Hierzu sei die Auszahlungsmatrix $A = (a_1, \ldots, a_m)^T$ durch ihre Zeilenvektoren a_i und die Auszahlungsmatrix $B = (b_1, \ldots, b_n)$ durch ihre Spaltenvektoren b_j dargestellt. Wir betrachten dann folgende Mengen von gemischten Strategien x und y:

$$\mathcal{S}_j^1 = \{x \in \hat{\mathcal{S}}^1 | x_j = 0\} \quad j = 1, \ldots, m \tag{3.83}$$

$$\mathcal{S}_k^1 = \{x \in \hat{\mathcal{S}}^1 | \, b_k^T x \geq b_\ell^T x \,\, \forall \ell = m + 1, \ldots, m + n\} \quad k = m + 1, \ldots, m + n \tag{3.84}$$

$$\mathcal{S}_j^2 = \{y \in \hat{\mathcal{S}}^2 | \, a_j y \geq a_\ell y \,\, \forall \ell = 1, \ldots, m\} \quad j = 1, \ldots, m \tag{3.85}$$

$$\mathcal{S}_k^2 = \{y \in \hat{\mathcal{S}}^2 | \, y_k = 0\} \quad k = m + 1, \ldots, m + n \tag{3.86}$$

Jedes $x \in \mathcal{S}^1$ bekommt nun als Markierungen alle j mit $x \in \mathcal{S}_j^1$, und jedes y bekommt als Markierungen alle k mit $y \in \mathcal{S}_k^2$. Der Satz (3.19) kann dann folgendermaßen formuliert werden:

Satz 3.20 *Das Paar (x, y) is genau dann ein Nash-Gleichgewicht, wenn für alle $k = 1, \ldots, m + n$ die Strategie $x \in \mathcal{S}_k^1$ oder die Strategie $y \in \mathcal{S}_k^2$ gilt(inklusives oder). Man spricht hier auch von einem vollständig markierten Paar (x, y).*

Beweis:
Der Satz ist eine andere Formulierung der Sätze (3.2) und (3.3). $\diamond$

Die **Rechenvorschrift** für den Algorithmus von Lemke-Howson ergibt sich aus einer eindeutigen Folge von Basislösungen bei den linearen Systemen (3.79) und (3.80).
Man startet mit der „falschen(künstlichen)" Lösung $x = y = 0$ und führt abwechselnd bei den beiden linearen Gleichungssystemen (3.79) und (3.80) einen Basisaustausch unter Berücksichtigung der Komplementaritätsbedingung (3.81) durch. Die Lösung $x = y = 0$ ist eine falsche Lösung, da jeder Spieler immer mindestens eine Strategie mit einer positiven Wahrscheinlichkeit spielen muss. Beim Basisaustausch ist durch die von der linearen Optimierung her bekannte Minimumsregel die Nichtnegativität aller Variablen zu sichern. Ergibt sich hierdurch keine eindeutige Zeile, so geht man nach der Regel von Bland vor.
Für diesen Basisaustausch werden die Variablen jedes der beiden Systeme korrespondierend zur obigen Nummerierung mit Nummern von 1 bis $m + n$ versehen:

$$
\begin{array}{|c|c|c|c|c|c|c|}
\hline
1 & 2 & \ldots & m & n+1 & \ldots & n+m \\
\hline
x_1 & x_2 & \ldots & x_m & t_1 & \ldots & t_n \\
\hline
u_1 & u_2 & \ldots & u_m & y_1 & \ldots & y_n \\
\hline
\end{array}
\tag{3.87}
$$

Die Verknüpfung der Variablen beider Systeme und ihrer Variablen erfolgt durch ihre Nummer. Eine Variable ℓ, die bei dem einen System eine Nichtbasisvariable wird, hat zur Folge, dass unmittelbar danach die Variable ℓ des anderen Systems in die Basis aufgenommen wird.
Ausgehend von der künstlichen Basislösung $x = 0, y = 0$ wird dann nach Belieben eine der x- oder y-Variablen in die Basis des entsprechenden Systems aufgenommen. Diese habe die Nummer k. Danach wird eine Variable Nummer ℓ Nichtbasisvariable. Im anderen System wird die Variable ℓ zu einer Basisvariablen gemacht. Die Nummer der neuen Nicht-Basisvariablen wird

die Nummer der Basisvariablen des anderen Systems. Dies geht abwechselnd so weiter bis in einem der Systeme eine Variable Nummer k, die Nummer der am Anfang ausgewählten Basisvariablen, aus der Basis ausscheidet.

Man kann die gemeinsamen Basislösungen der beiden linearen Gleichungssysteme (3.79) und (3.80) durch die Nummern ihrer Basisvariablen markiert denken. Wenn diese Markierung alle Nummern von 1 bis $m + n$ umfasst, dann spricht man von einer vollständigen Markierung. Die anfängliche falsche Lösung ist vollständig markiert. Kommt nur eine Nummer in der Markierung doppelt vor bzw. fehlt nur genau eine Nummer von $1, \ldots, m + n$, so spricht man von einer beinahe vollständigen Markierung. Verlässt im Laufe des Algorithmus die anfangs ausgewählte Basisvariable k wieder die Basis, so wird aus der beinahe vollständigen wieder eine vollständige Markierung. Hierauf beruht der Beweis des Algorithmus.

Die beschriebene Vorgehensweise macht man sich am besten an einem Beispiel klar.

Beispiel 18:

Es wird ein Bimatrix-Spiel betrachtet mit
der Auszahlung für den 1. Spieler:

$$\begin{pmatrix} 0 & 6 \\ 2 & 5 \\ 3 & 3 \end{pmatrix}$$

und der Auszahlung für den 2. Spieler:

$$\begin{pmatrix} 1 & 0 \\ 0 & 2 \\ 4 & 3 \end{pmatrix} .$$

Um eine positive Auszahlung beim Nash-Gleichgewicht zu sichern, wird zu allen Auszahlungen der Wert 1 addiert.

Modifizierte Auszahlung für den 1. Spieler:

$$A = \begin{pmatrix} 1 & 7 \\ 3 & 6 \\ 4 & 4 \end{pmatrix}$$

modifizierte Auszahlung für den 2. Spieler:

$$B = \begin{pmatrix} 2 & 1 \\ 1 & 3 \\ 5 & 4 \end{pmatrix}$$

Die beiden Tableaus für die Anfangslösung $x = y = 0$ lauten:

Ausgangslösung : A − System			
BV	$4 : y_1$	$5 : y_2$	$R.S.$
$1 : u_1$	1	7	1
$2 : u_2$	3	6	1
$3 : u_3$	4	4	1

Ausgangslösung : B − System				
BV	$1 : x_1$	$2 : x_2$	$3 : x_3$	$R.S.$
$4 : t_1$	2	1	5	1
$5 : t_2$	1	3	4	1

Ausgehend von dieser künstlichen Lösung können nun im ersten Austauschschritt 5 verschiedene Variable als neue Basisvariable ausgewählt werden, nämlich x_1, x_2, x_3, y_1, y_2. Die nächsten Austauschschritte ergeben sich dann zwangsläufig.

Fall 1:

Variable No. 1 $(=x_1)$ wird zum Start willkürlich als Basisvariable ausgewählt: Umformung des B-Systems

Schritt1 : B − System				
BV	$4 : t_1$	$2 : x_2$	$3 : x_3$	$R.S.$
$1 : x_1$	1/2	1/2	5/2	1/2
$5 : t_2$	−1/2	5/2	3/2	1/2

Die neue Nicht-Basisvariable No. 4(im B-System $=t_1$) erzwingt die Variable No. 4(im A-System $=y_1$) als Basisvariable: Umformung des A-Systems

Schritt2 : A − System			
BV	$3 : u_3$	$5 : y_2$	$R.S.$
$1 : u_1$	−1/4	6	3/4
$2 : u_2$	−3/4	3	1/4
$4 : y_1$	1/4	1	1/4

Die neue Nicht-Basisvariable No. 3(im A-System $=u_3$) erzwingt die Variable No. 3(im B-System $=x_3$) als Basisvariable: Umformung des B-Systems

Schritt3 : B − System				
BV	$4 : t_1$	$2 : x_2$	$1 : x_1$	$R.S.$
$3 : x_3$	1/5	1/5	2/5	1/5
$5 : t_2$	−4/5	11/5	−3/5	1/5

Die neue Nicht-Basisvariable No. 1(im B-System $=x_1$) ist die gleiche Variable(nnummer), die zum Start als Basisvariable eingeführt wurde. Daher ist der Algorithmus hier zu Ende.

$$\text{Nash-Gleichgewicht:} \quad x^T = (0,0,1) \quad y^T = (1,0)$$
$$\text{Auszahlungen des ursprünglichen Spiels} \quad v^1 = 3 \quad v^2 = 4$$

Das gleiche Nash-Gleichgewicht findet man auch, wenn man als erste Basisvariable die Variable 3 (= x_3, B-System) oder 4 (= y_1, A-System) wählt.

Fall 2:

Variable No. 5 (=y_2) wird zum Start willkürlich als Basisvariable ausgewählt: Umformung des A-Systems

Schritt1 : A − System			
BV	$4 : y_1$	$1 : u_1$	*R.S.*
$5 : y_2$	1/7	1/7	1/7
$2 : u_2$	15/7	−6/7	1/7
$3 : u_3$	24/7	−4/7	3/7

Die neue Nicht-Basisvariable No. 1(im A-System $=u_1$) erzwingt die Variable No. 1(im B-System $=x_1$) als Basisvariable: Umformung des B-Systems

Schritt2 : B − System			
BV	$4 : t_1$	$2 : x_2$	$3 : x_3$	*R.S.*
$1 : x_1$	1/2	1/2	5/2	1/2
$5 : t_2$	−1/2	5/2	3/2	1/2

Die neue Nicht-Basisvariable No. 4(im B-System $=t_1$) erzwingt die Variable No. 4(im A-System $=y_1$) als Basisvariable: Umformung des A-Systems

Schritt3 : A − System			
BV	$2 : u_2$	$1 : u_1$	*R.S.*
$5 : y_2$	−1/15	1/5	2/15
$4 : y_1$	7/15	−2/15	1/15
$3 : u_3$	−8/5	4/5	1/5

Die neue Nicht-Basisvariable No. 2(im A-System $=u_2$) erzwingt die Variable
No. 2(im B-System $=x_2$) als Basisvariable: Umformung des B-Systems

$Schritt4 : B - System$			
BV	$4 : t_1$	$5 : t_2$	$3 : x_3$	$R.S.$
$1 : x_1$	$3/5$	$-1/5$	$11/5$	$2/5$
$2 : x_2$	$-1/5$	$2/5$	$3/5$	$1/5$

Die neue Nicht-Basisvariable No. 5(im B-System $=t_2$) ist die gleiche Varia-
ble(nnummer), die zum Start als Basisvariable eingeführt wurde. Daher ist
die Iteration hier zu Ende.

$$\text{Nash-Gleichgewicht:} \quad x^T = (2/3, 1/3, 0) \quad y^T = (1/3, 2/3)$$
$$\text{Auszahlungen des ursprünglichen Spiels} \quad v^1 = 4 \quad v^2 = 2/3$$

Das gleiche Nash-Gleichgewicht findet man auch, wenn man als erste Basisvariable die Variable 2 ($= x_2$, B-Sysstem) wählt. ◇

Shapley hat gezeigt, dass im allgemeinen mit dem obigen Algorithmus nicht
alle Gleichgewichte gefunden werden.
Es wurde im Vorstehenden verwendet, dass die Auszahlungen in Nash-
Gleichgewichten größer Null sind. Hierzu kann auch die schwächere Aussage
der folgenden Aufgabe verwendet werden.

Aufgabe 24:
Es werde ein Bimatrix-Spiel mit den Auszahlungsmatrizen A und B betrachtet. Beweisen Sie folgende Aussage:
Wenn die Matrizen $A \geq 0$ und $B^T \geq 0$ sind und keine Null-Spalten enthalten,
dann gilt für die Auszahlungen in einem Nash-Gleichgewicht $v^1 > 0$ und
$v^2 > 0$.

Aufgabe 25:
Berechnen Sie mit dem Lemke-Howson-Algorithmus möglichst viele Nash-
Gleichgewichte für das durch die folgenden Auszahlungsmatrizen gegebene
gemischt erweiterte Bimatrix-Spiel

$$A = \begin{pmatrix} 2 & 2 & 0 \\ 0 & 3 & 0 \\ 3 & 0 & 1 \end{pmatrix} \qquad B = \begin{pmatrix} 3 & 0 & 2 \\ 0 & 3 & 2 \\ 0 & 0 & 1 \end{pmatrix} .$$

3.4 Numerische Berechnung im allgemeinen Fall

3.4.1 Drei Ansätze zur Berechnung

In diesem Abschnitt werden drei Ansätze zur Berechnung von Nash-Gleichgewichten vorgestellt.

Das Komplementaritätsproblem

Aus dem Satz (3.2) ergibt sich mit den Bezeichnungen $x_j^i = \hat{s}_j^i$ für die Komponenten der Gleichgewichtsstrategien und den zusätzlichen Variablen v^i für die Auszahlungen an dem Gleichgewichtspunkt:

$$v^i = \sum_{j_1=1}^{n_1} \cdots \sum_{j_m=1}^{n_m} u_{j_1,\ldots,j_m}^i \prod_{k=1}^{m} x_{j_k}^k \qquad i = 1,\ldots,m \tag{3.88}$$

$$v^i \geq \sum_{j_1=1}^{n_1} \cdots \sum_{j_{i-1}=1}^{n_m} \sum_{j_{i+1}=1}^{n_m} \cdots \sum_{j_m=1}^{n_m} u_{j_1,\ldots,j_m}^i \prod_{i\neq k}^{m} x_{j_i}^i$$
$$j_i = 1,\ldots,n_i \quad i = 1,\ldots,m \tag{3.89}$$

$$\sum_{j=1}^{n_i} x_j^i = 1 \quad i = 1,\ldots,m \tag{3.90}$$

$$x_j^i \geq 0 \qquad j = 1,\ldots,n_i \quad i = 1,\ldots,m \tag{3.91}$$

Dies ist ein algebraisches Problem der Ordnung m, da die v^i durch Polynome der Ordnung m definiert sind. Die rechten Seiten sind nur Polynome der Ordnung $m - 1$. Durch die Einführung von Schlupfvariablen w_j^i unter Berücksichtigung der Komplementarität nach Satz (3.3) ergibt sich folgendes algebraische System der Ordnung m für m Spieler:

$$v^i = w_{j_i}^i + \sum_{j_1=1}^{n_1} \cdots \sum_{j_{i-1}=1}^{n_m} \sum_{j_{i+1}=1}^{n_m} \cdots \sum_{j_m=1}^{n_m} u_{j_1,\ldots,j_m}^i \prod_{i\neq k}^{m} x_{j_i}^i$$
$$j_i = 1,\ldots,n_i \quad i = 1,\ldots,m \tag{3.92}$$

$$\sum_{j=1}^{n_i} x_j^i = 1 \quad i = 1,\ldots,m \tag{3.93}$$

$$\sum_{i=1}^{m} \sum_{j=1}^{n_i} w_j^i \times x_j^i = 0 \quad \text{(Komplementarität)} \tag{3.94}$$

$$w_j^i, x_j^i \geq 0 \qquad j = 1,\ldots,n_i \quad i = 1,\ldots,m \tag{3.95}$$

Im Falle $m = 2$ kann dieses Problem nach Abschnitt (3.3.2) in ein lineares Komplementaritätsproblem durch Elimination von v^1 und v^2 umgeformt werden. Lösungsalgorithmen (siehe den Abschnitt (3.3.2)) für diesen Fall wurden erstmals 1964 von Lemke und Hawson ([40]), Lemke ([39]) und Mangasarian ([42]) entwickelt. Eine Verallgemeinerung auf $m > 2$ wurde 1971 gleichzeitig von Wilson ([81]) und Rosenmüller ([60]) angegeben.

Das nichtlineare Optimierungsproblem

Nach Satz (3.2) ist die Strategienkombination $\hat{s}$ genau dann ein Nash-Gleichgewicht, wenn für die Funktionen ϕ_{ij} aus der Formel (3.6)

$$\phi_{ij}(\hat{s}) = \max\{0, \hat{U}^i(s_j^i, \hat{s}^{-i}) - \hat{U}^i(\hat{s})\} = 0 \quad j = 1, \ldots, n_i \quad i = 1, \ldots, m$$

Anders formuliert heißt dies, dass die Nash-Gleichgewichte genau die Nullstellen der folgenden Funktion sind:

$$\mathcal{L}(\hat{s}) = \sum_{i=1}^{m} \sum_{j=1}^{n_i} (\phi_{ij}(\hat{s}))^2 \quad \hat{s} \in \hat{\mathcal{S}} \ . \tag{3.96}$$

Da $\mathcal{L}(\hat{s}) \geq 0$, kann dies auch als Optimierungsproblem formuliert werden. Die Nash-Gleichgewichte sind genau die Stellen, an denen diese Funktion ihr globales Minimum mit dem Wert 0 annimmt.

$$\arg \min_{\hat{s} \in \hat{\mathcal{S}}} \sum_{i=1}^{m} \sum_{j=1}^{n_i} (\phi_{ij}(\hat{s}))^2 \in \hat{\mathcal{S}} \ . \tag{3.97}$$

Dieser Ansatz ist in [46] beschrieben und wird dort als Methode der Liapunov-Funktion bezeichnet.

Das Fixpunktproblem

Die Existenz eines Nash-Gleichgewichts bei der gemischten Erweiterung eines endlichen Spieles hat Nash ([52]), siehe auch obigen Satz (3.4), mit Hilfe des Brouwer'schen Fixpunktsatzes bewiesen. Jeder Fixpunkt der folgenden (Vektor-)Funktion $f : K \to K$, siehe Formeln (3.3), ist ein Nash-Gleichgewicht des entsprechenden Spieles.

$$K = \prod_{i=1}^{m} \hat{\mathcal{S}}^i \subset \prod_{i=1}^{m} \mathbb{R}^{n_i} \tag{3.98}$$

$$f(\hat{s}) = (f_{11}(\hat{s}), \ldots, f_{1n_1}(\hat{s}), \ldots, f_{m1}(\hat{s}), \ldots, f_{mn_m}(\hat{s}))^T \tag{3.99}$$

wobei

$$f_{ij}(\hat{s}) = \frac{\hat{s}^i_j + \phi_{ij}(\hat{s})}{1 + \sum_{k=1}^{n_i} \phi_{ik}(\hat{s})} \qquad (3.100)$$

und

$$\phi_{ij}(\hat{s}) = \max\{0, \hat{U}^i(s^i_j, \hat{s}^{-i}) - \hat{U}^i(\hat{s})\} = 0 \quad j = 1, \ldots, n_i \quad i = 1, \ldots, m \ .$$
$$(3.101)$$

Die direkte Berechnung von Fixpunkten (im Gegensatz der sonst üblichen Art mit Hilfe kontrahierender Abbildungen) geht auf Arbeiten von Scarf ([61],[62]) aus den Jahren 1967 und 1973 zurück. Scarfs Methode beruht auf einer Triangulierung des in Frage kommenden Bereichs und einem Lemma von Sperner ([74]).

3.4.2 Das Programm GAMBIT

Dieser Abschnitt gibt eine kurze Beschreibung des seit dem Jahre 1966 von McKelvey und McLennan ([46]) entwickelten Computerprogramms „Gambit"

([45], [44]). Das Programm dient der Berechnung von Nash-Gleichgewichten bei Spielen in Normalform und in extensiver Form (siehe Abschnitt (4.4).

Eine Arbeitsgruppe beschäftigt sich mit der Pflege, der Verbesserung und der Erweiterung des Programms. Sie wird nach dem Tode von Richard D. Kelvey (California Institute of Technology) von Theodore Turocy (Texas A& M University) und Andrew McLennan (University of Minnesota) geleitet.

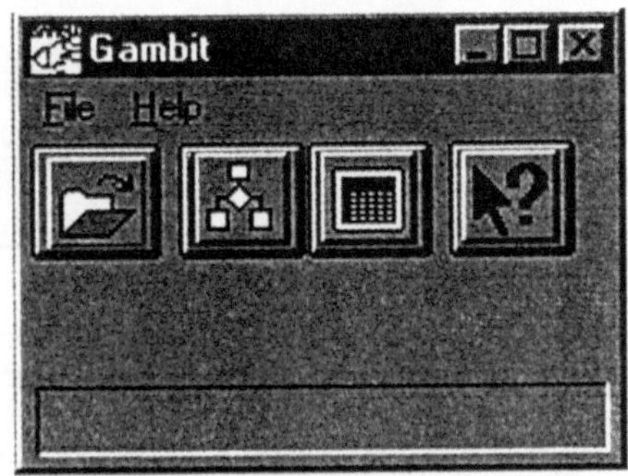

Abbildung 3.4

Das Programm Gambit kann für nichtkommerzielle Zwecke vom Server
„http://econweb.tamu.edu/gambit"
kostenlos heruntergeladen werden.

Beim Aufruf des Programms erscheint das Programmfenster von Abbildung (3.4). Unter dem Menüpunkt 'File' kann ein neues oder ein bereits abgespeichertes Spiel aufgerufen werden (die Endung **nfg** bezieht sich auf **normal form game**).

Beispiel 19 [Kampf der Geschlechter]:

Es können Namen (='labels') für Spieler und Strategien vergeben werden.
Die Einträge für die Auszahlungen werden in einem extra Fenster getätigt, das nach einem Doppelklick auf der entsprechenden Stelle im Auszahlungsschema des Spiels erscheint. Im Menü 'Solve' kann unter Standard angegeben werden wieviele Nash-Gleichgewichte maximal berechnet werden sollen.

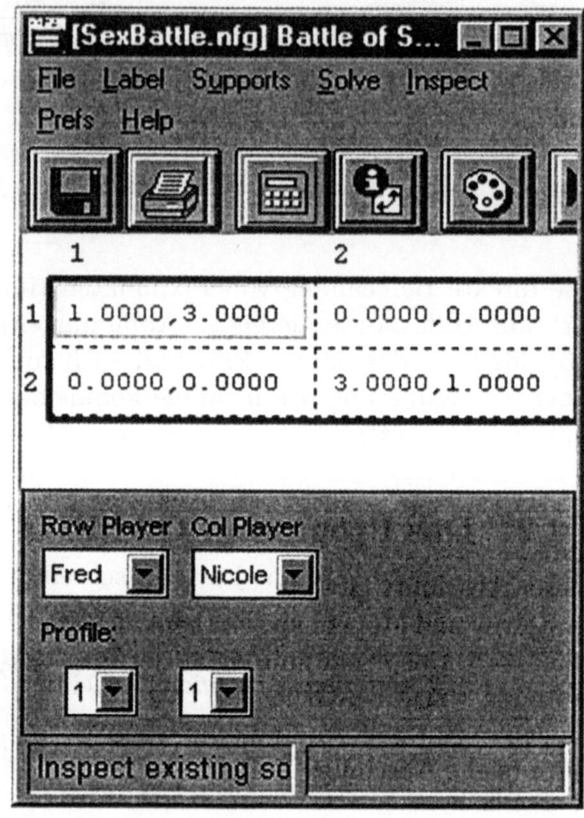

Abbildung 3.5

Mit dem Aufruf 'solve' im Menü 'Solve' erscheint dann die folgende Tabelle:

Id	Pl	Equ Values	Creator	Nash	Perfect	Liap Value		
3	Fred	3.0000	Enum	Y	DK	0.0000	2: 1.0000	
	Nicole	1.0000					2: 1.0000	
2	Fred	0.7500	Enum	Y	DK	0.0000	1: 0.2500	2: 0.7500
	Nicole	0.7500					1: 0.7500	2: 0.2500
1	Fred	1.0000	Enum	Y	DK	0.0000	1: 1.0000	
	Nicole	3.0000					1: 1.0000	

◇

Beispiel 20 [Umweltschutz]:

Drei Chemiefirmen verwenden das Wasser einer natürlichen Resource zur Produktion. Jede Firma hat zwei Strategien, nämlich ihr Abwasser zu reinigen (Strategie 1, Kosten 1 GE) oder das Abwasser ungereinigt zurückfließen zu lassen (Strategie 2, keine Kosten). Nun seien die örtlichen Gegebenheiten aber so, dass das ungereinigte Abwasser einer Firma keinen merkbaren Schaden anrichtet, wenn jedoch mindestens zwei Firmen ihr Abwasser ungereinigt zurückfließen lassen, dann schadet dies der Produktion aller drei Firmen. In diesem Fall muss die natürliche Resource total gereinigt werden und für jede Firma entstehen zusätzlich 3 GE an Kosten. Es ergibt sich die Auszahlungsfunktion von Tabelle (3.4)

| | Auszahlung | | |
Strategie	Firma1	Firma2	Firma3
(1,1,1)	-1	-1	-1
(1,1,2)	-1	-1	0
(1,2,1)	-1	0	-1
(1,2,2)	-4	-3	-3
(2,1,1)	0	-1	-1
(2,1,2)	-3	-4	-3
(2,2,1)	-3	-3	-4
(2,2,2)	-3	-3	-3

Tabelle 3.4   Umweltschutz

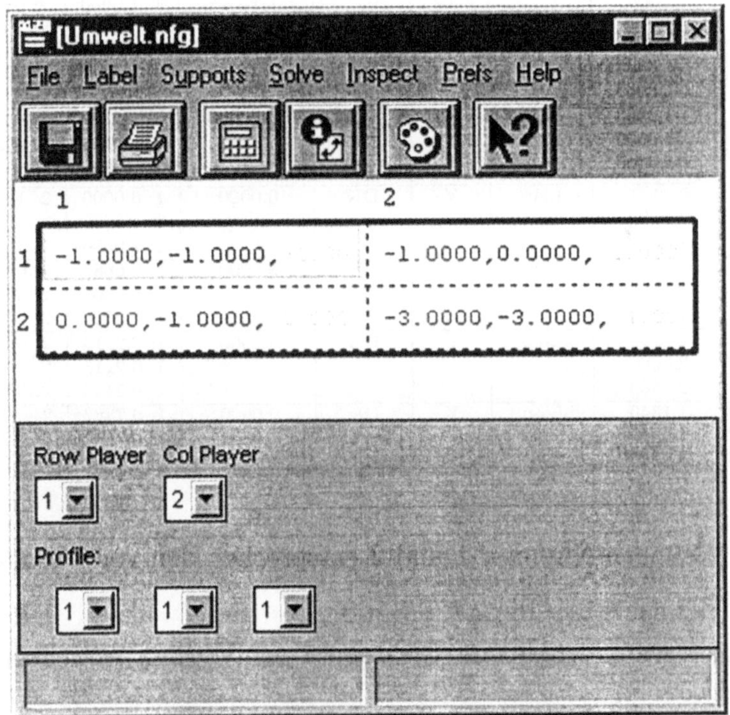

Abbildung 3.6

Zur Eingabe der Auszahlungen wählt man in dem in der Abbildung 3.6 gezeigten Fenster die gewünschte Strategienkombination und macht den Doppelclick im markierten Bereich der Tabelle. Dies resultiert im nebenstehenden Fenster.

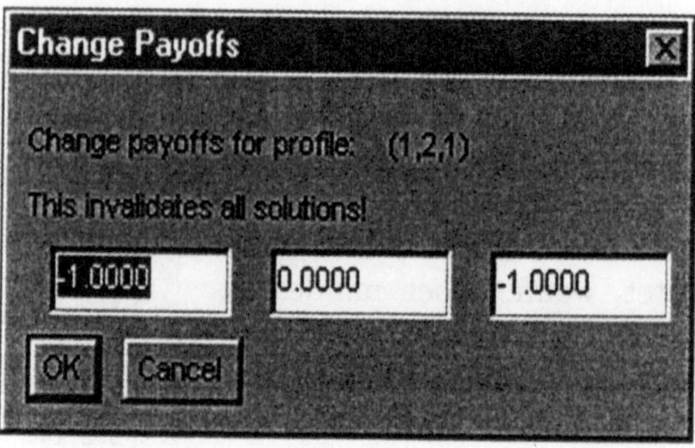

Abbildung 3.7

Als Lösung ergibt sich:

Id	Pl	Equ Values	Creator	Nash	Perfect	Liap Value		
8	1	-1.0000	Liap	Y	DK	0.0000	1: 1.0000	2: 0.0000
	2	0.0000					1: 0.0000	2: 1.0000
	3	-1.0000					1: 1.0000	2: 0.0000
7	1	-1.0000	Liap	Y	DK	0.0000	1: 1.0000	
	2	-1.0000					1: 1.0000	2: 0.0000
	3	0.0000					1: 0.0000	2: 1.0000
6	1	-1.0000	Liap	Y	DK	0.0000	1: 0.6667	2: 0.3333
	2	-1.3333					1: 1.0000	2: 0.0000
	3	-1.0000					1: 0.6667	2: 0.3333
5	1	-1.3333	Liap	Y	DK	0.0000	1: 1.0000	
	2	-1.0000					1: 0.6667	2: 0.3333
	3	-1.0000					1: 0.6667	2: 0.3333
4	1	0.0000	Liap	Y	DK	0.0000	1: 0.0000	2: 1.0000
	2	-1.0000					1: 1.0000	
	3	-1.0000					1: 1.0000	
3	1	-1.0000	Liap	Y	DK	0.0000	1: 0.6667	2: 0.3333
	2	-1.0000					1: 0.6667	2: 0.3333
	3	-1.3333					1: 1.0000	2: 0.0000
2	1	-2.8660	Liap	Y	DK	0.0000	1: 0.2113	2: 0.7887
	2	-2.8660					1: 0.2113	2: 0.7887
	3	-2.8660					1: 0.2113	2: 0.7887
1	1	-1.1340	Liap	Y	DK	0.0000	1: 0.7887	2: 0.2113
	2	-1.1340					1: 0.7887	2: 0.2113
	3	-1.1340					1: 0.7887	2: 0.2113

Die obigen Lösungen Nummer 1 und 2 entsprechen den von Vorob'ev ([77]) angegebenen:

1. alle drei Firmen wählen die Strategie 1 mit Wahrscheinlichkeit $\frac{1}{3+\sqrt{3}} = 0.2113$

2. alle drei Firmen wählen die Strategie 1 mit Wahrscheinlichkeit $\frac{1}{3-\sqrt{3}} = 0.7887$

Man beachte hierbei

$$\frac{1}{3+\sqrt{3}} + \frac{1}{3-\sqrt{3}} = 1 \; .$$

Bei den obigen Lösungen Nummer 3, 5 und 6 wählt eine Firma die Strategie 1 mit Wahrscheinlichkeit 1, und die anderen beiden Firmen wählen sie mit Wahrscheinlichkeit $2/3 = 0.6667$.
Bei den obigen Lösungen Nummer 4, 7 und 8 wählen zwei Firmen die Strategie 1 mit Wahrscheinlichkeit 1, und die andere Firma wählt sie mit Wahrscheinlichkeit 0.

$\diamond$

3.5 Verfeinerung des Nash-Gleichgewichts

Für die praktische Anwendung gibt es hauptsächlich zwei Probleme mit dem Begriff des Nash-Gleichgewichts, nämlich das Vorhandensein mehrerer Gleichgewichte mit unterschiedlichen Auszahlungen und die manchmal nicht überzeugenden Strategien, die das Gleichgewicht bilden.
Als Beispiel für den ersten Fall sei der „Kampf der Geschlechter"(siehe Seite 12) genannt. Als Beispiel für den zweiten Fall dient das folgende Zweipersonen-Spiel aus van Damme ([17, Seite 13]):

Beispiel 21:

	s_1^2	s_2^2
s_1^1	(1,1)	(0,0)
s_2^1	(0,0)	(0,0)

Es gibt keinen Grund das Nash-Gleichgewicht (s_2^1, s_2^2) dem Nash-Gleichgewicht (s_1^1, s_1^2) vorzuziehen. $\diamond$

Diese Problematik hat eine Unzahl von Artikeln mit Vorschlägen von verfeinerten Gleichgewichtsdefinitionen, die die Anzahl der Nash-Gleichgewichte einschränken, hervorgebracht. In van Damme ([17]) findet sich eine zusammenfassende Besprechung fast aller dieser Kriterien. Wir verwenden Teile dieses Buches als hauptsächliche Grundlage dieses Abschnitts. Wir betrachten hier nur den Fall der gemischten Erweiterung endlicher Spiele.
Einen (vorläufigen) Schlusspunkt schien hier die Tracing-Procedure von Harsanyi ([25]) aus dem Jahre 1975 zu setzen. Eine ausführliche Beschreibung

dieser Methode mit Beispielen findet sich in Harsanyi und Selten ([27]). Anscheinend war aber Harsanyi mit diesem eindeutigen Auswahlkriterium nicht zufrieden, denn im Jahre 1995 hat er ([26]) ein weiteres neues Auswahlkriterium für Nash-Gleichgewichte angegeben. Grob gesprochen beruht dieses Kriterium auf Risikowahrscheinlichkeiten, die sich auf das Lebesgue-Maß von Spielhypothesen beziehen. Die weitere Diskussion unter Experten wird zeigen, ob und/oder welches eindeutige Auswahlkriterium allgemein akzeptiert wird.

Im folgenden wird die bekannteste dieser Verfeinerungen, nämlich das „perfekte"Gleichgewicht von Selten ([64]) behandelt.

Der Ausgangspunkt für diesen Ansatz ist die Annahme, dass jeder Spieler mit kleiner Wahrscheinlichkeit Ungenauigkeiten begeht. Das wird so interpretiert, dass jeder Spieler alle Strategien mit einer positiven, wenn auch kleinen Wahrscheinlichkeit spielt. Er verwendet also nur stark gemischte Strategien mit der Bedingung, dass alle Komponenten $\geq \eta$ sind mit einem kleinen $\eta > 0$. Etwas allgemeiner wird η für alle Strategienkomponenten als verschieden zugelassen $\hat{s}_j^i \geq \eta_j^i$. Jedem endlichen Spiel Γ wird daher ein η-gestörtes Spiel Γ_η zugeordnet.

Definition 3.9 *Ein Spiel $\hat{\Gamma}_\eta = (\mathcal{A}, \hat{\mathcal{S}}(\eta), \mathcal{U})$ heißt das $\hat{\Gamma} = (\mathcal{A}, \hat{\mathcal{S}}, \mathcal{U})$ zugeordnete η-gestörte Spiel, wenn*

$$\hat{\mathcal{S}}^i(\eta^i) = \{\hat{s}^i | \hat{s}_j^i \geq \eta_j^i > 0, \sum_{j=1}^{n^i} \hat{s}_j^i = 1\} \tag{3.102}$$

$$\hat{\mathcal{S}}(\eta) = \prod_{i=1}^{m} \hat{\mathcal{S}}^i(\eta^i) \ . \tag{3.103}$$

Bemerkung. Das gestörte Spiel ist nicht die gemischte Erweiterung eines anderen Spieles. Die Strategienmengen sind aber immer noch konvex und wenn wir nur solche η mit $\sum_{j=1}^{n^i} \eta_j^i < 1$ betrachten gilt auch $\mathcal{S}(\eta) \neq \emptyset$. Die Existenz eines Gleichgewichtspunktes ist dann nach Satz 2.12 gesichert. Es gilt folgende Beziehung.

Satz 3.21 *Eine Strategienkombination $\hat{s} \in \hat{\mathcal{S}}_\eta$ ist ein Nash-Gleichgewicht des gestörten Spiels $\hat{\Gamma}_\eta$ genau, wenn für alle Spieler $i = 1, \ldots, m$ und alle reinen Strategien $j = 1, \ldots, n_i$ die Aussage gilt*

$$\{U^i(s_j^i, \hat{s}^{-i}) < U^i(\hat{s}^i, \hat{s}^{-i})\} \Rightarrow \hat{s}_j^i = \eta_j^i$$

Beweis:

Satz (3.2) anders ausgedrückt behauptet, dass genau für $s_j^i \notin \mathcal{T}(\hat{s})$ bezüglich des ungestörten Spiels $\hat{\Gamma}$ gilt

$$U^i(s_j^i, \hat{s}^{-i}) < U^i(\hat{s}^i, \hat{s}^{-i}) \ .$$

Im gestörten Spiel muss dann $\hat{s}_j^i$ möglichst klein sein, d.h. $\hat{s}_j^i = \eta_j^i$. $\diamond$

Definition 3.10 *Ein Nash-Gleichgewicht $\hat{s}$ des Spiels $\hat{\Gamma} = (\mathcal{A}, \hat{\mathcal{S}}, \hat{\mathcal{U}})$ heißt ein perfektes Gleichgewicht , wenn $\hat{s}$ Häufungspunkt einer Folge $(s_\eta)_{\eta \downarrow 0}$ ist, bei der jedes Folgenglied ein Nash-Gleichgewicht des zugeordneten η-gestörten Spiels ist.*

Satz 3.22 (Selten [64]) *Jede gemischte Erweiterung eines endlichen Spieles besitzt ein perfektes Gleichgewicht*

Beweis:
Da $(\hat{s}_\eta)_{\eta \downarrow 0}$ eine Folge in der kompakten Menge $\mathcal{S}$ ist, hat sie mindestens einen Häufungspunkt $\hat{s} \in \hat{\mathcal{S}}$. Wir greifen nun einen solchen Häufungspunkt $\hat{s}^*$ heraus. Hierzu existiert eine Teilfolge $^t\hat{s}^*$ der Folge $(\hat{s}_\eta)_{\eta \downarrow 0}$, die gegen $\hat{s}^*$ konvergiert. Wegen der Gleichgewichtseigenschaft der Folgenglieder gilt

$$U^i(^t\hat{s}^{i*}, {}^t\hat{s}^{-i*}) \geq U^i(\hat{s}^i, {}^t\hat{s}^{-i*}) \quad \forall\, \hat{s}^i \in \hat{\mathcal{S}}^i(^t\eta) \quad i = 1, \ldots, m$$

Lassen wir nun $t \to \infty$ gehen, folgt wegen der Stetigkeit der Auszahlung U^i

$$U^i(\hat{s}^{i*}, \hat{s}^{-i*}) \geq U^i(\hat{s}^i, \hat{s}^{-i*}) \quad \forall \hat{s}^i \in \mathcal{S}^i \quad \forall\, i = 1, \ldots, m$$

Damit ist gezeigt, dass $\hat{s}^{i*}$ ein Nash-Gleichgewicht des Spiels $\hat{\Gamma}$ ist. $\diamond$

Zum Beweis und zur Formulierung des nächsten Satzes benötigen wir noch eine Definition, die von Myerson ([50]) eingeführt wurde.

Definition 3.11 *Seien ein Spiel $\hat{\Gamma} = (\mathcal{A}, \hat{\mathcal{S}}, \hat{\mathcal{U}})$, und davon eine Strategienkombination $\hat{s} \in \hat{\mathcal{S}}$ gegeben und ein $\epsilon > 0$. $\hat{s}$ ist ein ϵ-perfektes Gleichgewicht von $\hat{\Gamma}$, falls $\hat{s}$ stark gemischt ist, und für alle Spieler $i = 1, \ldots, m$ und alle reinen Strategien $j = 1, \ldots, n_i$ die Aussage gilt*

$$\{U^i(s_j^i, \hat{s}^{-i}) < U^i(\hat{s}^i, \hat{s}^{-i})\} \Rightarrow \hat{s}_j^i \leq \epsilon \tag{3.104}$$

Satz 3.23 *Seien ein Spiel $\hat{\Gamma} = (\mathcal{A}, \hat{\mathcal{S}}, \hat{\mathcal{U}})$ und davon eine Strategienkombination $\hat{s} \in \hat{\mathcal{S}}$ gegeben. Folgende drei Aussagen sind äquivalent:*

    1. $\hat{s}$ ist ein perfektes Gleichgewicht.

2. $\hat{s}$ ist der Grenzwert einer Folge $(\hat{s}_\epsilon)_{\epsilon\downarrow 0}$, deren Folgenglieder $\hat{s}_\epsilon$ ϵ-perfekte Gleichgewichte von $\hat{\Gamma}$ für alle $\epsilon > 0$ sind.

3. $\hat{s}$ ist der Grenzwert einer Folge, deren Folgenglieder $\hat{s}_\epsilon$ Kombinationen von stark gemischten Strategien sind mit der zusätzlichen Eigenschaft, dass $\hat{s}$ die beste Antwort für jedes Folgenglied ist.

Beweis:

$(1) \Rightarrow (2)$ Sei $\hat{s}$ Häufungspunkt einer Folge $(\hat{s}_\eta)_{\eta\downarrow 0}$ nach Definition (3.10). Mit $\epsilon = \max_{j,i} \eta_j^i$ ist dann $\hat{s}$ ein ϵ-perfektes Gleichgewicht von $\hat{\Gamma}$

$(2) \Rightarrow (3)$ Sei nun $(\hat{s}_\epsilon)_{\epsilon\downarrow 0}$ eine Folge von ϵ-perfekten Gleichgewichten des Spiels $\hat{\Gamma}$, die gegen $\hat{s}$ konvergiert. Seien nun alle ϵ klein genug. Dann ist nach Definition (3.11) und nach Satz (3.21) jedes Element des Trägers $\mathcal{T}(\hat{s})$ eine beste Antwort für jedes $\hat{s}_\epsilon$. Somit ist auch $\hat{s}$ eine beste Antwort für alle Folgenglieder.

$(3) \Rightarrow (1)$ Sei nun die Folge $(\hat{s}_\epsilon)_{\epsilon\downarrow 0}$ gegen $\hat{s}$ konvergent. Mit der Definition

$$\eta_j^i(\epsilon) = \begin{cases} s_{\epsilon,j}^i & \text{falls } s_j^i \notin \mathcal{T}(s^i) \\ \epsilon & \text{sonst} \end{cases}$$

konvergiert $\eta(\epsilon)$ mit ϵ gegen 0. Mit $\hat{s}_\epsilon \in \hat{S}(\eta(\epsilon))$ und Satz (3.21) ist $\hat{s}_\epsilon$ Nash-Gleichgewicht von $\Gamma_{\eta(\epsilon)}$. Nach Definition (3.10) ist dann $\hat{s}$ ein perfektes Gleichgewicht. $\diamond$

Bemerkung. Die Aussage (3) dieses Satzes findet sich bereits in Selten ([64]) und wird in Osborne und Rubinstein ([56]) als Definition verwendet und als „perfektes Gleichgewicht der zitternden Hand"bezeichnet.

Beispiel 22 [Fortsetzung von Beispiel 21]:
Wir betrachten folgende Strategien

$$\hat{s}_\epsilon^1 = (1-\epsilon, \epsilon)^T \quad \hat{s}_\epsilon^2 = (1-\epsilon, \epsilon)^T$$

mit den Auszahlungen

$$\hat{U}^i(\hat{s}_\epsilon^1, \hat{s}_\epsilon^2) = (1-\epsilon)^2 \quad i = 1, 2 \,.$$

Wegen

$$\hat{U}^1(s_1^1, \hat{s}_\epsilon^2) = (1 - \epsilon)$$

$$\hat{U}^2(\hat{s}_\epsilon^1, s_1^2) = (1 - \epsilon)$$

$$\hat{U}^1(s_2^1, \hat{s}_\epsilon^2) = \hat{U}^2(\hat{s}_\epsilon^1, s_2^2) = 0$$

sind s_1^1 bzw s_1^2 die jeweils besten Antworten für alle Folgenglieder $\hat{s}_\epsilon = (\hat{s}_\epsilon^1, \hat{s}_\epsilon^2)$. Damit ist nach Satz (3.23, Aussage 3) (s_1^1, s_1^2) ein perfektes Gleichgewicht. Offensichtlich ist (s_2^1, s_2^2) kein perfektes Gleichgewicht. $\diamond$

Wie wir aus Abschnitt 3.1.2 wissen, kommen stark dominierte Strategien für Gleichgewichte nicht in Frage, jedoch schwach dominierte.

Definition 3.12 *Ein Nash-Gleichgewicht $s^* = (s^{*1}, \ldots, s^{*m})$ heißt undominiert, wenn alle zugehörigen Strategien s^{*i} der einzelnen Spieler undominiert sind.*

Satz 3.24 *Jedes perfekte Gleichgewicht ist undominiert.*

Beweis:
Nach Definition der schwachen Dominanz kann eine schwach dominierte Strategie niemals beste-Antwort für eine stark gemischte Strategie sein. $\diamond$

Aufgabe 26:
Verifizieren Sie an Hand des folgenden Beispiels aus van Damme ([17, Seite 29]) dass nicht jedes Nash-Gleichgewicht und auch nicht jedes undominierte Nash-Gleichgewicht ein perfektes Gleichgewicht ist.
Es ist dies ein Spiel mit drei Spielern, die jeweils zwei Strategien haben. Die folgenden beiden Matrizen geben die Auszahlungen für Spieler 1, 2 und 3, in dieser Reihenfolge an. Spieler 1 wählt eine Zeile aus, Spieler 2 eine Spalte und Spieler 3 eine Matrix.

		s_1^2	s_2^2			s_1^2	s_2^2
s_1^3	s_1^1	(1,1,1)	(1,0,1)	s_2^3	s_1^1	(1,1,0)	(0,0,0)
	s_2^1	(1,1,1)	(0,0,1)		s_2^1	(0,1,0)	(1,0,0)

Zeigen Sie, dass die Strategientripel (s_2^1, s_1^2, s_1^3) und (s_1^1, s_1^2, s_1^3) Nash-Gleichgewichte sind und nur das Tripel (s_1^1, s_1^2, s_1^3) ein perfektes Gleichgewicht ist.

Der folgende Satz über den engen Zusammenhang von Bimatrix-Spiel und perfektem Gleichgewicht wurde gleichzeitig von van Damme und anderen gefunden.

Satz 3.25 *Nash-Gleichgewichte der gemischten Erweiterung eines Zweipersonen-Spieles (Bimatrix-Spiel) sind genau dann perfekte Gleichgewichte, wenn sie undominiert sind.*

Beweis:
Wir richten uns nach van Damme ([17, Seite 50]).
Es ist noch zu zeigen, dass eine undominierte Gleichgewichts-Strategienkombination $\hat{s}^* = (\hat{s}^{1*}, \hat{s}^{2*})$ aller Spieler ein perfektes Gleichgewicht ist.
Zu diesem Zweck betrachten wir das nach Satz (3.17) zugeordnete Zweipersonen-Nullsummen-Spiel Γ^0 zum Test der Undominiertheit von $\hat{s}^{1*}$. Nach diesem Satz gibt es einen Sattelpunkt $(\hat{s}^{10}, \hat{s}^{20})$ von Γ^0 mit einem stark gemischten $\hat{s}^{20}$. Dieses $\hat{s}^{20}$ ist in dem jetzigen Fall auch tatsächlich eine Strategie für den zweiten Spieler im ursprünglichen Spiel, da es nur einen solchen gibt.
Es ist nach Definition $\hat{s}^{1*}$ eine beste Antwort auf $\hat{s}^{2*}$ im Spiel Γ.
Da $\hat{U}^0(\hat{s}^{10}, \hat{s}^{20}) = 0$ und $\hat{U}^0(\hat{s}^{10}, s^2) = 0$ für alle s^2 nach dem Beweis zu Satz (3.17), ist $\hat{s}^{1*}$ im Spiel Γ auch eine beste Antwort auf $\hat{s}^{20}$.
Die Strategie $\hat{s}^{1*}$ ist daher $\forall \varepsilon \in (0, 1)$ eine beste Antwort auf die stark gemischte Strategie $^\varepsilon s^2 = (1 - \varepsilon)\hat{s}^{2*} + \varepsilon\hat{s}^{20}$. Ausserdem gilt

$$\lim_{\varepsilon \to 0} {}^\varepsilon s^2 = \hat{s}^{2*} .$$

Analog weist man das Entsprechende für $\hat{s}^{1*}$ nach.
Damit ist die Perfektheit eines undominierten Nash-Gleichgewichts eines Bimatrixspiels gezeigt. ◇

Okada [55] hat bewiesen, dass für eine Spielerzahl $m \geq 3$ die Umkehrung von Satz 3.24 nicht gilt. Er hat auch Beispiele dazu angegeben. Siehe auch die undominierte Strategienkombination (s_2^1, s_1^2, s_1^3) des obigen Beispiels 22.

Bemerkung. An dieser Stelle sei auf Abschnitt (3.2.5) verwiesen, wo der Test auf Undominiertheit einer Strategie $\hat{s}^{i*}$ als lineares Optimierungsproblem formuliert wurde.

Aufgabe 27:
Bleibt die Eigenschaft, ein perfektes Gleichgewicht zu sein, bei erweitert linear-äquivalenten Spielen erhalten?

Aufgabe 28:

Sind die drei Nash-Gleichgewichte des Spiels „Kampf der Geschlechter" perfekte Gleichgewichte?

Aufgabe 29:

Wir betrachten folgendes Fernseh-Werbeproblem. Drei Firmen möchten ihre konkurrierenden Produkte für die nahen Feiertage als passende Geschenkidee anpreisen. Jede Firma hat die Möglichkeit ihre Werbung entweder beim Frühstücksfernsehen oder am Abend vor der Tagesschau zu plazieren. Wenn mehr als eine Firma zur gleichen Werbezeit ihr Produkt anpreist, so kommt

	Auszahlung		
Strategie	Firma1	Firma2	Firma3
(1,1,1)	0	0	0
(1,1,2)	0	0	2
(1,2,1)	0	2	0
(1,2,2)	1	0	0
(2,1,1)	2	0	0
(2,1,2)	0	1	0
(2,2,1)	0	0	1
(2,2,2)	0	0	0

Tabelle 3.5

sich der potentielle Käufer veralbert vor und die Werbung dieser Firmen schlägt fehl. Die Firma, der es gelingt, allein am Morgen zu werben, kann eine Menge von 1 Einheit verkaufen; die Firma, der es gelingt, allein am Abend zu werben, kann eine Menge von 2 Einheiten verkaufen. Es ergeben sich die nebenstehenden Auszahlungen.

Die gemischten Strategien der Firmen 1, 2 bzw. 3 seien mit $(x_1, 1 - x_1)^T$, $(x_2, 1 - x_2)^T$ bzw. $(x_3, 1 - x_3)^T$ bezeichnet. Zeigen Sie, dass $x_1 = x_2 = x_3 = \sqrt{2} - 1$ ein Nash-Gleichgewicht ist.

Verifizieren Sie dieses Nash-Gleichgewicht auch mit dem Gambit-Programm. Liefert dieses Programm noch weitere Nash-Gleichgewichte?

Welche Nash-Gleichgewichte sind perfekte Gleichgewichte?

4 Spiele in extensiver Form

4.1 Definition

Es werden hier Spiele betrachtet, die als Folge von Spielzügen gegeben sind, die in einer gewissen Reihenfolge von endlich vielen Spielern gemacht werden. Spiele dieser Art werden in mathematischer Hinsicht bereits im Buch von v.Neumann-Morgenstern ([54]) besprochen. Die Darstellung hier orientiert sich an Kuhn aus dem Jahre 1953 ([37]) .
Anschaulich kann jedes solche Spiel graphentheoretisch als Baum (Spielbaum) dargestellt werden. Der Wurzelpunkt ist der Start des Spieles.
Um Zufallseinflüsse modellieren zu können, wird ein zusätzlicher Spieler eingeführt, der hier die Nummer „0" erhält. Des Weiteren wird noch zusätzlich modelliert, dass ein Spieler, der am Zug ist, eventuell nicht über die vorangehende Aktion informiert ist (etwa, wenn mehrere Spieler gleichzeitig ziehen, d.h. sie wählen ihre Strategie unabhängig voneinander). Die Beschreibung des Spielbaumes drücken wir durch Spielabläufe, d.h. Folgen von Spielzügen aus: $\mathfrak{a} = (^{k}z)_{k=1,\dots,K}$. Die Folge $\mathfrak{a}' = (^{k}z)_{k=1,\dots,K+1}$ wird als Verlängerung der Folge $\mathfrak{a}$ betrachtet. Verlängerungen werden manchmal auch allgemeiner als $\mathfrak{a}'' = (\mathfrak{a}, \mathfrak{a}')$ geschrieben. Die leere Folge, d.h. die Folge der Länge Null wird mit $\mathfrak{n}$ bezeichnet. Die Menge aller Spielzüge, aus der die Folgenglieder genommen sind, wird mit $\mathcal{Z}$ bezeichnet.

Definition 4.1 *Eine Menge $\mathcal{B}$ von endlichen oder unendlichen Folgen $(^{k}z)_{k=1,\dots,K}.K = 0,1,\dots$ heißt Spielbaum, falls sie folgende Eigenschaften hat:*

(1) $\mathfrak{n} \in \mathcal{B}$.

(2)

$$(^{k}z)_{k=1,\dots,K} \in \mathcal{B} \Rightarrow (^{k}z)_{k=1,\dots,L} \in \mathcal{B} \quad \forall L \leq K$$

(3)

$$(^{k}z)_{k=1,\dots} \in \mathcal{B} \Rightarrow (^{k}z)_{k=1,\dots L} \in \mathcal{B} \quad \forall L \geq 0$$

Die Elemente von $\mathcal{B}$ heißen auch Spielstände, Spielabläufe, Spielhistorien oder kurz Historien.

Definition 4.2 *Die Elemente einer Teilmenge $\mathcal{F}$ von $\mathcal{B}$, die alle unendlichen Folgen und diejenigen endlichen Folgen $(^{k}z)_{k=1,\ldots,K}$ enthält, für die keine Fortsetzung $(^{k}z)_{k=1,\ldots,K+1}$ in $\mathcal{B}$ existiert, heißen terminal (oder final) (Spielenden!).*

Definition 4.3 *Für $\mathfrak{a} \in \mathcal{B}\backslash\mathcal{F}$ heißen die Elemente der Menge*

$$\mathcal{Z}(\mathfrak{a}) = \{z | (\mathfrak{a}, z) \in \mathcal{B}\}$$

Spielzüge (im Anschluss an die Historie $\mathfrak{a}$).Die Menge aller Spielzüge hat die Darstellung

$$\mathcal{Z} = \bigcup_{\mathfrak{a}\in\mathcal{B}\backslash\mathcal{F}} \mathcal{Z}(\mathfrak{a}) \ .$$

Beispiel 23:

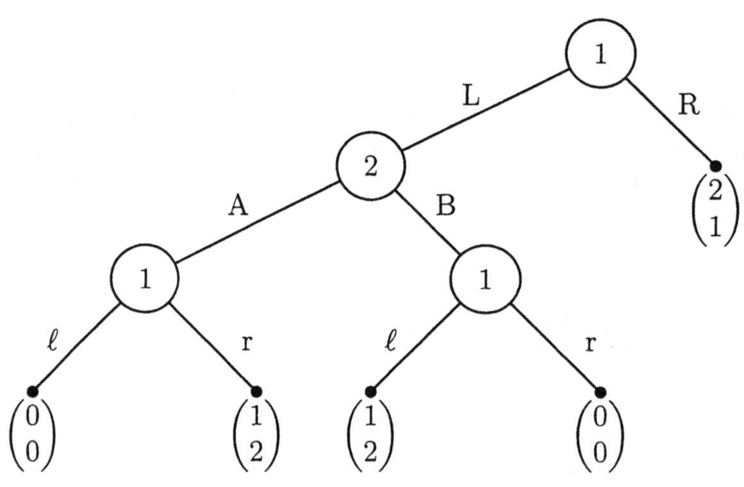

Abbildung 4.1

◇

Definition 4.4 *Das 6-Tupel $\Gamma = (\mathcal{A}, \mathcal{B}, \mathcal{P}, (w_{\mathfrak{a}})_{\mathfrak{a}:\, \mathcal{P}(\mathfrak{a})=0}, (\mathcal{I}^{0}, \mathcal{I}^{1}, \ldots, \mathcal{I}^{m}), _{e}\mathcal{U})$ heißt ein Spiel in extensiver Form, wenn*

   1. $\mathcal{A} = \{1, 2, \ldots, m\}$ die Menge der (eigentlichen) Spieler;

2. $\mathcal{B}$ *ein Spielbaum;*

3. $\mathcal{P}$ *eine Funktion ist, mit*

$$\mathcal{P} : \mathcal{B}\backslash\mathcal{F} \to \mathcal{A} \cup \{0\} \ \ und \ \mathcal{P}^{-1}(\{i\}) \neq \emptyset \ \ \ \forall i = 1, 2, \ldots, m \ ,$$

wobei $\mathcal{F}$ die Menge der terminalen Spielabläufe von $\mathcal{B}$ ist.

4. $w_{\mathfrak{a}}$ *für jedes $\mathfrak{a} \in \mathcal{B}\backslash\mathcal{F}$ mit $\mathcal{P}(\mathfrak{a}) = 0$ eine Wahrscheinlichkeitsverteilung auf der Menge $\mathcal{Z}(\mathfrak{a})$ ist, die angibt mit welcher Wahrscheinlichkeit ein Spielzug aus $\mathcal{Z}(\mathfrak{a})$ die Historie $\mathfrak{a}$ fortsetzt $\left(\sum_{z\in\mathcal{Z}(\mathfrak{a})} w_{\mathfrak{a}}(z) = 1\right).$*

5. *für $i = 0, 1, \ldots, m$ jeweils eine Partition $\mathcal{I}^i = (I_1^i, \ldots, I_{k_i}^i)$ der Menge $\mathcal{B}^i = \{\mathfrak{a} \in \mathcal{B} | \mathcal{P}(\mathfrak{a}) = i\}$ gegeben ist, bei der für je zwei verschiedene Elemente $\mathfrak{a}'$ und $\mathfrak{a}''$ aus dem gleichen Element I_j^i der Partition $\mathcal{I}^i$ die Beziehung $\mathcal{Z}(\mathfrak{a}') = \mathcal{Z}(\mathfrak{a}'') \ (= \mathcal{Z}(I_j^i)$ gilt.*

6. $_e\mathcal{U}$ *eine Auszahlungsfunktion $_e\mathcal{U} : \mathcal{F} \to \mathbb{R}^m$ ist, die für jedes $t \in \mathcal{F}$ eine Auszahlung für jeden Spieler $i \in \mathcal{A}$ angibt.*

Definition 4.5 *Ein extensives Spiel Γ heißt endlich, wenn $\mathcal{B}$ endlich ist. Es heißt mit endlichem Horizont , wenn die Längen der terminalen Elemente $\mathcal{F}$ beschränkt sind. Als Länge $\mathfrak{l}(\Gamma)$ eines Spiels bezeichnet man die Länge des längsten Elements von $\mathcal{B}$.*

Bemerkung. Bei manchen Gesellschaftsspielen wird gewürfelt oder Karten werden gemischt (d.h. in eine zufällige Reihenfolge gebracht). Bei vielen wirtschaftlichen Problemen sind Werte von Einflußgrößen unbekannt, z.B. der Zinssatz im nächsten Jahr. Dies alles und Ähnliches kann als ein Spielzug des Spielers 0 modelliert werden.

Die Folgen aus $\mathcal{B}$ sind alle möglichen Spielverlaufsabschnitte(Historien). Die leere Folge ist der Start des Spieles. Die Elemente der Folgen sind Spielzüge, Aktionen der einzelnen Spieler, die meist abwechselnd zum Zug kommen. $\mathcal{P}(\mathfrak{a})$ ist der Spieler, der nach der Historie $\mathfrak{a}$ an der Reihe ist. Ihm stehen gewisse Spielzüge, nämlich die aus der Menge $\mathcal{Z}(\mathfrak{a})$ zur Verfügung. Im graphentheoretischen Sinne beschreibt $\mathcal{B}$ einen Baum mit Wurzel $\mathfrak{n}$.

Die Elemente der Menge $\mathcal{F}$ repräsentieren Endzustände des Spieles. Es sind diejenigen Spielzustände, bei denen jedem Spieler sein Spielergebnis zugeteilt wird.

Die Elemente der Partitionen $\mathcal{I}^i$ von $\mathcal{B}^i$ stellen die Spielzustände dar, die der Spieler, der bei dieser Situation an die Reihe kommt, nicht unterscheiden kann. Man spricht hier von einer Informationsmenge oder einer Informationspartition. Daher muss die Menge der Spielzüge für jedes Element einer Informationsmenge identisch sein (d.h. $\mathcal{Z}(\mathfrak{a}') = \mathcal{Z}(\mathfrak{a}'')$).

Beispiel 24 [Fortsetzung Beispiel 23]:
Hier ist

$$\mathcal{B} = \{\mathfrak{n}, (R), (L), (L, A), (L, A, \ell), (L, A, r), (L, B), (L, B, \ell), (L, B, r)\}$$
$$\mathcal{F} = \{(R), (L, A, \ell), (L, A, r), (L, B, \ell), L, B, r)\}$$
$$\text{für } \mathfrak{a} \in \mathcal{B} \backslash \mathcal{F} : P(\mathfrak{n}) = 1, P((L)) = 2 \,.$$

◇

Definition 4.6 *Ein Spiel* $\Gamma = (\mathcal{A}, \mathcal{B}, \mathcal{P}, (w_\mathfrak{a})_\mathfrak{a}, (\mathcal{I}^0, \mathcal{I}^1, \ldots, \mathcal{I}^m), {}_e\mathcal{U})$ *heißt ein Spiel mit perfekter Information, falls für alle* i *alle Elemente von* $\mathcal{I}^i$ *ein-elementig sind. In allen anderen Fällen spricht man von einem Spiel ohne perfekte Information.*

Beispiel 25 [Spiel mit nicht perfekter Information]:

Für den Spieler 1 gilt: $\mathcal{I}^1 = \{I_1^1, I_2^1\}$, $I_1^1 = \{\mathfrak{n}\}$, $I_2^1 = \{(L, A), (L, B)\}$.
Für den Spieler 2 gilt: $\mathcal{I}^2 = \{I_1^2\}$, $I_1^2 = \{(L)\}$

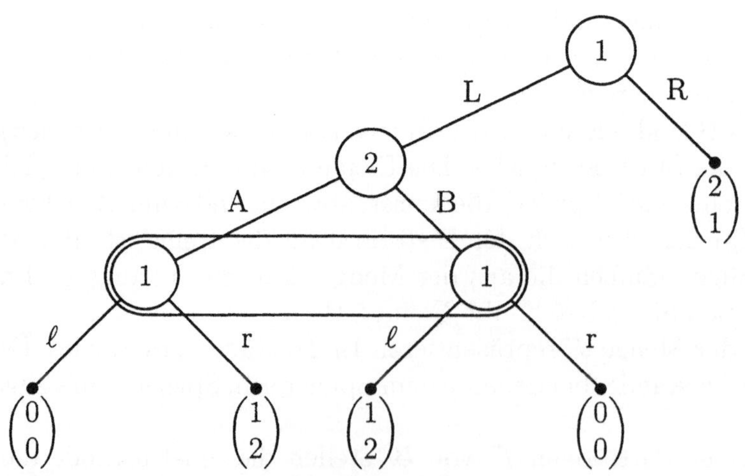

◇   Abbildung 4.2

Beispiel 26 [Umweltschutzproblem, Fortsetzung von Beispiel 20]:
Spiele, bei denen alle Spieler gleichzeitig eine Strategie wählen, können als
extensive Spiele ohne perfekte Information dargestellt werden.

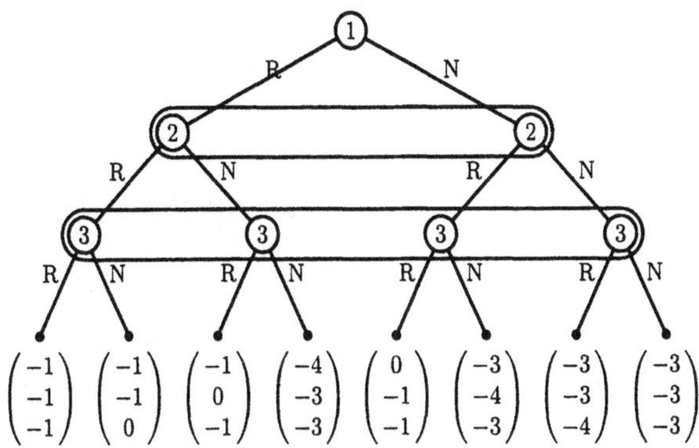

Abbildung 4.3

◇

Bemerkung. Man spricht von einem Spiel Γ mit vollständiger Infor-
mation, wenn jeder Spieler über alle Komponenten $(\mathcal{A}, \mathcal{B}, \mathcal{P}, (w_\mathfrak{a})_{\mathfrak{a}:\,\mathcal{P}(\mathfrak{a})=0}$,
$(\mathcal{I}_0, \mathcal{I}_1, \ldots, \mathcal{I}_m),\ _e\mathcal{U})$ des Spieles informiert ist, andernfalls nennt man es ein
Spiel mit unvollständiger Information, siehe Friedman [20]. Wir betrachten
hier nur Spiele mit vollständiger Information.

4.2   Spiele mit perfekter Information

Extensive Spiele mit perfekter Infomation können auch abgekürzt dargestellt
werden durch $\Gamma = (\mathcal{A}, \mathcal{B}, \mathcal{P}, (w_\mathfrak{a})_{\mathfrak{a}:\,\mathcal{P}(\mathfrak{a})=0},\ _e\mathcal{U})$, da die Informationspartitionen
nur einelementige Mengen enthalten.

Definition 4.7 (Strategien) *Gegeben sei ein Spiel mit perfekter Information*

$$\Gamma = (\mathcal{A}, \mathcal{B}, \mathcal{P}, (w_\mathfrak{a})_{\mathfrak{a}:\,\mathcal{P}(\mathfrak{a})=0},\ _e\mathcal{U})$$

in extensiver Form.
*Sei $\mathcal{B}^i = \{\mathfrak{a} \in \mathcal{B} | \mathcal{P}(\mathfrak{a}) = i\}$. Als (reine) Strategie s^i des Spielers $i \in \mathcal{A} \cup \{0\}$
bezeichnet man eine Funktion*

$$s^i : \mathcal{B}^i \to \mathcal{Z} \ \text{mit} \ s^i(\mathfrak{a}) \in \mathcal{Z}(\mathfrak{a}) \quad \forall \mathfrak{a} \in \mathcal{B}^i \ . \tag{4.1}$$

Falls $\mathcal{B}^i$ endlich ist, kann s^i offensichtlich auch als Vektor dargestellt werden.

Die Menge aller Strategien des i-ten Spielers wird mit $\mathcal{S}^i$ bezeichnet.

Falls $_e\mathcal{U}$ eine skalare Auszahlung an die eigentlichen Spieler darstellt, wird die Auszahlung für einen eigentlichen Spieler bei der Strategienkombination $(s^1, s^2, \ldots, s^m)$ als Erwartungswert festgelegt:

$$U^i(s^1, s^2, \ldots, s^m) = \sum_{s^0 \in \mathcal{S}^0} {_e}U^i(s^0, s^1, \ldots, s^m) \operatorname{prob}(s^0) \ . \tag{4.2}$$

Hierbei bezeichnet $\operatorname{prob}(s^0)$ die Wahrscheinlichkeit der Strategie s^0 (die sich aus $(w_\mathfrak{a})_{\mathfrak{a}:\, \mathcal{P}(\mathfrak{a})=0}$ ergibt)

Bemerkung. Jede Strategienkombination aller Spieler liefert einen terminalen Spielablauf, der eine Auszahlung an jeden Spieler ergibt.

Durch die Definition 4.7 der Strategien für extensive Spiele kann eine äquivalente Normalform $(\mathcal{A}, \mathcal{S}, \mathcal{U})$ angegebenen werden. Damit überträgt sich auch die Definition eines Nash-Gleichgewichts auf extensive Spiele. Zugleich können aber auch Besonderheiten eines Spiels, die nur an der extensiven Form ablesbar sind, in Betracht gezogen werden. Die Zuordnung von Normalform und extensiver Form ist nicht eineindeutig. Aus der Normalform kann ohne zusätzliches Wissen die extensive Form nicht zurückgewonnen werden.

Beispiel 27 [Fortsetzung von Beispiel 23]: Die Normalform dieses Spiels ergibt sich folgendermaßen.

$$\mathcal{B}^1 = \{\mathfrak{n}, (LA), (LB)\}$$
$$\mathcal{B}^2 = \{(L)\}$$

Die Strategien des ersten Spielers entnimmt man folgender Tabelle

Spielstand	$\mathfrak{n}$	(LA)	(LB)	
s_1^1	L	ℓ	ℓ	(L, ℓ, ℓ)
s_2^1	L	ℓ	r	(L, ℓ, r)
s_3^1	L	r	ℓ	(L, r, ℓ)
s_4^1	L	r	r	$(L, r, r))$
s_5^1	R	ℓ	ℓ	(R, ℓ, ℓ)
s_6^1	R	ℓ	r	(R, ℓ, r)
s_7^1	R	r	ℓ	(R, r, ℓ)
s_8^1	R	r	r	(R, r, r)

Die Strategien des zweiten Spielers entnimmt man folgender Tabelle

Spielstand	(L)	
s_1^2	A	(A)
s_2^2	B	(B)

Als Auszahlungen ergeben sich

	Auszahlungen	
	s_1^2	s_2^2
s_1^1	(0,0)	(1,2)
s_2^1	(0,0)	(0,0)
s_3^1	(1,2)	(1,2)
s_4^1	(1,2)	(0,0)
s_5^1	(2,1)	(2,1)
s_6^1	(2,1)	(2,1)
s_7^1	(2,1)	(2,1)
s_8^1	(2,1)	(2,1)

Nash-Gleichgewichte sind (s_j^1, s_1^2) und (s_j^1, s_2^2) für $j = 5, 6, 7, 8$.
Man beobachtet hier einen Effekt, der typisch ist für die Normalform eines extensiven Spiels, nämlich, dass die Strategien Nummer 5 bis 8 des ersten Spielers für ihn und den anderen Spieler die gleichen Auszahlungen liefern. Da es bei einem Spiel in Normalform nur auf die Auszahlungen ankommt, sind eigentlich drei dieser vier Strategien überflüssig. Ist die ursprüngliche Darstellung eines Spiels die Normalform, so scheinen solche Auszahlungsmatrizen unsinnig und kommen daher nicht vor.
Die folgende Definition führt den Begriff äquivalente Strategien ein. ◊

Definition 4.8 *Zwei Strategien* $^1 s^i$ *und* $^2 s^i$ *eines Spielers i heißen äquivalent, wenn die zugehörigen Auszahlungen für alle Strategienkombinationen der Mitspieler identisch sind, d.h.*

$$U^k(^1 s^i, s^{-i}) = U^k(^2 s^i, s^{-i}) \quad \forall s^{-i} \in \mathcal{S}^{-i} \quad \forall k \; .$$

Bemerkung. Bei äquivalenten Strategien muss nur ein Vertreter unter die Strategienmenge aufgenommen werden.

4.2.1   Perfektes Teilspiel-Gleichgewicht

Definition 4.9 *Für ein* $\mathfrak{a} \in \mathcal{B}$ *eines extensiven Spiels*

$$\Gamma = (\mathcal{A}, \mathcal{B}, \mathcal{P}, (w_\mathfrak{a})_{\mathfrak{a}:\, \mathcal{P}(\mathfrak{a})=0}, {}_e\mathcal{U})$$

mit perfekter Information ist ein Teilspiel $\Gamma(\mathfrak{a})$ *gegeben durch*

$$(\mathcal{A}|_\mathfrak{a}, \mathcal{B}|_\mathfrak{a}, \mathcal{P}|_\mathfrak{a}, (w_\mathfrak{h})_{\mathfrak{h}:\, \mathcal{P}|_\mathfrak{a}(\mathfrak{h})=0} {}_e\mathcal{U}|_\mathfrak{a}) \ . \tag{4.3}$$

Die einzelnen Komponenten des Teilspiels sind

1. *die Spieler*

$$\mathcal{A}|_\mathfrak{a} = \{i | \mathcal{B}^i|_\mathfrak{a} \neq \emptyset\} \ \text{wobei} \ \mathcal{B}^i|_\mathfrak{a} = \{\mathfrak{a}' | (\mathfrak{a}, \mathfrak{a}') \in \mathcal{B} \wedge \mathcal{P}(\mathfrak{a}, \mathfrak{a}') = i\} \ , \tag{4.4}$$

2. *der Spielbaum*

$$\mathcal{B}|_\mathfrak{a} = \{\mathfrak{a}' | (\mathfrak{a}, \mathfrak{a}') \in \mathcal{B}\}$$

3. *die Funktion, die angibt, welcher Spieler an der Reihe ist*

$$\mathcal{P}|_\mathfrak{a}(\mathfrak{a}') = \mathcal{P}(\mathfrak{a}, \mathfrak{a}') \ , \tag{4.5}$$

4. *die Strategien im Teilspiel*

$$s^i|_\mathfrak{a} : \mathcal{B}^i|_\mathfrak{a} \to \mathcal{Z} \ \text{mit} \ s^i|_\mathfrak{a}(\mathfrak{a}') = s^i(\mathfrak{a}, \mathfrak{a}') \quad \forall \mathfrak{a}' \in \mathcal{B}|_\mathfrak{a} \ , \tag{4.6}$$

5. *die Auszahlungen im Teilspiel*

    (a) falls es keine Zufallszüge gibt

$$_e\mathcal{U}|_\mathfrak{a}(s|_\mathfrak{a}) = {}_e\mathcal{U}(s) \quad \forall \, s|_\mathfrak{a} : s^i|_\mathfrak{a}(\mathfrak{a}') = s^i(\mathfrak{a}, \mathfrak{a}') \ ,$$

    (b) falls es Zufallszüge gibt

$$U^i(s^1|_\mathfrak{a}, {}^2|_\mathfrak{a}, \ldots, s^m|_\mathfrak{a}) = \sum_{s^0|_\mathfrak{a} \in \mathcal{S}^0|_\mathfrak{a}} {}_e U^i(s^0|_\mathfrak{a}, s^1|_\mathfrak{a}, \ldots, s^m|_\mathfrak{a}) \, \mathrm{prob}(s^0|_\mathfrak{a}) \ .$$

$$\tag{4.7}$$

Beispiel 28 [siehe ([56])]:

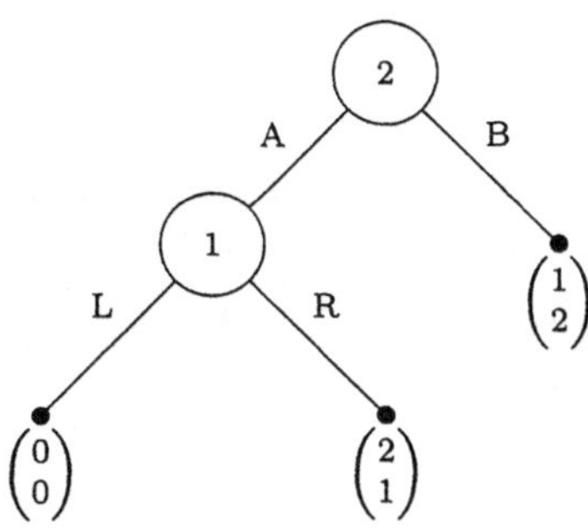

Abbildung 4.4

Auszahlungen und Strategien

	L	R
A	(0,0)	**(2,1)**
B	**(1,2)**	(1,2)

Nash-Gleichgewichte sind die Strategienkombinationen (A, R), (B, L).
Das Gleichgewicht (B, L) kann als Drohung des zweiten Spielers aufgefaßt werden, dass er L wählen würde, wenn der erste Spieler A statt B wählt. Die Auszahlung wäre jedoch auch für den zweiten Spieler besser, wenn er R wählen würde. Die Drohung des zweiten Spielers ist daher wenig überzeugend. Hieraus ergibt sich die nachfolgende Definition. ◇

Definition 4.10 *Ein perfektes Teilspiel-Gleichgewicht des Spieles* $\Gamma = (\mathcal{A}, \mathcal{B}, \mathcal{P}, {}_e\mathcal{U})$ *ist eine Strategienkombination* s^*, *so dass für jedes* $\mathfrak{a} \in \mathcal{B} \backslash \mathcal{F}$ $s^*|_\mathfrak{a}$ *ein Nash-Gleichgewicht in* $\Gamma(\mathfrak{a})$ *ist.*

Bemerkung. Diese Definition stammt von Selten ([64]).

Beispiel 29 [Stackelberg-Spiel ([75])]: Unter einem Stackelberg-Spiel versteht man im einfachsten Fall ein Zweipersonen-Spiel, bei dem ein Spieler, der Führer, eine Vorgabe gibt und der andere Spieler, Nachfolger genannt,

seine Entscheidung darauf aufbaut. Es ist dies ein extensives Spiel, bei dem
der „Führer" als erster am Zug ist. Nach Osborne und Rubinstein wird hierbei häufig als Gleichgewichtskriterium das perfekte Teilspiel-Gleichgewicht
gewählt. Als Beispiel wandeln wir das Spiel „Kampf der Geschlechter" im
Sinne von Stackelberg ab.

Im ersten Fall sei „Er" der Führer(Abbildung 4.5). Beachten Sie,
dass beim ursprünglichen Spiel, der zweite Spieler („Sie") nur die Informationsmenge $\{(K), (F)\}$ besitzen würde, hier wurde diese Menge aber aufgeteilt.
Es ergibt sich folgende Auszahlungsmatrix:

		Sie KK	KF	FK	FF
Er	K	**(1,3)**	(1,3)	(0,0)	(0,0)
	F	(0,0)	**(3,1)**	(0,0)	**(3,1)**

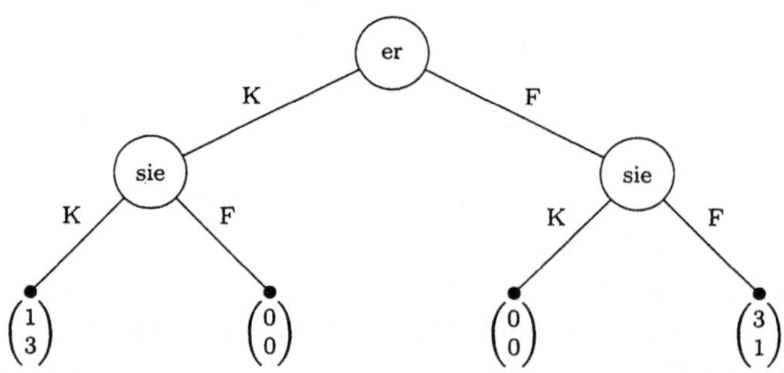

Abbildung 4.5

In dr Tabelle gibt bei der Strategie des zweiten Spielers („Sie") der erste
Buchstabe den Spielzug nach der Historie (K) und der zweite Buchstabe den
Spielzug nach der Historie (F) an.

Die fett gedruckten Auszahlungen repräsentieren Nash-Gleichgewichte, aber
nur die Strategienkombination (F, KF) ist ein perfektes Teilspiel-Gleichgewicht. Erwartungsgemäß bedeutet dieses, dass beide „Fußball" wählen.

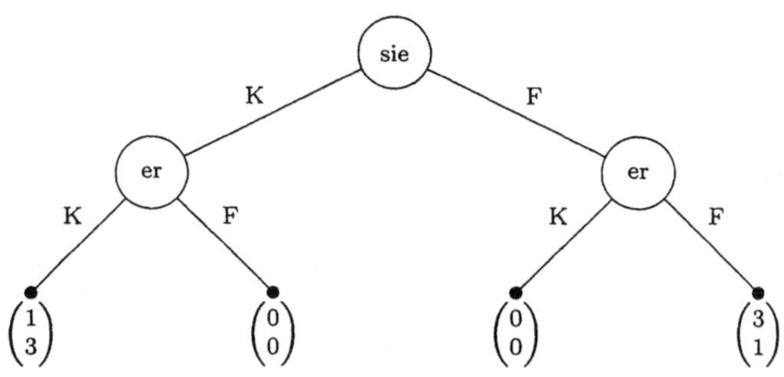

Abbildung 4.6

Im zweiten Fall sei „Sie" der Führer(Abbildung 4.6). Es ergibt sich folgende Auszahlungsmatrix:

		Sie	
		K	F
	KK	**(1,3)**	(0,0)
Er	KF	**(1,3)**	(3,1)
	FK	(0,0)	(0,0)
	FF	(0,0)	**(3,1)**

Die Bedeutung der mit zwei Buchstaben bezeichneten Strategie des ersten Spielers ist analog zum vorigen Fall.

Wieder repräsentieren die fett gedruckten Auszahlungen die Nash-Gleichgewichte, aber nur die Strategienkombination (KF, K) ist ein perfektes Teilspiel-Gleichgewicht. Erwartungsgemäß bedeutet dieses, dass beide „Kino" wählen. ◇

Der folgende Existenzsatz geht auf Kuhn ([37]) zurück.

Satz 4.1 (Existenz eines perfekten Teilspiel-Gleichgewichts) *Jedes endliche extensive Spiel mit perfekter Information hat ein perfektes Teilspiel-Gleichgewicht in reinen Strategien.*

Beweis:
Sei $\Gamma = (\mathcal{A}, \mathcal{B}, \mathcal{P}, {_e}\mathcal{U})$ ein endliches extensives Spiel mit perfekter Information. Sei $\mathfrak{a} \in \mathcal{B}$. Der Satz wird durch Induktion über die Länge $\ell(\Gamma(\mathfrak{a}))$ des Teilspiels $\Gamma(\mathfrak{a})$ gezeigt.

Sei nun $\ell(\Gamma(\mathfrak{a})) = 0$. $\mathfrak{a}$ ist dann ein terminaler Spielablauf, dem im gegebenen Spiel das Spielergebnis $R(\mathfrak{a}) = {}_e\mathcal{U}(\mathfrak{a})$ zugeordnet ist. Dieses Spielergebnis ist in diesem Teilspiel $\Gamma(\mathfrak{a})$ ein Nash-Gleichgewicht, ein perfektes Teilspiel-Gleichgewicht.

Sei nun für jedes Teilspiel der Länge $\ell(\Gamma(\mathfrak{a})) \leq k$ ein solches Gleichgewicht $R(\mathfrak{a})$ bereits ermittelt.

Wir betrachten nun ein $\mathfrak{a} = (\mathfrak{a}', z) \in \mathcal{B}$ mit $z \in \mathcal{Z}(\mathfrak{a}')$. Ferner sei $\ell(\Gamma(\mathfrak{a})) \leq k$ und $\ell(\Gamma(\mathfrak{a}')) = k + 1$. Nach dem Spielablauf $\mathfrak{a}'$ sei der Spieler $\mathcal{P}(\mathfrak{a}') = i$ am Zug. Für alle Teilspiele $\Gamma(\mathfrak{a})$ mit $z \in \mathcal{Z}(\mathfrak{a}')$ sind die Nash-Gleichgewichte durch $R(\mathfrak{a})$ nach Induktionsannahme bereits festgelegt.

Ist $i = 0$, dann wird dem Teilspiel $\Gamma(\mathfrak{a}')$ als Auszahlung der Erwartungswert der Gleichgewichts-Auszahlungen der Teilspiele $\Gamma(\mathfrak{a}', z)$, $z \in \mathcal{Z}(\mathfrak{a}')$ zugeordnet.

Ist i ein eigentlicher Spieler, dann wird derjenige Zug $z \in \mathcal{Z}(\mathfrak{a}')$ ausgesucht, der auf dasjenige Teilspiel $\Gamma(\mathfrak{a})$ führt, das für den i-ten Spieler das Maximum bezüglich seiner Präferenzordnung liefert, dies ergibt dann $R(\mathfrak{a}')$. Damit ist das perfekte Teilspiel-Gleichgewicht für das Teilspiel $\Gamma(\mathfrak{a}')$ mit der Länge $k+1$ gefunden. Dies kann für alle Teilspiele der Länge $k + 1$ durchgeführt werden. Nach endlich vielen Schritten wird ein perfektes Teilspiel-Gleichgewicht des gegebenen Spiels Γ gefunden, indem man sich bei jedem Schritt den optimalen Zug anmerkt. $\diamond$

Bemerkung. Diese Beweismethode kann auch zur Konstruktion eines perfekten Teilspiel-Gleichgewichts verwendet werden. Ferner zeigt der Satz auch, dass gemischte Strategien hier nicht erforderlich sind.

Aufgabe 30:

Von einem Haufen von 5 Streichhölzern müssen zwei Spieler abwechselnd ein oder zwei Streichhölzer wegnehmen. Wer das letzte Streichholz wegnimmt ist Sieger. Geben Sie die extensive und die strategische Form dieses Spieles an! Geben Sie ferner eine geeignete Auszahlungsmatrix dieses Spieles an! Welche Strategien sind Nash-Gleichgewichte, perfekte Gleichgewichte und perfekte Teilspiel-Gleichgewichte dieses Spieles?

Aufgabe 31:

Dieses Zweipersonen-Spiel ist aus Mehlmann ([48]) entnommen mit der nebenstehenden abgeänderten Startsituation. Hier sind es zwei „Büsche", es könnten aber auch mehr Büsche sein. Es gibt gestrichelte und gepunktete „Zweige". Der Spieler S darf nur gestrichelte Zweige durchschneiden, der Spieler P nur gepunktete. Wie bei einem Strauch oder Baum fallen damit auch alle Zweige weg, die von dem durchschittenen ausgehen. Jeder Spieler darf nur einen Zweig durchschneiden, wenn er am Zug ist. Das Spiel ist beendet, wenn ein Spieler keine Zugmöglichkeit mehr hat; dieser Spieler hat dann auch verloren.

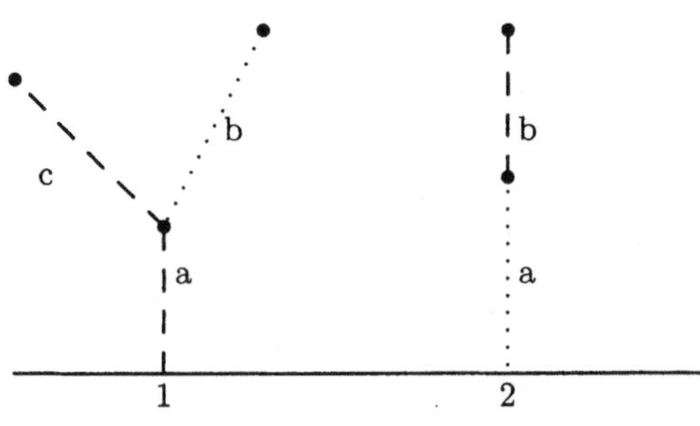

Abbildung 4.7

Geben Sie den Spielbaum zeichnerisch und formal an. Wählen Sie eine geeignete Auszahlung. Bestimmen Sie Nash-Gleichgewichte, perfekte Gleichgewichte und perfekte Teilspiel-Gleichgewichte.

Aufgabe 32:
Zeigen Sie, dass ein perfektes Teilspiel-Gleichgewicht eines extensiven Spiels ebenfalls ein perfektes Teilspiel-Gleichgewicht eines Spiels Γ' ist, das aus Γ durch Streichen eines Teilspiels entsteht, das im Gleichgewicht nicht erreicht wird. Dem neu entstandenen terminalen Spielablauf werde dabei die Auszahlung der Gleichgewichtsstrategie im gestrichenen Teilspiel zugewiesen.

4.2.2 Zwei Beispiele

Beispiel 30 [Seltens Warenhausketten-Paradoxon]:
Dieses Beispiel stammt von Selten. ([65]).
Eine **Warenhauskette** (Spieler W) hat in $\ell = 1, \ldots, L$ Orten Filialen. In jedem dieser Orte Nummer ℓ gebe es einen einzigen potentiellen Konkurrenten, den Spieler ℓ. Im ℓ-ten Zeitabschnitt entscheidet sich nur der ℓ-te Konkurrent, ob er es mit der Warenhauskette aufnehmen will(**Agressiv**) oder nicht (**Defensiv**). Die Warenhauskette kann den Konkurrenten bekämpfen oder mit ihm **kooperieren**.
Die Struktur des Spiels und typische Auszahlungen an den Warenhauskonzern und den Konkurrenten ersieht man aus der nebenstehenden Abbildung.

Bei den Auszahlungen ist zuerst der Betrag für den ℓ-ten Spieler und dann der Betrag für die Warenhauskette genannt.

Das Spiel wird L-mal gespielt, jeder potentielle Konkurrent kommt genau einmal an die Reihe. Egal wie das Ergebnis im ℓ-ten Zeitabschnitt ist, der $(\ell + 1)$-te Konkurrent entscheidet sich von neuem.

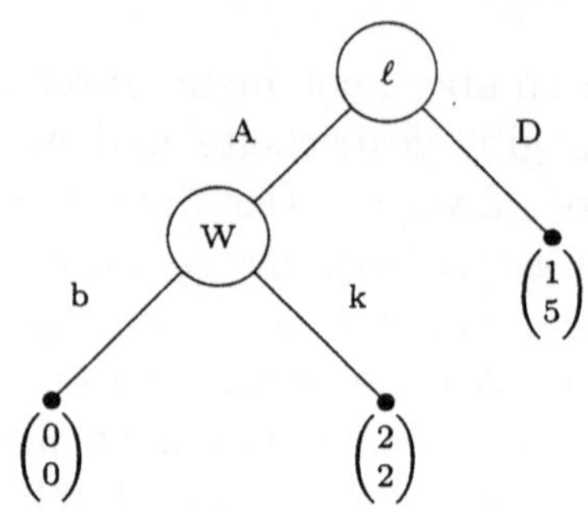

Abbildung 4.8

Der Spielbaum wächst hier enorm an. Die Auszahlungen für die Warenhauskette addieren sich über die L-Zeitabschnitte hinweg.

Die Normalform des Spieles für einen Zeitabschnitt ergibt sich zu:

	$s_1^2(= b)$	$s_2^2(= k)$
$s_1^1(= A)$	$(0,0)$	**(2,2)**
$s_2^1(= D)$	**(1,5)**	$(1,5)$

.

Im ℓ-ten Zeitabschnitt gibt es also zwei Nash-Gleichgewichte (D, b) und (A, k). Über die L Zeitabschnitte hinweg ergeben sich dann Nash-Gleichgewichte durch beliebige Kombination dieser beiden Typen. Das perfekte Teilspiel-Gleichgewicht des gesamten Spieles ergibt sich durch Rückwärtsrechnung. In der ℓ-ten Periode erzielt die Warenhauskette den besten Gewinn durch Kooperation, auch der Gewinn des Konkurrenten ist größer, wenn er Agressivität wählt. Offensichtlich setzt sich dies nach rückwärts fort, so dass das perfekte Teilspiel-Gleichgewicht darin besteht, dass jeder Konkurrent Agressivität und die Warenhauskette Kooperation wählt. Selten bezeichnet dies als paradox, da die Warenhauskette offensichtlich nicht in der Lage ist potentielle Konkurrenten abzuschrecken. Gelänge dies ab einer gewissen Periode $\tilde{\ell}$, so könnte der Warenhauskonzern seinen Gewinn enorm steigern (immer plus 5!). ◇

Aufgabe 33:

Betrachten Sie Selten's Problem der Warenhauskette für drei Orte, wenn sich die Auszahlung für die Warenhauskette aufaddiert. Geben Sie perfekte Teilspiel-Gleichgewichte an!

Beispiel 31 [Tausendfüssler-Spiel]:

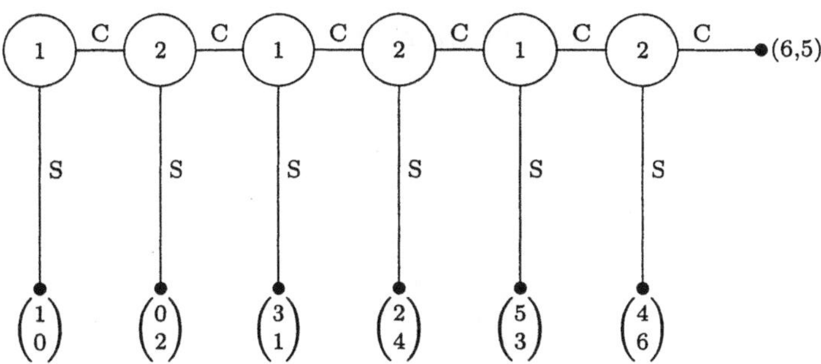

Abbildung 4.9

Der Name dieses Spiels rührt von der Form des Spielbaums her. Es wurde ausgiebig von Rosenthal in ([78]) studiert.

Dies ist ein Zweipersonen-Spiel. Jeder Spieler hat die Möglichkeit das Spiel fortzusetzen (Continue) oder zu stoppen (Stop).

Die Auszahlung entspricht dem Gedanken, dass jeder Spieler es vorzieht, selbst zu stoppen, bevor dies der andere Spieler in der nächsten Periode macht. Das Spiel beginnt zum Zeitpunkt $t = 0$ und endet zum Zeitpunkt $t = T$, wobei T eine gerade Zahl ist. Für $T = 6$ ist das Spiel in Abbildung 4.9 aufgezeichnet.

Dieses Spiel hat genau ein perfektes Teilspiel-Gleichgewicht, nämlich jeder Spieler wählt Stoppen, wenn er an der Reihe ist. Auch dies ist paradox, da jeder Spieler eventuell mehr erreichen könnte als die beim Stoppen fällige Auszahlung. Dazu dürfte aber der Mitspieler nicht gleich bei seinem nächsten Spielzug stoppen. ◇

4.3 Spiele ohne perfekte Information

4.3.1 Allgemeine Definitionen und Ergebnisse

Definition 4.11 *Sei $a \in \mathcal{B}$ und $\mathcal{P}(a) = i$. $\mathcal{R}^i(a)$ bezeichne die Folge der Informationsmengen und der darauffolgenden Spielzüge des Spielers i, auf die er entlang der Historie a trifft.*

Man sagt, ein extensives Spiel Γ habe die Eigenschaft der perfekten Erinnerung , falls für alle Spieler i gilt $\mathcal{R}^i(a) = \mathcal{R}^i(a')$, wenn a und a' in der *gleichen Informationsmenge des Spielers i liegen. In allen anderen Fällen spricht man von einem Spiel ohne perfekte Erinnerung.*

Beispiel 32 [Spiel ohne perfekte Erinnerung]:

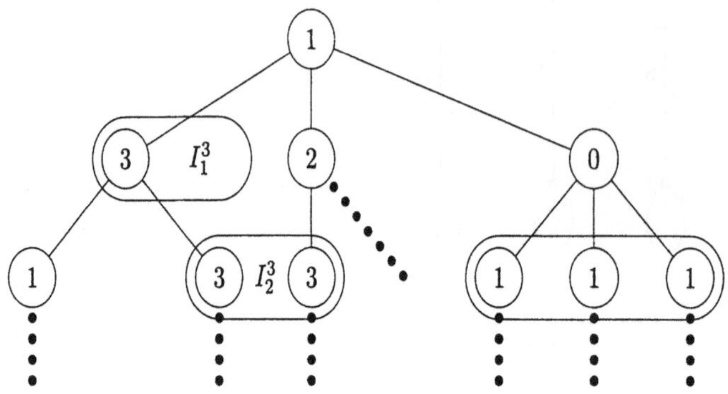

Abbildung 4.10

Die Bedingung der vorangehenden Definition ist für die Informationsmenge I_2^3 nicht erfüllt. Von den beiden Spielabläufen, die diese Informationsmenge bilden, kommt der eine über die Informationsmenge I_1^3, der andere nicht. ◇

Bemerkung. Im folgenden betrachten wir nur Spiele mit perfekter Erinnerung. Hier spielen gemischte Strategien eine Rolle. Da die Informationsmengen nicht notwendig einelementig sind, müssen wir die Definition (4.1) einer reinen Strategie verallgemeinern.

Definition 4.12 *Gegeben sei ein extensives Spiel*

$$\Gamma = (\mathcal{A}, \mathcal{B}, \mathcal{P}, (w_{\mathfrak{a}})_{\mathfrak{a}:\, \mathcal{P}(\mathfrak{a})=0}, (\mathcal{I}^0, \mathcal{I}^1, \ldots, \mathcal{I}^m), {}_e\mathcal{U})$$

ohne perfekte Information, aber mit perfekter Erinnerung. Als (reine) Strategie s^i des Spielers $i \in \mathcal{A} \cup \{0\}$ bezeichnet man eine Funktion

$$s^i : \mathcal{I}^i \to \mathcal{Z} \ \textit{mit } s^i(I_j^i) \in \mathcal{Z}(\mathfrak{a}) \ \textit{für ein } \mathfrak{a} \in I_j^i \,. \tag{4.8}$$

Bemerkung. Es bieten sich nun zwei Möglichkeiten, gemischte Strategien zu definieren, nämlich durch eine unabhängige Wahrscheinlichkeitsverteilung auf der Menge der reinen Strategien der einzelnen Spieler und durch sogenannte Verhaltensstrategien, die den Ablauf des Spieles berücksichtigen.

Definition 4.13 *Eine Verhaltensstrategie eines Spielers i ist eine Menge $\beta^i(I)_{I\in\mathcal{I}^i}$ von unabhängigen Wahrscheinlichkeitsverteilungen. Hierbei ist $\beta^i(I)$ eine Wahrscheinlichkeitsverteilung über $\mathcal{Z}(I)$. Mit β^i bezeichnen wir alle diese Wahrscheinlichkeitsverteilungen. Schließlich ist $\beta = (\beta^1, \ldots, \beta^m)$ eine Kombination von Verhaltensstrategien aller Spieler.*

Definition 4.14 *Eine reine Strategie s^i des Spielers i in einem extensiven Spiel heißt verträglich mit einem Spielablauf $\mathfrak{a} = (^1z, \ldots, {}^kz)$, wenn für alle $\ell \leq k$ mit $\mathcal{P}(^1z, \ldots, {}^\ell z) = i$ die Beziehung $s^i(^1z, \ldots, {}^\ell z) = {}^{\ell+1}z$ gilt.*

Bemerkung. Wenn es entlang der Historie $\mathfrak{a}$ kein ℓ gibt , bei dem der i-te Spieler an der Reihe ist, dann ist jede Strategie von i mit diesem Spielablauf verträglich.

Definition 4.15 *Als Wahrscheinlichkeit $\pi^i(\mathfrak{a})$ des Spielablaufs $\mathfrak{a}$ bezüglich des i-ten Spielers bezeichnet man die Summe aller Wahrscheinlichkeiten $\hat{s}^i_j$ von reinen Strategien s^i_j, die mit dem Spielablauf $\mathfrak{a}$ verträglich sind.*

Bemerkung. $\pi^i(\mathfrak{a})$ ist offensichtlich die Wahrscheinlichkeit,die durch die gemischte Strategie $\hat{s}^i$ des i-ten Spielers dem Spielablauf $\mathfrak{a}$ zugeordnet wird. Wenn entlang des Spielablaufs $\mathfrak{a}$ der Spieler i niemals zum Zug kommt, dann ist nach Definition $\pi^i(\mathfrak{a}) = 1$. Insgesamt wird einem terminalen Spielablauf $\mathfrak{a}$ die Wahrscheinlichkeit

$$\prod_{i\in\mathcal{A}\cup\{0\}} \pi^i(\mathfrak{a}) \tag{4.9}$$

zugeordnet.

Eine Verhaltensstrategie β ordnet einem terminalen Spielablauf $\mathfrak{a} = (^1z, \ldots, {}^Kz)$ die Wahrscheinlichkeit

$$\prod_{\ell=0}^{K} \beta^{\mathcal{P}(^1z,\ldots,{}^\ell z)}(^1z, \ldots, {}^\ell z)(^{\ell+1}z)$$

zu. Hierbei ist zu beachten, dass sich für $\ell = 0$ die Folge $(^1z, \ldots, {}^\ell z) = \mathfrak{n}$ ergibt.

Satz 4.2 *Für jede gemischte Strategie eines Spielers in einem endlichen extensiven Spiel mit perfekter Erinnerung gibt es eine Verhaltensstrategie, die den terminalen Spielabläufen die gleiche Wahrscheinlichkeit zuordnet (und somit auch den gleichen Erwartungswert der Auszahlung liefert).*

Beweis:

Sei $\hat{s}^i$ eine gemischte Strategie des Spielers i. Ferner seien $\mathfrak{a}$ und $\mathfrak{a}'$ zwei Spielabläufe in der gleichen Informationsmenge I_j^i. Da es sich um ein Spiel mit perfekter Erinnerung handelt, sind die Spielzüge des Spielers i beim Spielablauf $\mathfrak{a}$ und $\mathfrak{a}'$ die gleichen. Daher gilt $\pi^i(\mathfrak{a}) = \pi^i(\mathfrak{a}')$. Ebenso gilt für $z \in \mathcal{Z}(\mathfrak{a}) = \mathcal{Z}(\mathfrak{a}')$ auch $\pi^i(\mathfrak{a}, z) = \pi^i(\mathfrak{a}', z)$. Somit läßt sich eindeutig für alle $\mathfrak{a} \in I_j^i$ definieren

$$\beta^i(I_j^i)(z) = \frac{\pi^i(\mathfrak{a}, z)}{\pi^i(\mathfrak{a})} \ .$$

Im Sinne einer bedingten Wahrscheinlichkeit kann für $\pi^i(\mathfrak{a}) = 0$ der Wert von $\beta^i(I^i)(\mathfrak{a})$ beliebig festgelegt werden, etwa gleich 0. Offensichtlich gilt auch

$$\pi^i(\mathfrak{a}) = \sum_{z \in \mathcal{Z}(\mathfrak{a})} \pi^i(\mathfrak{a}, z) \ .$$

Das eben definierte β^i ist somit als Verhaltensstrategie geeignet. Es ist noch zu zeigen, dass $\hat{s} = (\hat{s}^1, \dots, \hat{s}^m)$ und $\beta = (\beta^1, \dots, \beta^m)$ äquivalent bezüglich der Auszahlung sind.

Es wird nun angenommen, dass ein gewisser terminaler Spielablauf $\mathfrak{a} = (^1z, \dots, {}^Kz)$ konsistent bezüglich $\hat{s}^i$ und $\hat{s}^{-i}$ ist, ansonsten wäre seine Wahrscheinlichkeit bezüglich π und β gleich 0. Somit gilt (vgl. Formel 4.9)

$$\prod_{\ell=0}^{K-1} \beta^i(^1z, \dots, {}^{\ell+1}z)(z) = \prod_{\ell=0}^{K-1} \frac{\pi^i(^1z, \dots, {}^{\ell+1}z))}{\pi^i(^1z, \dots, {}^\ell z)} = \pi^i(\mathfrak{a}) \ .$$

Beispiel 33:

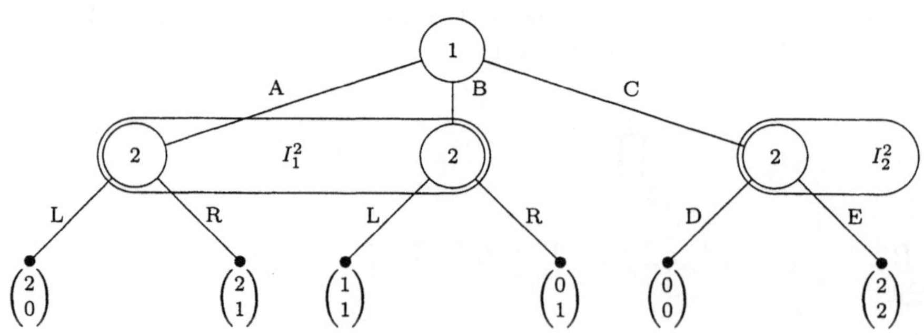

Abbildung 4.11

		2.Spieler		
		LD	LE	RD	RE
	A	(2,0)	(2,0)	(2,1)	(2,1)
1.Spieler	B	(1,1)	(1,1)	(0,1)	(0,1)
	C	(0,0)	(2,2)	(0,0)	(2,2)

Wir gehen von folgenden gemischten Strategien aus

$$\hat{s}^1 = (1/3, 1/3, 1/3) \qquad \hat{s}^2 = (1/4, 1/4, 1/4, 1/4) \ .$$

Sei der terminale Spielablauf $\mathfrak{a} = (A, R)$ gegeben.

$$\pi^1(\mathfrak{a}) = \hat{s}^1 = 1/3$$
$$\pi^2(\mathfrak{a}) = \hat{s}^2_3 + \hat{s}^2_4 = 1/2 \quad \pi^2(A) = 1$$
$$\beta^2(I_1^2)(R) = \frac{\pi^2(\mathfrak{a})}{\pi^2(A)}$$

Die Wahrscheinlichkeit für das Ergebnis $\mathfrak{a}$ mit der Auszahlung (2,1) ist

$$\pi^1(\mathfrak{a}) \times \pi^2(\mathfrak{a}) = 1/3 \times 1/2 = 1/6 \ .$$

$\diamond$

4.3.2 Sequentielles Gleichgewicht

Der Begriff des sequentiellen Gleichgewichts wurde von Kreps und Wilson in [36] entwickelt.

Definition 4.16 *Eine Einschätzung in einem extensiven Spiel ist ein Paar (β, μ), wobei β eine Kombination von Verhaltensstrategien und μ eine Funktion ist, die jeder Informationsmenge (jeden Spielers) ein Wahrscheinlichkeitsmaß über der Menge ihrer Spielabläufe zuordnet.*

Bemerkung. Für die Informationsmenge I_j^i ist $\mu(I_j^i)(\mathfrak{a})$ die Wahrscheinlichkeit, die der Spieler $i = \mathcal{P}(I_j^i)$ der Historie $\mathfrak{a} \in I_j^i$ zuordnet, unter der Bedingung, dass die Informationsmenge I_j^i erreicht wird.

Definition 4.17 *Sei $\mathfrak{a}^* = ({}^1z, \ldots, {}^Kz)$ eine terminale Historie der Länge K. Die Teilhistorien von $\mathfrak{a}^*$ seien mit $\mathfrak{a}_L^* = ({}^1z, \ldots, {}^Lz)$, mit $L \leq K$ bezeichnet.*

Die auf eine Informationsmenge I bezogene Wahrscheinlichkeit $\mathcal{W}(\mathfrak{a}^*; I)$ eines terminalen Ereignisses $\mathfrak{a}^*$ wird definiert durch:

$$\mathcal{W}(\mathfrak{a}^*; I) = 0 \quad \textit{falls es keine Teilhistorie von } \mathfrak{a}^* \textit{ in } I \textit{ gibt, d.h.}$$

$$\mathfrak{a}_L^* \notin I \ \forall L : L \leq K$$

$$\mathcal{W}(\mathfrak{a}^*; I) = \mu(I)(^1z, \ldots, {}^Lz) \prod_{\ell=L}^{K-1} \beta^{\mathcal{P}(^1z, \ldots, {}^\ell z)}(^1z, \ldots, {}^\ell z)(^{\ell+1}z) \ \textit{sonst, d.h.}$$

$$\exists L : \mathfrak{a}_L^* \in I \wedge L \leq K.$$

Hieraus ergibt sich durch Erwartungswertbildung die auf die Informationsmenge I bezogenene Auszahlung $\mathcal{U}^i(\beta^*, \mu^*; I)$.

Bemerkung. Aufgrund der Annahme der perfekten Erinnerung gibt es höchstens eine Teilfolge, die in der Informationsmenge I liegt.

Definition 4.18 *In einem extensiven Spiel mit perfekter Erinnerung heißt eine Einschätzung (β^*, μ^*) sequentiell rational , wenn für die Auszahlung $\mathcal{U}^i$ jedes Spielers i und für jede seiner Informationsmenge $I_j^i \in \mathcal{I}^i$ gilt:*

$$\mathcal{U}^i(\beta^*, \mu^*; I_j^i) \geq \mathcal{U}^i(\beta^i, \beta^{-i*}, \mu^*; I_j^i) \quad \forall \beta^i \ . \tag{4.10}$$

Definition 4.19 *Eine Einschätzung (β, μ) heißt konsistent, wenn sie Grenzwert einer Folge $(^k\beta, {}^k\mu)$ ist, wobei alle $^k\beta$ stark gemischt und $^k\mu$ davon abgeleitet sind.*

Definition 4.20 *Eine Einschätzung, die sequentiell rational und konsistent ist, heißt sequentielles Gleichgewicht.*

Satz 4.3 *Sei Γ ein endliches extensives Spiel mit perfekter Erinnerung. Ferner sei $\hat{s}^*$ ein perfektes Gleichgewicht von Γ und β^* sei die daraus abgeleitete Verhaltensstrategie. Dann gibt es ein μ^*, so dass (β^*, μ^*) ein sequentielles Gleichgewicht ist.*

Beweis:
Da $\hat{s}^*$ ein perfektes Gleichgewicht ist, gibt es eine gegen $\hat{s}^*$ konvergente Folge $^k\hat{s}$ von stark gemischten Strategien, für die überdies $\hat{s}^*$ beste Antwort ist. Die sich hieraus ergebenden Folgen $^k\beta$ und $^k\mu$ sind konvergent, bzw. haben Häufungspunkte, so dass die in der Definition des sequentiellen Gleichgewichts erforderlichen Voraussetzungen erfüllt sind. $\diamond$

Bemerkung. Da jedes endliche Spiel ein perfektes Gleichgewicht besitzt, hat jedes extensive Spiel konsequenterweise mindestens ein sequentielles

Gleichgewicht. Ein sequentielles Gleichgewicht ist immer auch ein perfektes Teilspiel-Gleichgewicht (in gemischten Strategien). Aber wie das Beispiel in der folgenden Aufgabe, das letztlich auf van Damme ([17]) zurückgeht, zeigt, ist nicht jedes sequentielle Gleichgewicht ein perfektes Gleichgewicht.

Aufgabe 34:
Zeigen Sie anhand des folgenden Spiels, dass nicht jedes sequentielle Gleichgewicht ein perfektes Gleichgewicht ist.

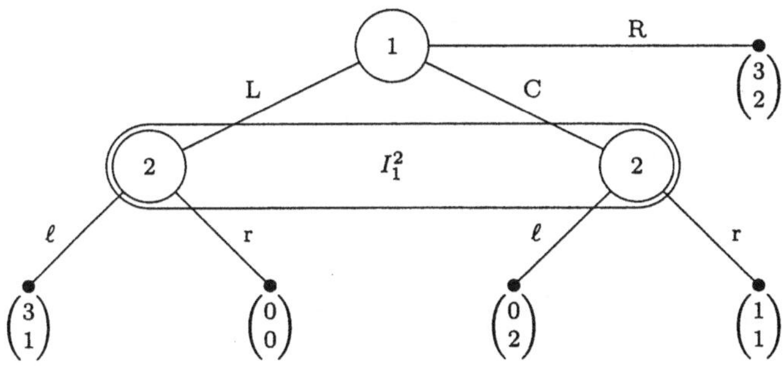

Abbildung 4.12

Aufgabe 35:
Wenn ein Versicherungsnehmer (Spieler 1) seiner Versicherungsgesellschaft (Spieler 2) einen Schaden meldet, weiß die Versicherung nicht, ob überhöhte Schadensforderungen gestellt werden.

In diesem Sinne betrachten wir folgendes extensive Spiel. Der Versicherungsnehmer hat die Möglichkeit überhöhte Kosten ($(a + b)$[GE], **Betrug**) oder echte Kosten (a[GE], **Ehrlichkeit**) in Rechnung zu stellen. Die Versicherung kann die geforderten Beträge auszahlen (**Auszahlung**) oder den Versicherungsnehmer vor Gericht verklagen (**Prozeß**), immer in der Ungewißheit wie sich der Versicherungsnehmer tatsächlich verhalten hat. Wir nehmen an, dass vor Gericht die Wahrheit ans Tageslicht kommt. Der vor Gericht Unterlegene muss die Prozeßkosten in Höhe von c[GE] zahlen. Es ist $a, b, c > 0$. Bei der Auszahlung an den Versicherungsnehmer (Spieler 1) soll der tatsächlich erlittene Schaden in Höhe von a[GE], den der Versicherungsnehmer immer erstattet bekommt, abgezogen werden. Beim Gerichtsverfahren soll es nur um die zusätzlichen Kosten b gehen.

1. Geben Sie den Spielbaum an!

2. Geben Sie die Normalform an!

3. Berechnen Sie die Nash-Gleichgewichte dieses Spiels in Abhängigkeit von a, b und c!

4. Empfiehlt eines der Nash-Gleichgewichte dem Versicherungsnehmer aufgrund der Auszahlungssituation unehrlich zu sein? Wie hängt diese Empfehlung von den Prozeßkosten ab?

Aufgabe 36:
Das folgende Spiel bezeichnet man als Selten's Pferd.

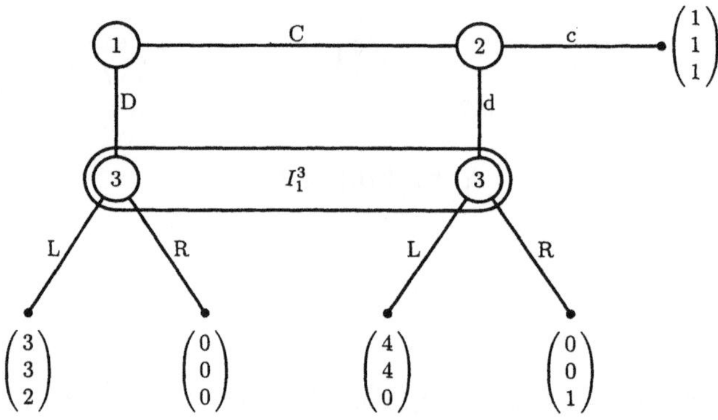

Abbildung 4.13: Selten's Pferd

Geben Sie Gleichgewichte, insbesondere sequentielle Gleichgewichte an.

4.4   Berechnung von Gleichgewichten

Auch hier ist das bereits in Abschnitt (3.4.2) erwähnte Programm GAMBIT nützlich. Es besteht die Möglichkeit interaktiv einen beschrifteten Spielbaum aufzubauen. Hier spielt vor allem die auszuwählende Rechenmethode "Gobit" eine Rolle. Diese Methode basiert auf dem Artikel ([47]) von McKelvey und Palfrey. Als Beispiel sei hier das in der Beschreibung mitgelieferte einfache Pokerspiel gezeigt:

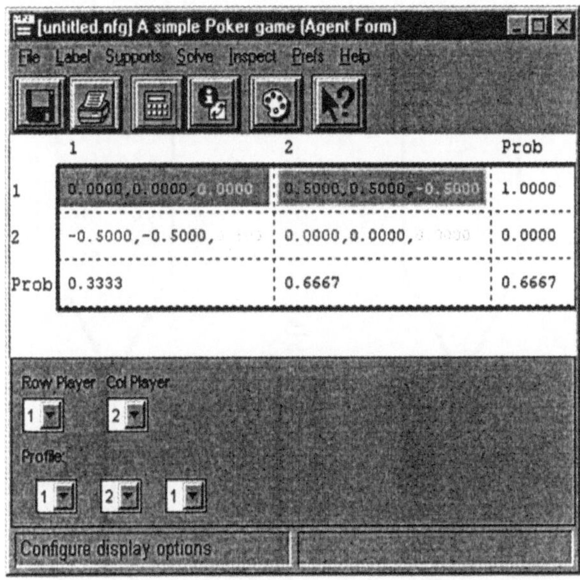

Abbildung 4.14: Normalform des einfachen Pokerspiels

Beide Spieler hinterlegen einen Einsatz von 1GE.
Spieler 1 zieht eine Karte aus dem gemischten Kartenstapel. Spieler 1 sieht die Karte an, Spieler 2 weiß nicht, welche Karte gezogen wurde. Spieler 1 entscheidet sich für "FOLD" oder "RAISE".
Wenn Spieler 1 sich für "FOLD" entscheidet, dann erhält der Spieler 1 den gesamten hinterlegten Einsatz, wenn die Karte rot(RED) ist, andernfalls erhält ihn der Spieler 2 (Karte schwarz(BLACK)).
Wenn sich der Spieler 1 für "RAISE" entscheidet, dann muss Spieler 1 nochmals 1GE hinterlegen und Spieler 2 kommt nun an die Reihe. Er kann "PASS" oder "MEET" wählen.
Wenn der Spieler 2 "PASS' wählt, dann erhält der Spieler 1 den gesamten Einsatz. Andernfalls muss der Spieler 2 einen weiteren Einsatz von 1GE hinterlegen und der Spieler 1 muss seine Karte offenlegen. Wenn die Karte rot(RED) ist erhält Spieler 1 den gesamten hinterlegten Einsatz, andernfalls erhält ihn der Spieler 2.

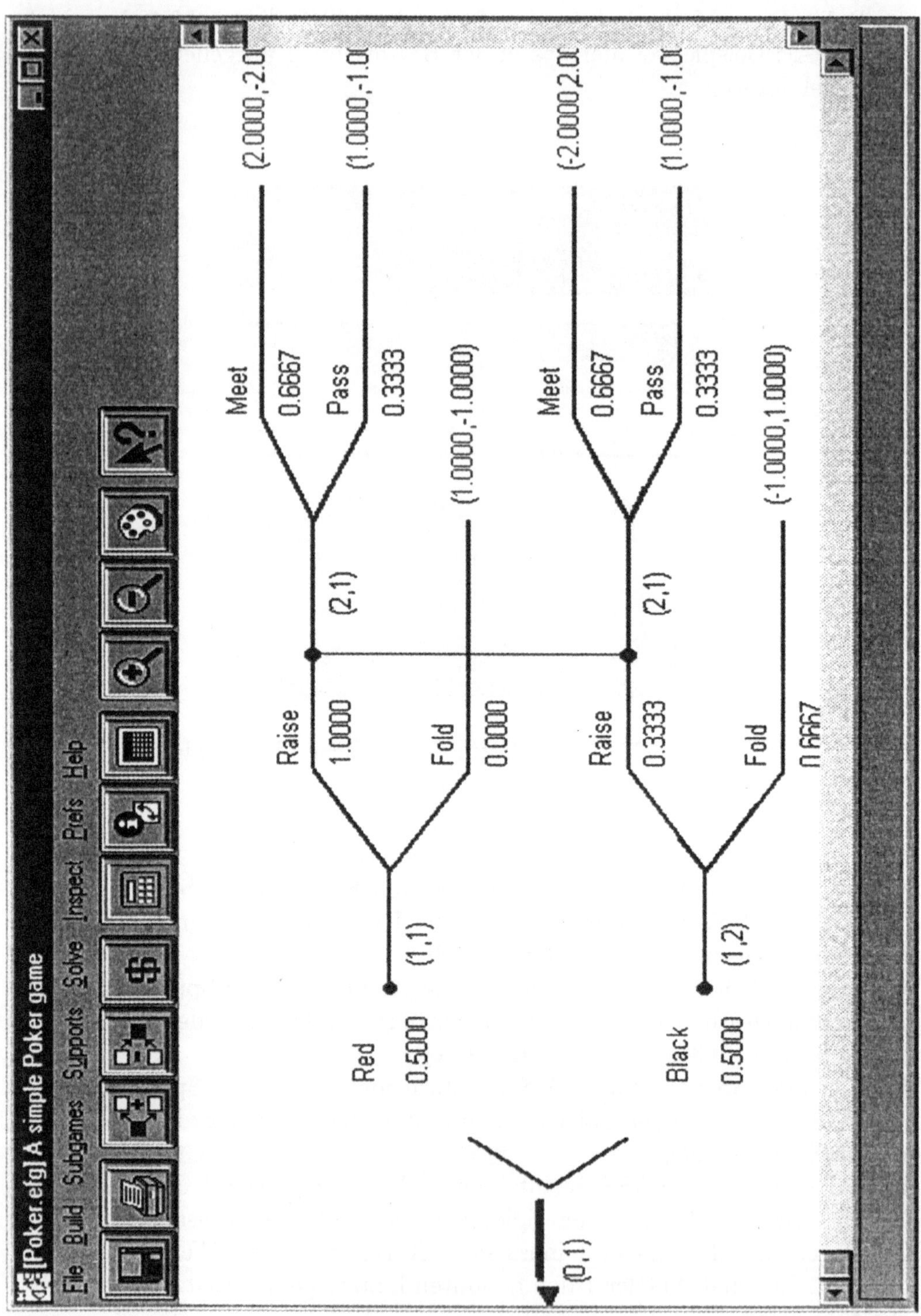

Abbildung 4.15: einfaches Pokerspiel

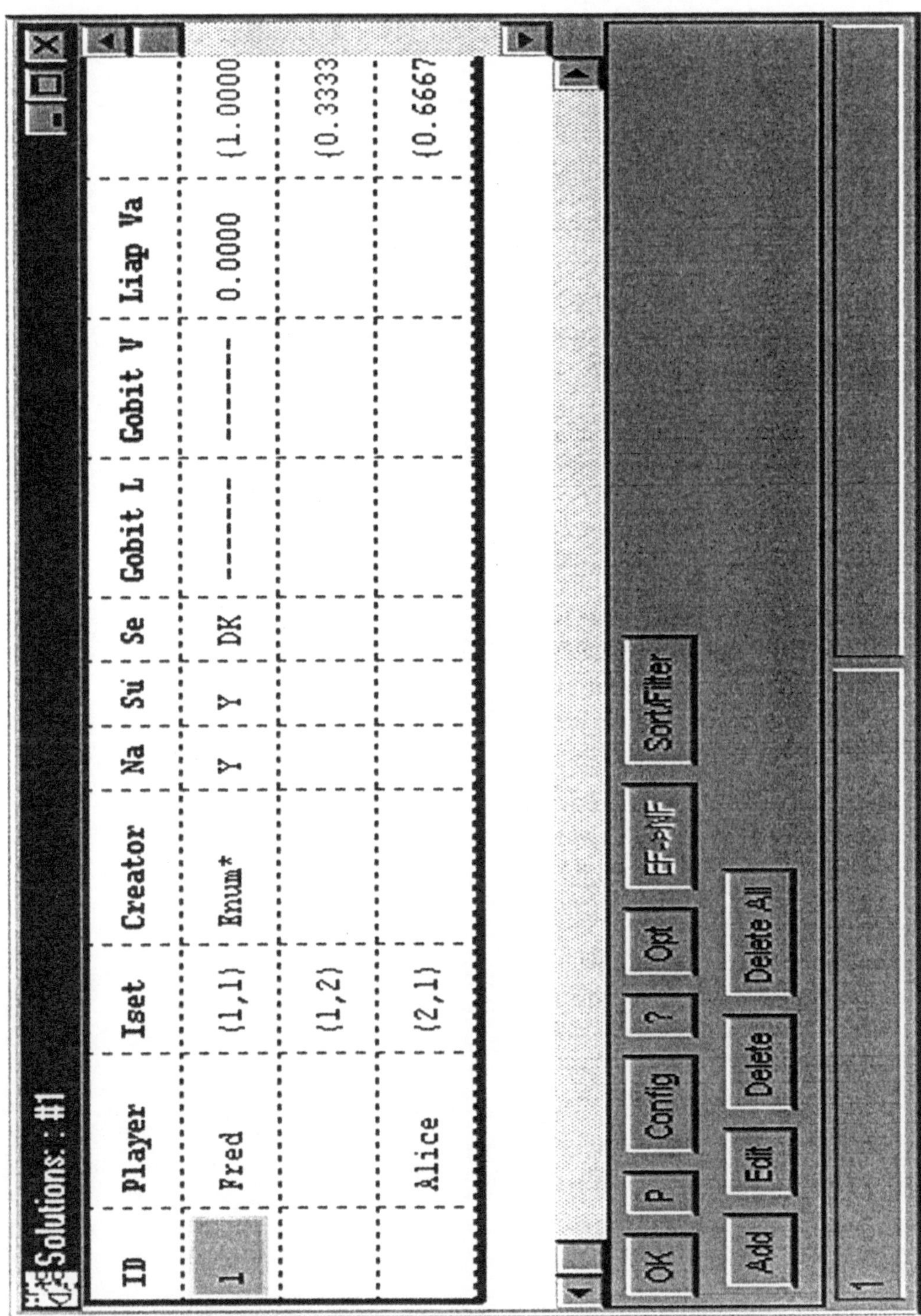

Abbildung 4.16: Gobit-Lösung des einfachen Pokerspiels

5 Kooperative Spiele

Das wesentliche Element bei kooperativen Spielen ist die Bildung von Koalitionen. Wir beschränken uns hier auf den Fall, wo der Koalitionsgewinn beliebig verteilt werden kann (übertragbarer oder transferierbarer Nutzen). Wichtig ist auch, dass jede Koalition ihren Gewinn unabhängig von den anderen Koalitionen verteilen kann.

Die anerkannte Vorgehensweise ist die Modellierung des Wertes einer Koalition und die Ermittlung einer besten Zuteilung (Imputationen) von Gewinnanteilen an den einzelnen Spieler, die die Wertungen der Koalitionen berücksichtigt.

Die im Folgenden gegebene Darstellung orientiert sich an [77, Vorob'ev], [80, Weber], [34, Kannai] und [56, Osborne und Rubinstein].

5.1 Definition und Beispiele

Definition 5.1 *Ein kooperatives Spiel* Γ_K *ist ein Tupel* $(\mathcal{A}, \mathcal{V})$, *bei dem* $\mathcal{A} = \{1, 2, \ldots, m\}$ *die* $m > 1$ *Spieler und* $\mathcal{V} : \mathfrak{P}(\mathcal{A}) \to \mathbb{R}$ *mit* $\mathcal{V}(\emptyset) = 0$ *die sogenannte Koalitionsbewertung bezeichnet. Teilmengen von* $\mathcal{A}$ *heißen Koalitionen.*

Als Auszahlung oder Zuteilung (Imputation) bezeichnet man jeden Vektor $(z_1, z_2, \ldots, z_m)$ *mit den Eigenschaften*

$$z_i \geq \mathcal{V}(\{i\}) \quad i = 1, 2, \ldots, m \qquad \sum_{i=1}^{m} z_i = \mathcal{V}(\mathcal{A}) \, . \tag{5.1}$$

Bemerkungen zur Koalitionsbewertung Häufig wird die Koalitionsbewertung auch als charakteristische Funktion des kooperativen Spieles bezeichnet. Da die Bezeichnung „charakteristische Funktion" in verschiedenen Gebieten der Mathematik verwendet wird, erscheint diese Bezeichnung hier eher farblos. Sie wird daher im Folgenden nicht verwendet.

Es ist auch die Bezeichnung

$$z(T) = \sum_{i \in T} z_i \qquad \forall T \subseteq \mathcal{A}$$

im Gebrauch.

$z_i \geq \mathcal{V}(\{i\})$ heißt die Bedingung der individuellen Rationalität,

$\sum_{i=1}^{m} z_i = \mathcal{V}(\mathcal{A})$ die der Gruppenrationalität oder kollektiven Rationalität.

Die Zuteilungen für die einzelnen Spielern spiegeln die durch die Koalitions-
bewertung gegebene Wertestruktur wider.
Die Eigenschaften einer Koalitionsbewertung betrachtet man auch als die
Eigenschaften des kooperativen Spiels.

Bei $|\mathcal{A}| = m$ Spieler kann die Menge aller Koalitionsbewertungen offen-
sichtlich durch $2^m - 1$ Parameter beschrieben werden. Sind ferner ℓ Koali-
tionsbewertungen $\mathcal{V}_1, \ldots, \mathcal{V}_\ell$ gegeben, dann ist für beliebige $\lambda_j \in \mathbb{R}$ auch
$\mathcal{V} = \sum_{j=1}^{\ell} \lambda_j \mathcal{V}_j$ eine Koalitionsbewertung ($\mathcal{V}(\emptyset) = 0$!).

Für den späteren Abschnitt 5.4 über die Shapley Zuteilung benötigen wir
den nächsten Satz.

Satz 5.1 *Die Menge der zulässigen Koalitionsbewertungen ist bei festem $\mathcal{A}$*
ein Vektorraum über $\mathbb{R}$.
Das Nullelement ist

$$\mathcal{V}_0(S) \equiv 0 \quad \forall S \subset \mathcal{A} \tag{5.2}$$

und eine Basis besteht z.B aus den folgenden Elementen:

$$\mathcal{V}_B : \mathfrak{P}(\mathcal{A}) \to \mathbb{R} \quad mit \quad \mathcal{V}_B(S) = \begin{cases} 1 & falls\ B \subset S \\ 0 & falls\ B \not\subset S \end{cases} \quad B \neq \emptyset\ . \tag{5.3}$$

Die Funktionen $\mathcal{V}_B$ bezeichnet man auch als elementare Koalitionsbewertung.

Für den Beweis des Satzes erweist sich der Begriff des Randwertes einer
Koalition als nützlich. Man könnte diesen Randwert als Koalitionsgewinn
auffassen, der erst durch die Bildung der Koalition entsteht (Synergieeffekt!).

Definition 5.2 *Unter den **Randwerten von Koalitionen** B werden fol-*
gende rekursiv definierte Größen r_B verstanden:

$$r_{\{i\}}(\mathcal{V}) = \mathcal{V}(\{i\}) \quad \forall i \in \mathcal{A} \tag{5.4}$$

$$r_B(\mathcal{V}) = \mathcal{V}(B) - \sum_{L:\,L \subsetneq B} r_L(\mathcal{V}) \quad \forall B : B \subset \mathcal{A} \wedge |B| > 1\ . \tag{5.5}$$

Satz 5.2 *Für den Randwert r_B einer Koalition B gilt:*

$$r_B(\mathcal{V}) = \sum_{L:\,L \subset B} (-1)^{|B|-|L|} \mathcal{V}(L)\ .$$

Beweis:

Induktion über die Anzahl der Elemente der Teilmengen. $\diamond$

Beweis [zu Satz 5.1]:

1. Zunächst zeigen wir die lineare Unabhängigkeit dieser elementaren Koalitionsbewertungen. Der Beweis erfolgt durch Induktion über die Anzahl von $|R|$. Es ist zu zeigen, dass

$$\mathcal{V}_0(S) = \sum_{\substack{B \subseteq \mathcal{A} \\ B \neq \emptyset}} \lambda_B \mathcal{V}_B(S) = \sum_{j=1}^{m} \left[\sum_{\substack{B \subseteq \mathcal{A} \\ B \neq \emptyset}} \lambda_B \mathcal{V}_B(S) \right]$$

nur für $\lambda_B = 0$ erfüllt ist. Als Erstes werden die einelementigen Koalitionen $S = \{i\}$, $i = 1, \ldots, m$ eingesetzt. Berücksichtigt man

$$\mathcal{V}_B(\{i\}) = \begin{cases} 1 & \text{falls } B = \{i\} \\ 0 & \text{sonst} \end{cases} ,$$

so ergibt sich $0 = \mathcal{V}_0(\{i\}) = \lambda_{\{i\}}$.

Nun nehmen wir an, dass bereits gezeigt wurde, dass $\lambda_B = 0 \ \forall B : |B| \leq k$. Es gilt also

$$\mathcal{V}_0(S) = \sum_{j=k+1}^{m} \left[\sum_{\substack{B \subseteq \mathcal{A} \\ B \neq \emptyset}} \lambda_B \mathcal{V}_B(S) \right] .$$

Wir setzen nun für S ein $\{i_1, \ldots, i_{k+1}\} \subseteq \mathcal{A}$ ein und erhalten für alle $B : |B| \geq 2$

$$\mathcal{V}_B(\{i_1, \ldots, i_{k+1}\}) = \begin{cases} 1 & \text{falls } B = \{i_1, \ldots, i_{k+1}\} \\ 0 & \text{falls } |B| \geq 2 \text{ und } B \neq \{i_1, \ldots, i_{k+1}\} \end{cases}$$

Somit folgt aus $0 = \mathcal{V}_0(\{i\}) = \lambda_{\{i_1, \ldots, i_{k+1}\}}$ ebenfalls $\lambda_R = 0$ für alle $R : |R| = k+1$. Letztendlich ergibt sich , dass alle $\lambda_B = 0$ sein müssen. Dies war zu zeigen.

2. Es wird jetzt gezeigt, dass es für jede beliebige Koalitionsbewertung $\mathcal{V}$ geeignete $\lambda_B = \lambda_B(\mathcal{V})$ gibt, so dass

$$\mathcal{V} = \sum_{\substack{B \subseteq \mathcal{A} \\ B \neq \emptyset}} \lambda_B \mathcal{V}_B$$

gilt. Es muss gezeigt werden:

$$\mathcal{V}(M) = \gamma \qquad \gamma = \sum_{\substack{B:\, B \subseteq \mathcal{A} \\ B \neq \emptyset}} \lambda_B(\mathcal{V})\mathcal{V}_B(M) \quad \forall M \subseteq \mathcal{A} \,.$$

Für $\lambda_B(\mathcal{V})$ setzen wir ein:

$$\lambda_B(\mathcal{V}) = \sum_{L:\, L \subset B} (-1)^{|B|-|L|}\mathcal{V}(L) \,.$$

Somit ergibt sich

$$\gamma = \sum_{\substack{B:\, B \subseteq \mathcal{A} \\ B \neq \emptyset}} \sum_{L:\, L \subset B} (-1)^{|B|-|L|}\mathcal{V}(L)\mathcal{V}_B(M) \,.$$

Berücksichtigt man die Definition von $\mathcal{V}_B(M)$, so folgt weiter

$$\gamma = \sum_{\substack{B:\, B \subseteq M \\ B \neq \emptyset}} \sum_{L:\, L \subset B} (-1)^{|B|-|L|}\mathcal{V}(L) \,.$$

Vertauschen der beiden Summen und abzählen der $(-1)^{|B|-|L|}$ liefert

$$\gamma = \sum_{L \subset M} \left[\sum_{B:\, L \subset B \subset M} (-1)^{|B|-|L|} \right] \mathcal{V}(L)$$

$$= \sum_{L \subset M} \left[\sum_{b=|L|}^{|M|} \sum_{\substack{|B|=b \\ B:\, L \subset B \subset M}} (-1)^{|B|-|L|} \right] \mathcal{V}(L) \,.$$

Da eine Menge B von b Elementen, die eine Menge L enthält, aus einer Menge M auf $\binom{|M|-|L|}{b-|L|}$ verschiedene Weisen gewählt werden kann, folgt weiter

$$\gamma = \sum_{L \subset M} \left[\sum_{b=|L|}^{|M|} \binom{|M|-|L|}{b-|L|}(-1)^{|B|-|L|} \right] \mathcal{V}(L) \,.$$

Die Indextransformation $\beta = b - |L|$ und die Anwendung der binomischen Formel liefert

$$\sum_{b=|L|}^{|M|} \binom{|M|-|L|}{b-|L|}(-1)^{|B|-|L|} = \sum_{\beta=0}^{|M|-|L|} \binom{|M|-|L|}{\beta}(-1)^{\beta}(+1)^{|M|-|L|-\beta} =$$

$$(-1+1)^{|M|-|L|} = \begin{cases} 0 & \text{falls } |M| - |L| > 0 \\ 1 & \text{falls } |M| - |L| = 0 \end{cases} \,.$$

Eingesetzt ergibt sich

$$\gamma = \sum_{L=M} \left[\sum_{b=|L|}^{|M|} \binom{|M|-|L|}{b-|L|} (-1)^{|B|-|L|} \right] \mathcal{V}(L)$$

$$+ \sum_{\substack{L \subset M \\ L \neq M}} \left[\sum_{b=|L|}^{|M|} \binom{|M|-|L|}{b-|L|} (-1)^{|B|-|L|} \right] \mathcal{V}(L) =$$

$$= \mathcal{V}(M) + 0 \ .$$

Damit ist die Darstellung einer Koalitionsbewertung durch elementare Koalitionsbewertungen gezeigt. Bleibt noch die Eindeutigkeit. Diese folgt aus der Eigenschaft, dass die elementaren Koalitionsbewertungen eine Basis bilden. ◇

Bemerkung. Es gibt sicher noch andere Basen des Vektorraums der Koalitionsbewertungen, aber genau die genannte dient unseren späteren Überlegungen in Abschnitt 5.4 über die Shapley-Zuteilung.

Definition 5.3 *Ein Spieler heißt Dummy-Spieler, falls*

$$\mathcal{V}(S \cup \{i\}) = \mathcal{V}(S) \quad \forall S \subseteq \mathcal{A} \ . \tag{5.6}$$

Ein Spieler heißt unkooperativ, falls

$$\mathcal{V}(S \cup \{i\}) - \mathcal{V}(S) \leq \mathcal{V}(\{i\}) \quad \forall S \subseteq \mathcal{A} \tag{5.7}$$

Definition 5.4 *Eine Koalitionsbewertung bzw. ein kooperatives Spiel heißt superadditiv, wenn*

$$\mathcal{V}(S) + \mathcal{V}(T) \leq \mathcal{V}(S \cup T) \quad \forall S, T \subseteq \mathcal{A} : S \cap T = \emptyset \tag{5.8}$$

Bemerkung. Die Bedeutung der Superadditivität liegt darin, dass der Zusammenschluss zu größeren Koalitionen mehr an Wert bringt.
Superadditivität wird nicht generell vorausgesetzt, siehe aber Satz (5.11).

Aufgabe 37:
Zeigen Sie: Die Menge aller superadditiven Koalitionsbewertungen $\mathcal{V}$ für eine feste Spielermenge $\mathcal{A}$ bildet einen konvexen Kegel, d.h. mit $\mathcal{V}_1$ und $\mathcal{V}_2$ ist auch

$$\mathcal{W} = \lambda_1 \mathcal{V}_1 + \lambda_2 \mathcal{V}_2 \quad \forall \lambda_1, \lambda_2 \geq 0$$

eine superadditive Koalitionsbewertung.

Definition 5.5 *Ein Spiel heißt wesentlich, wenn*

$$\sum_{i=1}^{m} \mathcal{V}(\{i\}) < \mathcal{V}(\mathcal{A}) \, , \tag{5.9}$$

andernfalls unwesentlich.

Der folgende Satz kann als Begründung für diese Definition aufgefasst werden.

Satz 5.3 *Ein unwesentliches Spiel hat höchstens eine Imputation, nämlich* $(\mathcal{V}(\{1\}), \mathcal{V}(\{2\}), \ldots, \mathcal{V}(\{m\}))$.
Ein wesentliches Spiel hat unendlich viele verschiedene Imputationen.

Beweis:
Es werde nun angenommen, dass das unwesentliche Spiel eine Imputation z habe. Dann gilt

$$\mathcal{V}(\mathcal{A}) \leq \sum_{i=1}^{m} \mathcal{V}(\{i\}) \leq \sum_{i=1}^{m} z_i = \mathcal{V}(\mathcal{A}) \, .$$

Daher muss also überall Gleichheit gelten, insbesondere $z_i = \mathcal{V}(\{i\})$, wegen $z_i \geq \mathcal{V}(\{i\})$
Im Falle der wesentlichen Spiele kann die positive Größe

$$\mathcal{V}(\mathcal{A}) - \sum_{i=1}^{m} \mathcal{V}(\{i\}) > 0$$

auf unendlich viele verschiedene Weisen in m positive Summanden ε_i zerlegt werden, so dass sich unendlich viele verschiedene Imputationen $z_i = \mathcal{V}(\{i\}) + \varepsilon_i$, $i = 1, 2, \ldots, m$ ergeben. $\diamond$

Bemerkung. Ein "kooperatives" Spiel mit einem Spieler$(m = 1)$ ist unwesentlich, da immer gilt

$$\mathcal{V}(\mathcal{A}) = \mathcal{V}(\{1\}) \, ,$$

was der Definition eines unwesentlichen Spieles entspricht.

Aufgabe 38:
Ein unwesentliches Spiel hat keine Imputation, wenn

$$\sum_{i=1}^{m} \mathcal{V}(\{i\}) > \mathcal{V}(\mathcal{A}) \, .$$

Im Folgenden betrachten wir nur Spiele, bei denen es wenigstens eine Imputation gibt. Aus Bedingung (5.1) folgt dann

$$\sum_{i=1}^{m} \mathcal{V}(\{i\}) \leq \mathcal{V}(\mathcal{A}) \; . \tag{5.10}$$

Es gibt nur über $\mathcal{V}(\{j\})$, $j = 1, 2, \ldots, m$ hinaus etwas zu verteilen, wenn $\sum_{i=1}^{m} \mathcal{V}(\{j\}) < \mathcal{V}(\mathcal{A})$ gilt. Diesem Aspekt gelten die folgenden Überlegungen.

Definition 5.6 *Eine Koalitionsbewertung heißt additiv, wenn*

$$\mathcal{V}(B) = \sum_{i \in B} \mathcal{V}(\{i\}) \quad \forall B \subseteq \mathcal{A} \; .$$

Aufgabe 39:
Eine superadditive charakteristische Funktion ist genau dann additiv, wenn

$$\sum_{j=1}^{m} \mathcal{V}(\{j\}) = \mathcal{V}(\mathcal{A}) \; .$$

Aufgabe 40:
Jedes superadditive kooperative Spiel hat wenigstens eine Imputation.

Die Koalitionsbewertungen der folgenden beiden Beispiele sind superadditiv.

Beispiel 34 [Gemeindeübergreifende Wasserversorgung]:
Wir folgen hier einer Darstellung in Holler und Illig ([31, Seite 270ff.]); Für vier Gemeinden soll eine neue Wasserversorgung errichtet werden. Zwei Gemeinden liegen nahe beisammen, das jeweils andere Paar von Gemeinden müsste durch eine Pipeline angeschlossen werden. Es könnte auch jede Gemeinde für sich, oder die beiden Gemeindepaare für sich eine Wasserversorgung errichten. Für die verschiedenen Koalitionen ergibt sich folgende Kostenfunktion $c : \mathfrak{P}(\mathcal{A}) \to \mathbb{R}$ [GE]:

$$c(\{1, 2, 3, 4\}) = 700$$
$$c(\{1, 2, 3\}) = c(\{1, 2, 4\}) = c(\{1, 3, 4\}) = c(\{2, 3, 4\}) = 600$$
$$c(\{1, 3\}) = c(\{1, 4\}) = c(\{2, 3\}) = c(\{2, 4\}) = 500$$
$$c(\{1, 2\}) = c(\{3, 4\}) = 400$$
$$c(\{1\}) = c(\{2\}) = c(\{3\}) = c(\{4\}) = 300$$

Für die Kostenfunktion gilt Subadditivität:

$$c(A) + c(B) \geq c(A \cup B) \quad (A \cap B = \emptyset) \, .$$

Als Koalitionsbewertung des Spieles setzen wir daher $\mathcal{V}(A) := -c(A)$. $\diamond$

Beispiel 35 [Veredelung eines Produktes nach [77, Vorob'ev]]:
Der erste Spieler sei ein Verkäufer, der ein Produkt für a[GE] anbieten kann.
Der zweite und dritte Spieler seien reine Veredelungsbetriebe, die dieses Produkt zum Endwert b bzw. c veredeln. Es werde $a < b \leq c$ angenommen. Die Koalitionsbewertung könnte man festlegen zu:

$$\mathcal{V}(2) = \mathcal{V}(3) = \mathcal{V}(2,3) = 0$$
$$\mathcal{V}(1) = a \quad \mathcal{V}(1,2) = b \quad \mathcal{V}(1,3) = c$$
$$\mathcal{V}(1,2,3) = c$$

$\diamond$

5.1.1 Zusammenhang von kooperativem und nichtkooperativem Spiel

Berechnung der Koalitionsbewertung eines nichtkooperativen m-Personen-Spieles. Wir betrachten nun die gemischte Erweiterung eines endlichen Spieles $\Gamma = (\mathcal{A}, \mathcal{S}, \mathcal{U})$ und wollen hieraus ein kooperatives Spiel konstruieren. Wir lassen Koalitionen B von Spielern aus $\mathcal{A}$ zu und fragen, welchen Gesamtvorteil $g(B)$ diese Koalition mindestens erzielen kann. Diesen Gewinn kann die Koalition B sicher unabhängig von den übrigen Koalitionen unter sich verteilen. Der Gewinn $g(B)$ kann damit als Koalitionsbewertung verwendet werden. Es wird sich zeigen, dass $g(B)$ sogar superadditiv ist.

Wir verwenden folgende Bezeichnungen:
$\hat{s}^B$ bezeichne die Gesamtstrategie der Koalition B, $\hat{s}^{-B}$ die Gesamtstrategie der übrigen Spieler. $\hat{s}^i$ und $\hat{s}^{-i}$ wird wie bisher verwendet.
Wir konstruieren nun ein Zweipersonen-Nullsummen-Spiel,
    bei dem der erste Spieler durch die Koalition B und der zweite Spieler durch die Gegenkoalition $-B$ repräsentiert werden. Als Auszahlungsmatrix $\mathbb{U}_B$ dieses Spiels wird festgelegt:

$$\mathbb{U}^B(\hat{s}^B, \hat{s}^{-B}) = \sum_{i \in B} U^i(\hat{s}^B, \hat{s}^{-B}) \, . \tag{5.11}$$

$g(B)$ wird als Spielwert dieses Zweipersonen-Nullsummen-Spiels definiert:

$$g(B) := \max_{\hat{s}^B} \min_{\hat{s}^{-B}} \mathbb{U}^B(\hat{s}^B, \hat{s}^{-B}) \ . \tag{5.12}$$

Satz 5.4 *Durch die in (5.12) definierte Funktion* $g : \mathfrak{P}(\mathcal{A}) \to \mathbb{R}$ *ist eine Koalitionsbewertung eines superadditiven kooperativen Spieles mit den Spielern* $\mathcal{A}$ *gegeben.*

Beweis:

Die Funktion g ist auf der Menge der Koalitionen aus $\mathcal{A}$ definiert. Ferner ist $g(\emptyset) = 0$, da sich wegen $\sum_{i\in\emptyset} U^i(\hat{s}^\emptyset, \hat{s}^{-\emptyset}) = 0$ nach Gleichung (5.11) $\mathbb{U}^B(\hat{s}^B, \hat{s}^{-B}) = 0$ ergibt.

Die Superadditivität ergibt sich für $A \cap B = \emptyset$ aus den folgenden Beweisschritten:

$$g(A\cup B) = \max_{\hat{s}^{A\cup B}} \min_{\hat{s}^{-(A\cup B)}} (\mathbb{U}^A(\hat{s})+\mathbb{U}^B(\hat{s})) \geq \max_{\hat{s}^{A\cup B}} \left(\min_{\hat{s}^{-(A\cup B)}} \mathbb{U}^A(\hat{s}) + \min_{\hat{s}^{-(A\cup B)}} \mathbb{U}^B(\hat{s}) \right)$$

Nun vergrößern wir den Bereich der Minimierung und verkleinern wegen $A\cap B = \emptyset$ den Bereich der Maximierung $\max_{\hat{s}^{A\cup B}}$ auf ein Produktmaß $\hat{s}^A \times \hat{s}^B$

$$g(A \cup B) \geq \max_{\hat{s}^A} \max_{\hat{s}^B} (\min_{\hat{s}^{-A}} \mathbb{U}^A(\hat{s}) + \min_{\hat{s}^{-B}} \mathbb{U}^B(\hat{s})) \ .$$

Wegen $A \cap B = \emptyset$ enthält $-A$ die Koalition B und $-B$ die Koalition A. Die Maximierung über die entsprechende Strategienmenge fällt damit weg, und es gilt

$$g(A \cup B) \geq \max_{\hat{s}^A} \min_{\hat{s}^{-A}} \mathbb{U}^A(\hat{s}) + \max_{\hat{s}^B} \min_{\hat{s}^{-B}} \mathbb{U}^B(\hat{s}) = g(A) + g(B) \ .$$

$\diamond$

Satz 5.5 (Komplementäreigenschaft) *Für die Koalitionsbewertung der gemischten Erweiterung eines Konstantsummen-Spiels gilt:*

$$g(B) + g(\mathcal{A}\backslash B) = g(\mathcal{A}) \quad \forall B \ .$$

Beweis:

Sei die Konstante c die Summe der Auszahlungen aller Spieler für eine bestimmte gemeinsame Strategie, d.h.

$$c = \mathbb{U}^{\mathcal{A}}(\hat{s}) = \mathbb{U}^B(\hat{s}) + \mathbb{U}^{-B}(\hat{s}) \ .$$

Hieraus folgt auch $g(\mathcal{A}) = c$. Weiter gilt

$$g(B) = \max_{\hat{s}^B} \min_{\hat{s}^{-B}} \mathbb{U}^B(\hat{s}^B, \hat{s}^{-B})$$

$$= \max_{\hat{s}^B} \min_{\hat{s}^{-B}} \left(c - \mathbb{U}^{-B}(\hat{s}^B, \hat{s}^{-B}) \right)$$

$$= c - \min_{\hat{s}^B} \max_{\hat{s}^{-B}} \mathbb{U}^{-B}(\hat{s}^B, \hat{s}^{-B})$$

$$\overset{(*)}{=} c - \max_{\hat{s}^{-B}} \min_{\hat{s}^B} \mathbb{U}^{-B}(\hat{s}^B, \hat{s}^{-B})$$

$$= g(\mathcal{A}) - g(\mathcal{A}\backslash B) \ .$$

(*) folgt aus der Sattelpunktseigenschaft. ◇

Beispiel 36 [Umweltschutz]:
Wir setzen hier das Beispiel 20 der drei Chemiefirmen fort, die Wasser einer
natürlichen Resource zur Produktion verwenden. Die Auszahlungsmatrix ist
wieder die von Tabelle 3.4.
Wir wollen hier die Koalitionsbewertungen des zugeordneten kooperativen
Spiels berechnen.
Die Auszahlungsmatrix der Einer-Koalition (z.B. Firma 1) ergibt sich zu:

		Koalition{2,3}			
		(1,1)	(1,2)	(2,1)	(2,2)
Koalition{1}	Strategie 1	-1	-1	-1	-4
	Strategie 2	0	-3	-3	-3

Man stellt hier fest, dass ein Sattelpunkt in reinen Strategien mit dem Wert
-3 existiert.
Die Auszahlungsmatrix der Zweier-Koalition (z.B. Firma 2 und 3) ergibt sich
zu

		Koalition{1}	
		Strategie 1	Strategie 2
	(1,1)	-2	-2
Koalition{2,3}	(1,2)	-1	-7
	(2,1)	-1	-7
	(2,2)	-6	-6

Man stellt hier ebenfalls fest, dass ein Sattelpunkt in reinen Strategien existiert mit dem Wert -2. Die Dreier-Koalition liefert als günstigste Auszahlung ebenfalls -2. Die Koalitionsbewertung wird damit festgelegt zu:

$$\mathcal{V}(\emptyset) = 0$$
$$\mathcal{V}(\{1\}) = \mathcal{V}(\{2\}) = \mathcal{V}(\{3\}) = -3$$
$$\mathcal{V}(\{1,2\}) = \mathcal{V}(\{2,3\}) = \mathcal{V}(\{1,3\}) = -2$$
$$\mathcal{V}(\mathcal{A}) = -2$$

◇

Bemerkung. In Rauhut et al. ([58, Seite 317ff.]) wird auch angegeben, wie aus einem kooperativen Spiel ein nichtkoperatives konstruiert werden kann. Da wir im Folgenden diese Darstellung nicht benötigen gehen wir hier nicht weiter darauf ein.

Aufgabe 41:

Aus [77, Vorobe'v] stammt folgendes Fernseh-Werbeproblem. Drei Firmen F_1, F_2, F_3 möchten ihre konkurrierenden Produkte für die nahen Feiertage als passende Geschenkidee anpreisen. Jede Firma hat die Möglichkeit ihre Werbung entweder beim Frühstücksfernsehen oder am Abend vor der Tagesschau zu plazieren. Wenn mehr als eine Firma zur gleichen Werbezeit ihr Produkt anpreist, so kommt sich der potentielle Käufer veralbert vor und die Werbung dieser Firmen schlägt fehl. Die Firma, der es gelingt, allein am Morgen zu werben, kann eine Menge von 1 Einheit verkaufen; die Firma, der es gelingt, allein am Abend zu werben, kann eine Menge von 2 Einheiten verkaufen. Es ergeben sich die nebenstehenden Auszahlungen.

Strategie	Auszahlung		
	F_1	F_2	F_3
(1,1,1)	0	0	0
(1,1,2)	0	0	2
(1,2,1)	0	2	0
(1,2,2)	1	0	0
(2,1,1)	2	0	0
(2,1,2)	0	1	0
(2,2,1)	0	0	1
(2,2,2)	0	0	0

Tabelle 5.1

Berechnen Sie die Koalitionsbewertung des kooperativen Spieles, das diesem nichtkooperativen Dreipersonen-Spiel zugeordnet ist!

5.1.2 Äquivalenz bei kooperativen Spielen

Strategische Äquivalenz

Definition 5.7 (Strategische Äquivalenz kooperativer Spiele) *Zwei kooperative Spiele* $\Gamma_K(\mathcal{A}, \mathcal{V})$ *und* $\tilde{\Gamma}_K(\mathcal{A}, \tilde{\mathcal{V}})$ *mit den gleichen Spielern* $\mathcal{A}$ *heißen* *strategisch äquivalent, falls es ein $k > 0$ und $c_i \in \mathbb{R}$, $i = 1, \ldots, m$ gibt, so dass*

$$\tilde{\mathcal{V}}(B) = k \times \mathcal{V}(B) + \sum_{i \in B} c_i \quad \forall B \subseteq \mathcal{A} \ . \tag{5.13}$$

Aufgabe 42:
Die Superadditivität bleibt bei strategischer Äquivalenz erhalten.

Bemerkung. Setzt man in Formel (5.12) die spezielle strategisch linear-äquivalente Gewinnfunktion $\tilde{U}^i = k \times U^i + c_i$ unter Verwendung von Gleichung (5.11) ein, so ergibt sich die obige Definition für das einem nichtkooperativem Spiel zugeordnete kooperative Spiel. Es wird hier als neue Definition angegeben, da ein kooperatives Spiel nicht notwendigerweise auf einem nichtkooperativen basiert. Die Relation "strategisch (linear-)äquivalent" ist auch bei kooperativen Spielen eine Äquivalenzrelation (reflexiv, symmetrisch, transitiv). Der folgende Satz ist eine Rechtfertigung dieser Definition.
Die Äquivalenzrelation "strategisch äquivalent" induziert in der Menge der Spiele mit der gleichen Anzahl von Spielern eine Klasseneinteilung.

Satz 5.6 *Die Mengen der Zuteilungen strategisch äquivalenter kooperativer Spiele können umkehrbar eindeutig aufeinander abgebildet werden.*

Beweis:
Wir gehen aus von der Beziehung

$$\tilde{\mathcal{V}}(B) = k\mathcal{V}(B) + \sum_{i \in B} c_i$$

Es seien die Bedingungen der Imputationen für das ursprüngliche Spiel erfüllt, d.h.:

$$z_i \geq \mathcal{V}(\{i\}) \qquad \sum_{i=1}^{m} z_i = \mathcal{V}(\mathcal{A}) \ .$$

Die Multiplikation beider Beziehungen mit $k > 0$ und Addition mit c_i liefert

$$\tilde{z}_i = k z_i + c_i \quad i = 1, \ldots, m$$

und damit die Behauptung.
Der Umkehrschluß vom neuen Spiel auf das alte folgt aus:

$$z_i = \frac{1}{k}\tilde{z}_i - \frac{c_i}{k} \ .$$

◇

Definition 5.8 *Ein kooperatives Spiel heißt ein Null-Spiel, wenn seine Koalitionsbewertung identisch 0 ist.*

Satz 5.7 *Jedes superadditive unwesentliche Spiel ist einem Null-Spiel strategisch äquivalent.*

Beweis:
Für das strategisch äquivalente Spiel nehmen wir $k = 1$ und $c_i = -\mathcal{V}(\{i\})$. Da bei diesem unwesentlichen Spiel

$$\mathcal{V}(B) = \sum_{i \in B} \mathcal{V}(\{i\}) \quad \forall B$$

ist, gilt offensichtlich

$$\tilde{\mathcal{V}}(B) = 0 \quad \forall B \; .$$

$\diamond$

Bemerkung. Die superadditiven unwesentlichen Spiele (bei gegebener Spielermenge) bilden also genau eine Äquivalenzklasse.

Definition 5.9 *Ein kooperatives Spiel dessen Koalitionsbewertung folgende Eigenschaften hat*

$$\mathcal{V}(\{i\}) = 0 \quad i = 1, \ldots, m \qquad \mathcal{V}(\mathcal{A}) = 1 \tag{5.14}$$

heißt ein 0-1-reduziertes kooperatives Spiel.

Bemerkung. Die Menge aller Imputationen eines 0-1-reduzierten Spieles ist gegeben durch

$$\{(z_1, \ldots, z_m) | \sum_{i=1}^{m} z_i = 1 \qquad z_i \geq 0 \quad i = 1, \ldots, m\} \; .$$

Man beachte, dass über die Werte $\mathcal{V}(B)$ für beliebige andere B keine Aussage gemacht wird.

Aufgabe 43:
Zeigen Sie, dass für ein superadditives 0-1-reduziertes Spiel gilt:

1. $0 \leq \mathcal{V}(S) \leq 1, \forall S \subseteq \mathcal{A}$

2. $\mathcal{V}(S) \leq \mathcal{V}(Q), \forall S \subseteq Q$

Satz 5.8 *Jedes wesentliche kooperative Spiel ist einem 0-1-reduzierten kooperativen Spiel strategisch äquivalent.*

Beweis:

$$\tilde{\mathcal{V}}(\{i\}) = k\mathcal{V}(\{i\}) + c_i = 0 \quad i = 1, \ldots, m$$

$$\tilde{\mathcal{V}}(\mathcal{A}) = k\mathcal{V}(\mathcal{A}) + \sum_{i=1}^{m} c_i = 1$$

Hieraus berechnen sich k und c_i zu

$$k = \frac{1}{\mathcal{V}(\mathcal{A}) - \sum_{i=1}^{m} \mathcal{V}(\{i\})} \tag{5.15}$$

$$c_i = -\frac{\mathcal{V}(\{i\})}{\mathcal{V}(\mathcal{A}) - \sum_{i=1}^{m} \mathcal{V}(\{i\})} \quad i = 1, \ldots, m \, . \tag{5.16}$$

Wegen der Wesentlichkeit des Spieles ist wie gefordert $k > 0$. $\diamond$

Beispiel 37 [Äquivalenzklassen eines kooperativen Zweipersonen-Spiels]:
Neben der einzigen Klasse der unwesentlichen Spiele gibt es auch genau eine Klasse der wesentlichen Spiele mit der Koalitionsbewertung (in 0-1-reduzierter Form):

$$\mathcal{V}(\{i\}) = 0 \quad i = 1, 2 \qquad \mathcal{V}(\{1, 2\}) = 1 \, .$$

Andere Wertezuordnungen gibt es hier nicht.
Die Koalitionsbewertungen wesentlicher kooperativer Zweipersonen-Spiele haben daher folgende Darstellung:

$$\mathcal{V}(\{i\}) = c_i \quad \mathcal{V}(\{1, 2\}) = k + c_1 + c_2 \, ,$$

wobei $c_1, c_2 \in \mathbb{R}$ und $k > 0$. Die Menge der Koalitionsbewertungen ist also dreiparametrig. $\diamond$

Beispiel 38 [Äquivalenzklassen eines wesentlichen kooperativen Dreipersonen-Spiels mit der Komplementäreigenschaft]: Nach ([31, z.B. Seite 268]) kann dieses Spiel als Abstimmungsspiel über eine feste, zu verteilende Summe gedeutet werden, wobei mit einfacher Mehrheit über die Verteilung entschieden wird.

Ein wesentliches Spiel kann der Äquivalenzklasse mit

$$\mathcal{V}(\{i\}) = 0 \quad i = 1,2,3 \qquad \mathcal{V}(\{1,2,3\}) = 1$$

zugeordnet werden. Aus der Komplementäreigenschaft

$$\mathcal{V}(\{1,2,3\}) = \mathcal{V}(\{1,2,3\}\backslash\{i\}) + \mathcal{V}(\{i\})$$

folgt zusätzlich zwingend

$$\mathcal{V}(\{1,2\}) = \mathcal{V}(\{1,3\}) = \mathcal{V}(\{2,3\}) = 1 \ .$$

$\diamond$

Beispiel 39 [Äquivalenzklassen eines superadditiven kooperativen Dreipersonen-Spiels]:
Neben der einzigen Klasse der unwesentlichen Spiele gibt es unendlich viele Klassen wesentlicher Spiele mit den Koalitionsbewertungen:

$$\mathcal{V}(\{i\}) = 0 \quad i = 1,2,3 \qquad \mathcal{V}(\{1,2,3\}) = 1 \ .$$

$$\mathcal{V}(\{1,2\}) = \alpha_3 \quad \mathcal{V}(\{1,3\}) = \alpha_2 \quad \mathcal{V}(\{2,3\}) = \alpha_1 \qquad 0 \leq \alpha_1, \alpha_2, \alpha_3 \leq 1$$

Die Koalitionsbewertung eines wesentlichen Spieles hat bei drei Personen folgende Darstellung:

$$\mathcal{V}(\{i\}) = c_i \quad \mathcal{V}(\{1,2,3\}) = k + c_1 + c_2 + c_3$$

$$\mathcal{V}(\{1,2\}) = k\alpha_3 + c_1 + c_2 \quad \mathcal{V}(\{1,3\}) = k\alpha_2 + c_1 + c_3 \quad \mathcal{V}(\{2,3\}) = k\alpha_1 + c_2 + c_3$$

wobei $c_1, c_2, c_3 \in \mathbb{R}$, $k > 0$ und $0 \leq \alpha_1, \alpha_2, \alpha_3 \leq 1$. Die Koalitionsbewertung ist also siebenparametrig. $\diamond$

Bemerkung. Nach Aufgabe (42) ist die 0-1-reduzierte Form eines superadditiven Spieles wieder superadditiv.

Dominanz-Äquivalenz

Definition 5.10 *Eine Imputation* $x = (x_1, \ldots, x_m)$ *dominiert eine Imputation* $y = (y_1, \ldots, y_m)$ *bezüglich (oder auch durch die) der Koalition* B, *falls*

$$\sum_{i \in B} x_i \leq \mathcal{V}(B) \ \textit{Bedingung der Effektivität} \tag{5.17}$$

$$x_i > y_i \quad \forall i \in B \ \textit{Bedingung der Präferenz.} \tag{5.18}$$

Wir bezeichnen diesen Sachverhalt auch mit

$$x \succ_B y \ .$$

Definition 5.11 *Eine Imputation x dominiert die Imputation y, in Zeichen $x \succ y$, wenn es eine Koalition B gibt, so dass $x \succ_B y$.*

Bemerkung. Man kann dies auch folgendermaßen ausdrücken. Wenn $x \succ y$, dann gibt es Kräfte in der Gesellschaft, d.h. unter den m Spielern, die diese Gewinnverteilung unterstützen.
Die Relation $x \succ_B y$ ist eine Halbordnung, während $x \succ y$ im allgemeinen nicht transitiv ist.
Offensichtlich kann Dominanz nicht bezüglich einer Einerkoalition $\{i\}$ und der Gesamtkoalition $\mathcal{A}$ auftreten.
Das Wesentliche eines kooperativen Spieles ist die durch die Relation $x \succ y$ gegebene Dominanzstruktur in der Menge

$$\mathcal{Z} = \mathcal{Z}(\mathcal{V}) = \{z \in \mathbb{R}^m | z_i \geq \mathcal{V}(\{i\}) \wedge \sum_{i=1}^m z_i = \mathcal{V}(\mathcal{A})\} \qquad (5.19)$$

der Zuteilungen.

Definition 5.12 (Dominanz-Äquivalenz) *Zwei kooperative Spiele $\Gamma_K = (\mathcal{A}, \mathcal{V})$ und $\Gamma'_K = (\mathcal{A}', \mathcal{V}')$ mit $|\mathcal{A}| = |\mathcal{A}'|$ heißen dominanz-äquivalent, wenn es eine umkehrbar eindeutige Abbildung gibt, die die Mengen der Zuteilungen $\mathcal{Z}$ und $\mathcal{Z}'$ unter Beibehaltung der Dominanzstruktur aufeinander abbildet.*

Bemerkung. Die in der Definition angesprochene Abbildung beinhaltet unter Umständen auch eine Umnummerierung bzw. geeignete Zuordnung der Spieler der beiden Spiele. Diese Definition und die folgenden beiden Sätze finden sich bereits in dem Artikel von Gillies ([21]) aus dem Jahre 1959. Jedoch bleibt die Dominanz bei strategischer Äquivalenz erhalten.

Satz 5.9 (Dominanz bei strategischer Äquivalenz) *Seien $\Gamma_K(\mathcal{A}, \mathcal{V})$ und $\tilde{\Gamma}_K(\mathcal{A}, \tilde{\mathcal{V}})$ zwei strategisch äquivalente kooperative Spiele und seien x, y bzw. $\tilde{x}$, $\tilde{y}$ strategisch äquivalente Imputationen für Γ_K bzw. $\tilde{\Gamma}_K$, dann folgt aus $x \succ_B y$ die Beziehung $\tilde{x} \succ_B \tilde{y}$.*

Beweis:
Sei

$$\tilde{\mathcal{V}}(B) = k\mathcal{V}(B) + \sum_{i \in B} c_i \qquad \text{mit } k > 0, c_i \in \mathbb{R} \quad \forall B \subset \mathcal{A} \ .$$

Aus $y_i < x_i$ folgt dann $\tilde{y}_i = ky_i + c_i < kx_i + c_i = \tilde{x}_i$. Ferner gilt

$$\sum_{i\in B} \tilde{x}_i = \sum_{i\in B}(kx_i + c_i) = k\sum_{i\in B} x_i + \sum_{i\in B} c_i \leq k\mathcal{V}(B) + \sum_{i\in B} c_i = \tilde{\mathcal{V}}(B)$$

Damit sind alle Eigenschaften der Dominanz für $\tilde{\Gamma}_K$ gezeigt. $\diamond$

Bemerkung. Zur Untersuchung der Dominanzstruktur genügt es daher in vielen Fällen die strategischen Äquivalenzklassen von Spielen zu betrachten. Teilweise genügt es, superadditive Spiele zu betrachten wie die folgende Definition und der darauf folgende Satz zeigt.

Definition 5.13 *Als superadditive Hülle eines kooperativen Spieles* $\Gamma_K = (\mathcal{A}, \mathcal{V})$ *bezeichnet man das Spiel* $\tilde{\Gamma}_K = (\mathcal{A}, \tilde{\mathcal{V}})$ *mit*

$$\tilde{\mathcal{V}}(T) = \max_{\mathbb{S}(T)} \sum_{B\in\mathbb{S}(T)} \mathcal{V}(B) \qquad \forall\, T \subseteq \mathcal{A}\,, \tag{5.20}$$

wobei $\mathbb{S}(T)$ *die Menge aller Zerlegungen von* $T \subseteq \mathcal{A}$ *ist.*

Bemerkung. Diese Definition wird durch den folgenden Satz gerechtfertigt.

Satz 5.10 *Die superadditive Hülle* $\tilde{\Gamma}_K = (\mathcal{A}, \tilde{\mathcal{V}})$ *eines kooperativen Spieles* $\Gamma_K = (\mathcal{A}, \mathcal{V})$ *ist ein superadditives kooperatives Spiel.*
Ferner gilt $\tilde{\mathcal{V}}(\{i\}) = \mathcal{V}(\{i\})$ $\forall i \in \mathcal{A}$ *und* $\tilde{\mathcal{V}}(B) \geq \mathcal{V}(B)$ $\forall B \subseteq \mathcal{A}$.

Beweis:
Entsprechend der Definition der superadditiven Hülle

$$\tilde{\mathcal{V}}(T) = \max_{\mathbb{S}(T)} \sum_{B\in\mathbb{S}(T)} \mathcal{V}(B) \tag{5.21}$$

ist $\{T\}$ eine mögliche Zerlegung von T. Daher gilt $\tilde{\mathcal{V}}(T) \geq \mathcal{V}(T)$. Ist T einelementig, so ist dies die einzige Zerlegung von T und es gilt Gleichheit.
Sei $T \cap Q = \emptyset$. Ferner sei $\mathbb{T}$ irgendeine Zerlegung von T, $\mathbb{Q}$ eine Zerlegung von Q und $\mathbb{Y}$ eine Zerlegung von $T \cup Q$.
Die Menge $\mathbb{T} \cup \mathbb{Q} = \{B|B \in \mathbb{T} \vee B \in \mathbb{Q}\}$ ist immer eine spezielle Zerlegung von $T \cup Q$. Damit gilt folgende Ungleichungskette.

$$\tilde{\mathcal{V}}(T \cup Q) = \max_{\mathbb{Y}} \sum_{B\in\mathbb{Y}} \mathcal{V}(B) \geq \max_{\mathbb{T}} \max_{\mathbb{Q}} \sum_{B\in\mathbb{T}\cup\mathbb{Q}} \mathcal{V}(B) =$$

$$\max_{\mathbb{T}} \sum_{B\in\mathbb{T}} \mathcal{V}(B) + \max_{\mathbb{Q}} \sum_{B\in\mathbb{Q}} \mathcal{V}(B) = \tilde{\mathcal{V}}(T) + \tilde{\mathcal{V}}(Q) \tag{5.22}$$

Das so definierte Spiel $\tilde{\Gamma}_K$ ist also superadditiv. $\diamond$

Aufgabe 44:
Zeigen Sie, dass für die superadditive Hülle $\tilde{\mathcal{V}}$ eines superadditiven kooperativen Spieles $\mathcal{V}$ gilt:

$$\tilde{\mathcal{V}}(B) = \mathcal{V}(B) \quad \forall\, B \subseteq \mathcal{A}$$

Satz 5.11 *Ein kooperatives Spiel* $\Gamma_K = (\mathcal{A}, \mathcal{V})$ *ist zu seiner superadditiven Hülle* $\tilde{\Gamma}_K = (\mathcal{A}, \tilde{\mathcal{V}})$ *dominanz-äquivalent, wenn* $\mathcal{V}(\mathcal{A}) = \tilde{\mathcal{V}}(\mathcal{A})$

Beweis:
Unwesentliche Spiele, für die eine Zuteilung existiert, sind einem Nullspiel strategisch und damit auch dominanz-äquivalent. Nullspiele sind superadditiv und somit identisch zu ihrer superadditiven Hülle.
Wir betrachten nun wesentliche Spiele.
Vorerst wird gezeigt, dass Zuteilungen x im Spiel $\tilde{\Gamma}_K$ auch im Spiel Γ_K Zuteilungen sind und umgekehrt. Dies folgt aus den beiden Beziehungen

$$x_i \geq \tilde{\mathcal{V}}(\{i\}) = \mathcal{V}(\{i\}) \ \forall\, i \in \mathcal{A} \qquad \sum_{i=1}^{m} x_i = \tilde{\mathcal{V}}(\mathcal{A}) = \mathcal{V}(\mathcal{A}) \ .$$

Nun zum Beweis der Dominanz-Äquivalenz.
Fall 1:
Im Spiel Γ_K gelte für die Zuteilungen x und y die Relation $x \succ y$. Es gibt dann ein $B \subseteq \mathcal{A}$ mit

$$x_i > y_i \ \forall i \in B \ \wedge \ x(B) \leq \mathcal{V}(B) \leq \tilde{\mathcal{V}}(B) \ .$$

Somit gilt auch $x \succ y$ im Spiel $\tilde{\Gamma}_K$.
Fall 2:
Im Spiel $\tilde{\Gamma}_K$ gelte für die Zuteilungen x und y die Relation $x \succ y$. Es gibt somit nach Definition (5.11) ein $T \subseteq \mathcal{A}$ mit

$$x_i > y_i \ \forall i \in T \quad \wedge \quad x(T) \leq \tilde{\mathcal{V}}(T) \tag{5.23}$$

Es muss nun eine Zerlegung $\mathbb{T}$ von T geben mit

$$x(T) \leq \tilde{\mathcal{V}}(T) = \sum_{B \in \mathbb{T}} \mathcal{V}(B) \ . \tag{5.24}$$

Ferner gibt es mindestens ein $B \in \mathbb{T}$, so dass $x(B) \leq \mathcal{V}(B)$. Andernfalls wäre $x(B) > \mathcal{V}(B)$, $\forall B \in \mathbb{T}$, mit der Konsequenz

$$x(T) = \sum_{B \in \mathbb{T}} x(B) > \sum_{B \in \mathbb{T}} \mathcal{V}(B) = \tilde{\mathcal{V}}(T) \ ,$$

was ein Widerspruch zur Annahme 5.24 wäre.
Da auch $x_i > y_i \forall i \in T$ gilt, folgt aus $B \subseteq T$

$$x_i > y_i \forall i \in B \quad \wedge \quad x(B) \leq \mathcal{V}(B)$$

und jede Dominanz-Beziehung im Spiel $\tilde{\Gamma}_K$ gilt also auch im Spiel Γ_K. $\diamond$

Beispiel 40 [Dominanz bei unwesentlichen Spielen]:
Da unwesentliche kooperative Spiele genau eine Imputation besitzen, gibt es hier keine Dominanz. $\diamond$

Bemerkung. Die Imputationen $x = (x_1, x_2, x_3)$ eines 0-1-reduzierten kooperativen Spiels können als baryzentrische Koordinaten aufgefasst werden.
Für $m = 3$ lassen sich auf diese Weise Beispiele für Dominanz und einige weitere Begriffe zeichnerisch in der Ebene darstellen. Hier sind dann die Zuteilungen die Punkte $\vec{z}$ einer Dreiecksfläche mit den Ecken $\vec{a}_1$, $\vec{a}_2$, $\vec{a}_3$:

$$x_1 \vec{a}_1 + x_2 \vec{a}_2 + x_3 \vec{a}_3 = \vec{z} \tag{5.25}$$

$$x_1 + x_2 + x_3 = 1 \tag{5.26}$$

$$x_1, \ x_2, \ x_3 \geq 0 \tag{5.27}$$

Läßt man die Bedingungen $x_i \geq 0$, $i = 1, 2, 3$ fallen, so durchläuft $\vec{z}$ alle Punkte der Ebene. Ferner zeigt Nachrechnen, dass die Menge der Punkte $x_1 =$constant eine zum Vektor $\vec{a}_2 - \vec{a}_3$ parallele Gerade ist. Analoges gilt für $x_2 =$constant und $x_3 =$constant. Die folgende Skizze veranschaulicht dies.

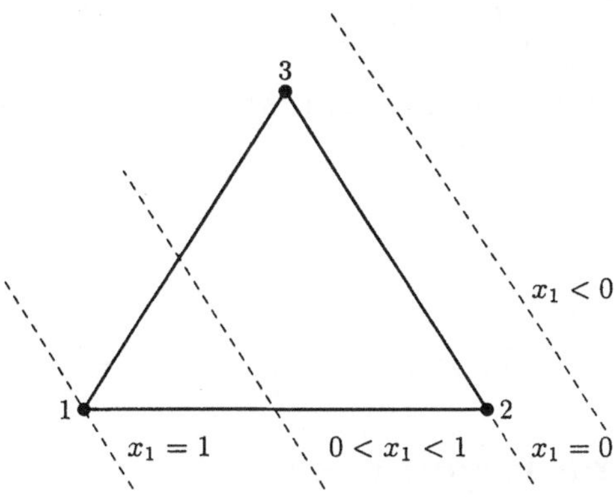

Abbildung 5.1 baryzentrische Koordinaten

Beispiel 41 [Dominanz bei einem wesentlichen Dreipersonen-Spiel mit der Komplementäreigenschaft]:

Es genügt die 0-1-reduzierte Form zu betrachten.

Wir bezeichnen die Imputationen mit (x_1, x_2, x_3) und (y_1, y_2, y_3) und stellen sie als baryzentrische Koordinaten dar.

Wir wollen nun die Menge aller Imputationen y berechnen, die von x dominiert werden.

Dominanz kann nur bezüglich der Zweierkoalitionen auftreten. In der 0-1-reduzierten Form gilt wegen der vorausgesetzten Komplementäreigenschaft

$$\mathcal{V}(\{1,2\}) = 1,\ \mathcal{V}(\{1,3\}) = 1,\ \mathcal{V}(\{2,3\}) = 1 \ .$$

Gilt nun $x \succ_{\{1,2\}} y$, dann muss auch gelten

$$x_1 + x_2 \leq \mathcal{V}(\{1,2\}) = 1 \quad y_1 < x_1 \quad y_2 < x_2 \ .$$

Da $x_1 + x_2$ immer ≤ 1 ist, brauchen wir nur $y_1 < x_1 \quad y_2 < x_2$ betrachten. Die Menge aller y, für die $y_1 < x_1$ gilt, ist das grau markierte Trapez im linken Bild der nebenstehenden Abbildung, wobei der Rand außer der Linie durch x dazugehört. Die y-Werte, für die $y_1 < x_1$ gilt, liegen immer weiter von der Ecke 1 weg als x.

Die Menge aller y, für die $y_1 < x_1$ und $y_2 < x_2$ gilt, ist das im rechten Bild der nebenstehenden Abbildung grau markierte

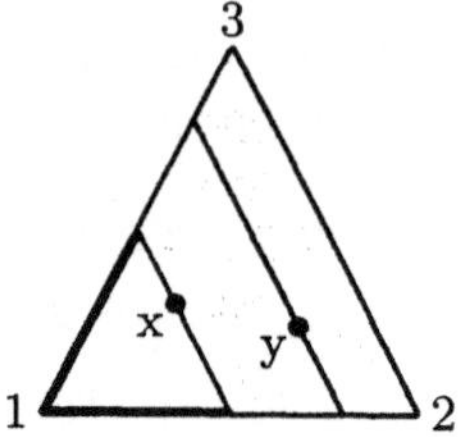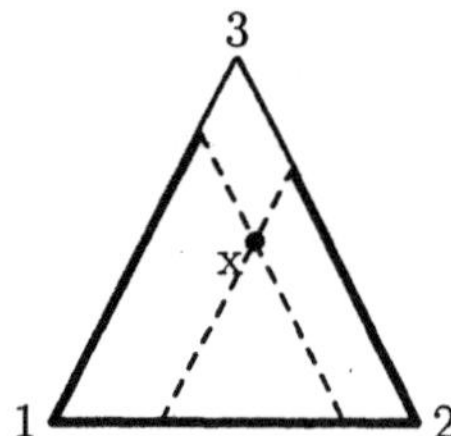

Abbildung 5.2   Dominanz

Parallelogramm, wobei der Rand, der innerhalb des Dreiecks liegt, nicht dazugehört.

Die Menge aller y schließlich, die von x dominiert werden, ist die Menge $\{x | y_1 < x_1 \quad y_2 < x_2\} \cup \{x | y_1 < x_1 \quad y_3 < x_3\} \cup \{x | y_2 < x_2 \quad y_3 < x_3\}$.

Diese Menge ist in der nebenstehenden Abbildung grau markiert.

$\diamond$

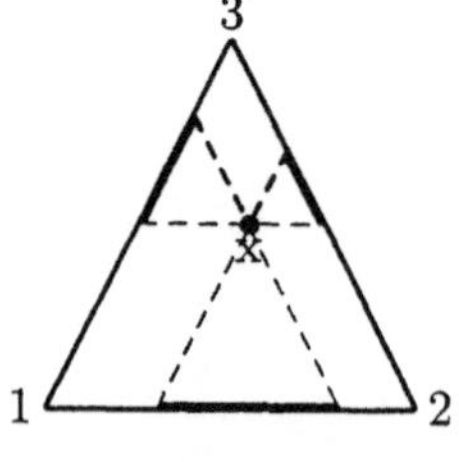

Abbildung 5.3

5.2 Der Kern eines kooperativen Spieles

5.2.1 Allgemeine Ergebnisse

Der zu verteilende Nutzen (oder das Kapital) ist $\mathcal{V}(\mathcal{A}) = \sum_{i=1}^{m} z_i$. Jeder Spieler i möchte natürlich, dass sein Anteil z_i möglichst groß ist. Eine Art

"Nash-Gleichgewicht" eines kooperativen Spieles wäre eine Zuteilung, die nicht für alle gleichzeitig verbessert werden kann, die also nicht dominiert ist.

Satz 5.12 *Alle Zuteilungen z, die die Ungleichungen*

$$\mathcal{V}(B) \leq \sum_{i \in B} z_i \quad \forall B \subseteq \mathcal{A} \tag{5.28}$$

erfüllen, werden nicht dominiert.

Beweis:
Eine dominierte Zuteilung müsste insbesondere für eine Koalition B die Bedingung

$$\mathcal{V}(B) > \sum_{i \in B} z_i$$

erfüllen. Dies trifft jedoch für die Zuteilungen, die die Ungleichungen (5.28) erfüllen, nicht zu. $\diamond$

Bemerkung. Für ein superadditives Spiel gilt sogar der folgende Satz.

Satz 5.13 *Bei einem superadditiven Spiel ist die Zuteilung $z = (z_1, \ldots, z_m) \in \mathcal{K}$ genau dann nicht dominiert, wenn z die Ungleichungen (5.28) erfüllt.*

Beweis:
Es genügt 0-1-reduzierte Spiele zu betrachten.
Für die Koalition $\mathcal{A}$, $\emptyset$ und die Einerkoalitionen $\{i\}$, $i = 1, \ldots, m$ sind die Ungleichungen (5.28) immer erfüllt. Wir betrachten also nur andere Koalitionen B. Wegen des vorhergehenden Satzes genügt es die Notwendigkeit der Ungleichungen (5.28) zu zeigen
Notwendig.
Wir nehmen nun an, dass für eine Koalition $B \neq \mathcal{A}$, die außerdem keine Einerkoalition ist,

$$\mathcal{V}(B) > \sum_{i \in B} z_i$$

gelte.
Mit dieser Annahme konstruieren wir nun eine Imputation y mit $y \succ_B z$.
Sei

$$0 < \varepsilon < \frac{1}{|B|} \left(\mathcal{V}(B) - \sum_{i \in B} z_i \right) \tag{5.29}$$

und setzen y fest zu

$$y_i = \begin{cases} z_i + \varepsilon & \text{falls } i \in B \\ \frac{1}{|A\backslash B|}\left(\sum_{i \notin B} z_i - |B|\varepsilon\right) & \text{falls } i \notin B \end{cases} . \tag{5.30}$$

y ist tatsächlich eine Imputation, wegen

$$\sum_{i=1}^{m} y_i =$$

$$= \sum_{i \in B} z_i + |B|\varepsilon + |A\backslash B| \times \frac{1}{|A\backslash B|}\left(\sum_{i \notin B} z_i - |B|\varepsilon\right)$$

$$= \sum_{i=1}^{m} z_i = \mathcal{V}(\mathcal{A}) = 1 . \tag{5.31}$$

Für $i \notin B$ gilt:

$$\frac{1}{|\mathcal{A}\backslash B|}\left(\sum_{i \notin B} z_i - |B|\varepsilon\right) \overset{5.29}{>}$$

$$> \frac{1}{|\mathcal{A}\backslash B|}\left(\sum_{i \notin B} z_i - \mathcal{V}(B) + \sum_{i \in B} z_i\right)$$

$$\geq \frac{1}{|\mathcal{A}\backslash B|}(\mathcal{V}(\mathcal{A}) - \mathcal{V}(B)) \geq 0 . \tag{5.32}$$

y dominiert z bezüglich B.

$y_i > z_i$ ist für alle $i \in B$ erfüllt. $\sum_{i \in B} y_i \leq \mathcal{V}(B)$ folgt aus

$$\sum_{i \in B} y_i = \sum_{i \in B} z_i + |B|\varepsilon \overset{5.29}{<} \sum_{i \in B} z_i + \mathcal{V}(B) - \sum_{i \in B} z_i = \mathcal{V}(B) .$$

Da nun $y \succ_B z$, würde z nicht zum Kern gehören. Dies ist ein Widerspruch und somit muss die Ungleichung (5.28) gelten. $\diamond$

Definition 5.14 (Kern eines kooperativen Spieles) *Bei einem allgemeinen kooperativem Spiel Γ_K heißt die Menge der Imputationen z, die die linearen Ungleichungen:*

$$\sum_{i=1}^{m} z_i = \mathcal{V}(\mathcal{A}) \tag{5.33}$$

$$\sum_{i \in B} z_i \geq \mathcal{V}(B) \quad \forall B \subseteq \mathcal{A} \tag{5.34}$$

erfüllen, der Kern $\mathcal{K}(\Gamma_K)$ des Spieles.

Bemerkung. Die von der Definition der Zuteilungen geforderten Ungleichungen

$$z_i \geq \mathcal{V}(\{i\}) \quad i = 1, \ldots, m$$

sind in den Ungleichungen 5.34 für $B = \{i\}$ enthalten. Die Ungleichung

$$\sum_{i \in \emptyset} z_i \geq \mathcal{V}(\emptyset)$$

ist offensichtlich immer erfüllt.

Wie der vorangehende Satz zeigt, ist jedenfalls bei einem superadditiven Spiel der Kern genau die Menge aller nicht dominierten Zuteilungen. Die explizite Definition des Kerns eines kooperativen Spiels stammt von Gillies ([21]) aus dem Jahre 1959. Inhaltlich findet sich der Kern bereits bei Edgeworth ([18]) im Jahre 1881. Da unwesentliche Spiele höchstens eine Imputation besitzen, genügt es, nur wesentliche Spiele zu betrachten

Satz 5.14 *Der Kern eines kooperativen Spieles ist konvex und genau dann nicht leer, wenn das Optimierungsproblem*

$$\sum_{i \in B} z_i \geq \mathcal{V}(B) \quad \forall \, B \subseteq \mathcal{A} \tag{5.35}$$

$$\sum_{i=1}^{m} z_i \rightarrow \min_{(z_1, \ldots, z_m)} \tag{5.36}$$

eine Lösung mit einem minimalen Zielfunktionswert $\mathcal{V}(\mathcal{A})$ hat.

Beweis:
Der Kern ist konvex, da er durch lineare Ungleichungen definiert ist. Das Ungleichungssystem hat immer eine Lösung, nämlich

$$z_i = \max_{B:\, B \subseteq \mathcal{A} \,\wedge\, i \in B} \mathcal{V}(B) \; .$$

Die Ungleichungen enthalten auch die Bedingungen

$$\sum_{i \in \mathcal{A}} z_i \geq \mathcal{V}(\mathcal{A}) \; ,$$

so dass der Zielwert beschränkt ist. Damit eine Zuteilung vorliegt, muss die Zielfunktion diese untere Grenze annehmen. $\diamond$

Aufgabe 45:
Betrachten wir nochmals das Problem der Wasserversorgung von vier Gemeinden aus Beispiel 34

Hat dieses Spiel einen nichtleeren Kern? Wenn ja, können Sie eine Zuteilung aus dem Kern angeben?

Satz 5.15 *Der Kern jedes wesentlichen Spieles mit der Komplementäreigenschaft ist leer.*

Beweis:
Sei z eine Imputation, die zum Kern gehört, dann gilt

$$\mathcal{V}(\{i\}) \leq z_i$$
$$\mathcal{V}(\mathcal{A} \backslash \{i\}) \leq \sum_{j \neq i} z_j$$

Das Aufaddieren dieser zwei Ungleichungen und die Verwendung der Komplementäreigenschaft ergibt:

$$\mathcal{V}(\{i\}) + \mathcal{V}(\mathcal{A} \backslash \{i\}) = \mathcal{V}(\mathcal{A}) \leq \sum_{i=1}^{m} z_i$$

Wegen den Eigenschaften einer Imputation muss sogar Gleichheit gelten:

$$\mathcal{V}(\mathcal{A}) = \sum_{i=1}^{m} z_i$$

Somit folgt $\mathcal{V}(\{i\}) = z_i$, $\forall i$.
Dies impliziert aber ferner die Additivität der Koalitionsbewertung und zeigt daher, dass das Spiel unwesentlich ist. Ein wesentliches Spiel mit Komplementäreigenschaft hat daher einen leeren Kern. $\diamond$

Bemerkung. Aus diesem Satz folgt, dass der Kern des Abstimmungsspieles auf Seite 130 leer ist.

Satz 5.16 (Kern eines allgemeinen Dreipersonen-Spiels) *Gegeben sei ein Dreipersonen-Spiel in der 0-1-reduzierten Form:*

$$\mathcal{V}(\{i\}) = 0 \quad i = 1, 2, 3 \qquad \mathcal{V}(\{1, 2, 3\}) = 1 \; .$$

$$\mathcal{V}(\{2, 3\}) = \alpha_1 \quad \mathcal{V}(\{1, 3\}) = \alpha_2 \quad \mathcal{V}(\{1, 2\}) = \alpha_3 \qquad 0 \leq \alpha_1, \alpha_2, \alpha_3 \leq 1$$

Der Kern ist genau dann nicht leer, wenn

$$\alpha_1 + \alpha_2 + \alpha_3 \leq 2 \; . \tag{5.37}$$

Beweis:
Eine Imputation z gehört genau dann zum Kern, wenn

$$z_1 + z_2 \geq \alpha_3 \quad z_1 + z_3 \geq \alpha_2 \quad z_2 + z_3 \geq \alpha_1$$

Berücksichtigt man $z_1 + z_2 + z_3 = 1$ dann ergibt sich

$$z_3 \leq 1 - \alpha_3 \quad z_2 \leq 1 - \alpha_2 \quad z_1 \leq 1 - \alpha_1 \; . \tag{5.38}$$

In baryzentrischen Koordinaten ausgedrückt heißt dies, dass der Punkt z weiter von der i-ten Ecke entfernt ist als der Punkt $(1 - \alpha_1, 1 - \alpha_2, 1 - \alpha_3)$.

Notwendigkeit: Summiert man die Ungleichungen (5.38) auf, so ergibt sich die Bedingung (5.37) des Satzes.

Hinreichend: Geht man von der Ungleichung (5.37) aus, so kann man einen Punkt angeben, der im Kern liegt:
Es gibt $\varepsilon_i \geq 0$, $\alpha_i + \varepsilon_i \leq 1$, $i = 1, 2, 3$, so dass

$$\sum_{i=1}^{3}(\alpha_i + \varepsilon_i) = 2 \quad z_i = 1 - \alpha_i - \varepsilon_i \quad i = 1, 2, 3$$

Man rechnet nach, dass z eine Imputation ist und die Ungleichungen (5.38) erfüllt, also zum Kern gehört. $\diamond$

Aufgabe 46:
Sei $\mathbb{T}$ eine Zerlegung von $\mathcal{A}$. Zeigen Sie, dass

$$\sum_{B \in \mathbb{T}} \mathcal{V}(B) \leq \mathcal{V}(\mathcal{A})$$

eine notwendige Bedingung dafür ist, dass der Kern eines kooperativen Spieles nicht leer ist.
Zeigen Sie durch ein Gegenbeispiel, dass diese Bedingung nicht hinreichend ist.

Bemerkung. Die geometrische Form des Kerns eines allgemeinen Dreipersonen-Spiels hängt ab von der Lage der folgenden jeweils zu einer Dreiecksseite parallelen Geraden

$$g_1 = \{(z_1, z_2, z_3) | z_1 = 1 - \alpha_1\} \qquad g_2 = \{(z_1, z_2, z_3) | z_2 = 1 - \alpha_2\}$$

$$g_3 = \{(z_1, z_2, z_3)|z_3 = 1 - \alpha_3\} \ .$$

Er kann ein einzelner Punkt, ein Geradenstück, ein Dreieck, ein Viereck, ein Fünfeck oder ein Sechseck sein(siehe Abbildung (5.4)).

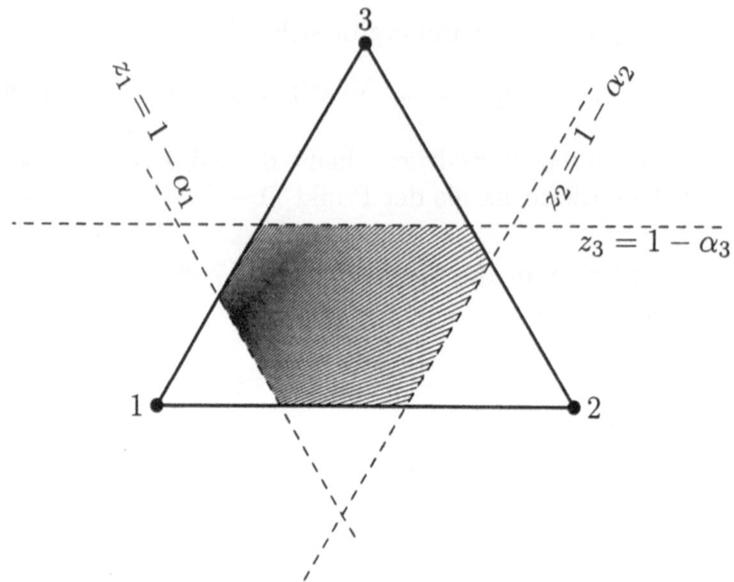

Abbildung 5.4 Kern eines 3-Personen-Spiels

Aufgabe 47:
Sei $\mathbb{T}$ eine Zerlegung von $\mathcal{A}$. Zeigen Sie, dass

$$\sum_{B \in \mathbb{T}} \mathcal{V}(B) \le \mathcal{V}(\mathcal{A})$$

eine notwendige Bedingung dafür ist, dass der Kern eines kooperativen Spieles nicht leer ist.
Zeigen Sie durch ein Gegenbeispiel, dass diese Bedingung nicht hinreichend ist.

5.2.2 Ausgeglichene Spiele

In diesem Abschnitt wird das Kriterium von Satz (5.14)für einen nichtleeren Kern durch ein Kriterium für Koalitionen ersetzt. Das hier gegebene Kriterium beruht auf dem dualen Optimierungsproblem zu dem von Satz (5.14).

Dieses Optimierungsproblem lässt sich mit der Funktion

$$\mathbf{1}_B(i) = \begin{cases} 1 & \text{falls } i \in B \\ 0 & \text{falls } i \notin B \end{cases} \tag{5.39}$$

auch wie folgt formulieren:

$$\sum_{i=1}^{m} \mathbf{1}_B(i)z_i \geq \mathcal{V}(B) \quad \forall\, B \subseteq \mathcal{A} \tag{5.40}$$

$$\sum_{i=1}^{m} z_i \to \min_{(z_1,\dots,z_m)} \tag{5.41}$$

Das dazu duale Problem ist (die z_i unterliegen keiner Vorzeichenbeschränkung):

$$\sum_{B:B\subseteq\mathcal{A}} \mathbf{1}_B(i)y_B = 1 \quad i = 1,\dots,m \tag{5.42}$$

$$y_B \geq 0 \tag{5.43}$$

$$\sum_{B:B\subseteq\mathcal{A}} \mathcal{V}(B)y_B \to \max_{y_B:B\subseteq\mathcal{A}} \tag{5.44}$$

Bemerkung. Es sei hier darauf hingewiesen, dass im Folgenden die leere Koalition nicht notwendig ausgeschlossen werden muss, da $\mathbf{1}_\emptyset(\{i\}) \equiv 0$ und $\mathcal{V}(\emptyset) = 0$.

Definition 5.15 *Jeder Koalition $B \subseteq \mathcal{A}$ sei eine Zahl $\lambda_B \geq 0$ zugeordnet. Diese Menge $(\lambda_B)_{B\subseteq\mathcal{A}}$ von Zahlen heißt eine Kollektion von ausgleichenden Gewichten, wenn die Bedingung*

$$\sum_{B:B\subseteq\mathcal{A}} \lambda_B \mathbf{1}_B(i) = 1 \quad \forall\, i \in \mathcal{A}\,. \tag{5.45}$$

gilt. Die Menge $\mathcal{B} = \{B|\lambda_B > 0\}$ von Koalitionen wird manchmal ebenfalls als ausgeglichen bezeichnet.

Bemerkung. Eine Menge $\mathcal{B}$ von Koalitionen, die eine *Zerlegung* von $\mathcal{A}$ ist, ist immer ausgeglichen mit den ausgleichenden Gewichten

$$\lambda_B = \begin{cases} 1 & \text{falls } B \in \mathcal{B} \\ 0 & sonst \end{cases}.$$

Man beachte dabei, dass der Spieler i nur zu genau einer Koalition gehört.

Beispiel 42:
Wir betrachten ein kooperatives Spiel mit $\mathcal{A} = \{1,2,3\}$, $\mathcal{V}(B) = 1$, falls $|B| \geq 2$ sonst $\mathcal{V}(B) = 0$.
Eine ausgeglichene Menge ist beispielsweise $\{\{2,3\},\{1,3\},\{1,2\}\}$ mit Gewichten $\lambda_k = \frac{1}{2}$, $k = 1,2,3$, sonst 0. Man beachte dabei, dass jeder Spieler genau zwei Koalitionen angehört. $\diamond$

Definition 5.16 *Ein kooperatives Spiel $(\mathcal{A}, \mathcal{V})$ heißt ausgeglichen, wenn für jede Kollektion $(\lambda_B)_{B \subseteq \mathcal{A}}$ von ausgleichenden Gewichten die Ungleichung*

$$\sum_{B:B \subseteq \mathcal{A}} \lambda_B \mathcal{V}(B) \leq \mathcal{V}(\mathcal{A}) \tag{5.46}$$

gilt.

Satz 5.17 *Ein kooperatives Spiel $(\mathcal{A}, \mathcal{V})$ ist genau dann ausgeglichen, wenn das folgende Lineare Optimierungsproblem*

$$z(y) = \sum_{S:S \subset \mathcal{A}} \mathcal{V}(S)y_S \to \max_{y_S, S \subseteq \mathcal{A}} \tag{5.47}$$

unter den Nebenbedingungen

$$\sum_{S:S \subset \mathcal{A}} I_S(i)y_S = 1 \quad i = 1,\ldots,m$$

$$y_S \geq 0 \quad \forall S : S \subseteq \mathcal{A}$$

eine Lösung mit dem maximalem Zielwert $Z_{max} = \mathcal{V}(\mathcal{A})$ hat.

Beweis:
Jede zulässige Lösung des Optimierungsproblems stellt eine ausgeglichene Menge von Koalitionen dar.
(1) Ist das Spiel ausgeglichen, dann ist der maximale Zielwert $\leq \mathcal{V}(\mathcal{A})$. Jedoch liefert die zulässige Lösung

$$y_S = \begin{cases} 0 & \text{falls } S \neq \mathcal{A} \\ 1 & \text{falls } S = \mathcal{A} \end{cases}$$

den Zielwert $\mathcal{V}(\mathcal{A})$.
(2) Hat nun umgekehrt das Optimierungsproblem (5.47) eine optimale Lösung mit dem Zielwert $\mathcal{V}(\mathcal{A})$, dann gilt $\sum_{S:S \subset \mathcal{A}} \mathcal{V}(S)y_S \leq \mathcal{V}(\mathcal{A})$ für alle zulässigen y_s, $S \subseteq \mathcal{A}$. Dies bedeutet, dass das Spiel ausgeglichen ist. $\diamond$

Satz 5.18 (siehe Bondareva[9], Shapley[71]) *Der Kern eines koopera-tiven Spieles ist genau dann nichtleer, wenn das Spiel ausgeglichen ist.*

Beweis:

Die Bedingung ist notwendig: Sei nun der Kern nicht leer und x eine Zuteilung aus dem Kern und $\mathcal{B}$ eine ausgeglichene Menge von Koalitionen mit den ausgleichenden Gewichten $(\lambda_B)_{B\in\mathcal{B}}$. Dann folgt

$$\sum_{B\in\mathcal{B}} \lambda_B \mathcal{V}(B) \leq \sum_{B\in\mathcal{B}} \lambda_B x(B) = \sum_{B\in\mathcal{B}} \lambda_B \left(\sum_{i\in B} x_i\right) =$$

$$= \sum_{i\in\mathcal{A}} x_i \left(\sum_{B:i\in B} \lambda_B\right) =$$

$$= \sum_{i\in\mathcal{A}} x_i \underbrace{\left(\sum_{B\in\mathcal{B}} \lambda_B I_B(i)\right)}_{=1 \text{ nach Bedingung (5.45)}}$$

$$= \sum_{i\in\mathcal{A}} x_i = \mathcal{V}(\mathcal{A}) \ .$$

Zusammengefasst ergibt sich

$$\sum_{B\in\mathcal{B}} \lambda_B \mathcal{V}(B) \leq \mathcal{V}(\mathcal{A})$$

für beliebige ausgeglichene Mengen $\mathcal{B}$. Dies ist die Bedingung des Satzes.

Die Bedingung ist hinreichend: Sei nun das Spiel ausgeglichen, dann hat das Optimierungsproblem (5.47) eine optimale Lösung mit Zielwert $\mathcal{V}(\mathcal{A})$. Das dazu duale Problem (vgl. Optimierungsproblem 5.14)

$$z_d(x) = \sum_{i=1}^{m} x_i \rightarrow \min_{x_i\in\mathbb{R},\, i=1,\dots,m} \tag{5.48}$$

unter den Nebenbedingungen

$$\sum_{i=1}^{m} I_S(i) x_i \geq \mathcal{V}(S)\,, \forall S : S \subseteq \mathcal{A}$$

hat dann ebenfalls eine optimale Lösung $(x_1^\circ, \ldots, x_m^\circ$ mit dem Zielwert $\mathcal{V}(\mathcal{A})$. Diese optimale Lösung erfüllt insbesondere auch alle Nebenbedingungen. Beachtet man, dass

$$\sum_{i=1}^m I_S(i)x_i = \sum_{i \in S} x_i$$

gilt, so erkennt man, dass diese optimale Lösung im Kern des Spiels liegt, der Kern also nicht leer ist. $\diamond$

Beispiel 43:
Mit dem Begriff der ausgleichenden Gewichte kann man zeigen, dass ein Markt-Spiel (siehe z.B. [56]) mit übertragbarer Auszahlung einen nichtleeren Kern hat.
Ein Markt ist gegeben durch

- eine Anzahl m von Spielern, Agenten(Händler);

- eine Anzahl ℓ von Input-Gütern;

- einen ℓ-dimensionalen Vektor ω_i für jeden Spieler i, der angibt wieviel von jedem Input-Gut der i-te Spieler anfänglich besitzt;

- eine stetige, nicht-fallende, konkave Funktion $f_i : \mathbb{R}_+^\ell \to \mathbb{R}_+$ für jeden Spieler i, die Produktionsfunktion.

Um hieraus ein kooperatives Spiel zu machen, nehmen wir an, dass jede Koalition S ihren gemeinsamen Besitz an Input-Gütern beliebig auf ihre Mitglieder aufteilen kann, um von den einzelnen Produktionsfunktionen einen möglichst großen Vorteil zu ziehen. Dieser Vorteil wird für die Koalitionsbewertung verwendet:

$$\mathcal{V}(S) := \max_{a_i | i \in S} \left\{ \sum_{i \in S} f_i(a_i) | a_i \in \mathbb{R}_+^\ell \; ; \sum_{i \in S} a_i = \sum_{i \in S} \omega_i \right\} . \qquad (5.49)$$

Sei $(\lambda_S)_{S:S \subseteq \mathcal{A}}$ eine Kollektion von ausgleichenden Gewichten und $(a_i^S)_{i \in S}$ eine Lösung von 5.49. Dann sei

$$a_i^* = \sum_{S:S \subseteq \mathcal{A}, \, i \in S} \lambda_S a_i^S = \sum_{S:S \subseteq \mathcal{A}} \lambda_S a_i^S \mathbf{1}_S(i) . \qquad (5.50)$$

Danach folgt

$$\sum_{i\in\mathcal{A}} a_i^* = \sum_{S:S\subseteq\mathcal{A}} \lambda_S \sum_{i\in\mathcal{A}} a_i^S \mathbf{1}_S(i) = \tag{5.51}$$

$$= \sum_{S:S\subseteq\mathcal{A}} \lambda_S \sum_{i\in S} a_i^S = \tag{5.52}$$

$$= \sum_{S:S\subseteq\mathcal{A}} \lambda_S \sum_{i\in S} \omega_i =$$

$$= \sum_{S:S\subseteq\mathcal{A}} \lambda_S \sum_{i\in\mathcal{A}} \omega_i \mathbf{1}_S(i) =$$

$$= \sum_{i\in\mathcal{A}} \omega_i \underbrace{\sum_{S:S\subseteq\mathcal{A}} \lambda_S \mathbf{1}_S(i)}_{\substack{=1,\ \text{da } \lambda_S \\ \text{ausgleichende} \\ \text{Gewichte}}} = \sum_{i\in\mathcal{A}} \omega_i \ .$$

Für die speziellen a_i^* gilt

$$\mathcal{V}(\mathcal{A}) \geq \sum_{i\in\mathcal{A}} f_i(a_i^*) \ . \tag{5.53}$$

Aus der Konkavität der f_i folgt weiter

$$\sum_{i\in\mathcal{A}} f_i(a_i^*) \geq \sum_{i\in\mathcal{A}} \sum_{S:S\subseteq\mathcal{A},\, i\in S} \lambda_S f_i(a_i^S) = \tag{5.54}$$

$$= \sum_{S\subseteq\mathcal{A}} \lambda_S \underbrace{\sum_{i\in S} f_i(a_i^S)}_{=\mathcal{V}(S)} =$$

$$= \sum_{S:S\subseteq\mathcal{A}} \lambda_S \mathcal{V}(S) \ .$$

Das letzte Ergebnis ergibt zusammen mit der Beziehung (5.53) die Bedingung für einen nichtleeren Kern:

$$\mathcal{V}(\mathcal{A}) \geq \sum_{S:S\subseteq\mathcal{A}} \lambda_S \mathcal{V}(S) \ .$$

$\diamond$

Aufgabe 48:
Stellen Sie einen Zusammenhang zwischen dem Satz (5.16) und dem Satz (5.18) her.

Aufgabe 49:
Aus [56] entnimmt man folgendes spezielle Marktspiel Die Spieler sind in zwei Gruppen aufgeteilt: $\mathcal{A} = K \cup M$, $K \cap M = \emptyset$. Es gibt $\ell = 2$ Input-Güter und

$$\omega_i = \begin{cases} (1,0) & \text{falls } i \in K \\ (0,1) & \text{falls } i \in M \end{cases} .$$

Die Produktionsfunktionen seien $f_i(x,y) = \min(x,y)$.

1. Geben Sie die charakteristische Funktion $\mathcal{V}$ des kooperativen Marktspieles an.

2. Geben Sie den Kern dieses Spieles für den Fall $|K| < |M|$ an. (Der Kern eines Marktspieles ist nicht leer!)

5.2.3   Konvexe Spiele

Definition 5.17 *Ein kooperatives Spiel heißt konvex, wenn*

$$\mathcal{V}(B) + \mathcal{V}(G) \leq \mathcal{V}(B \cup G) + \mathcal{V}(B \cap G) \quad \forall B, G \subseteq \mathcal{A} . \tag{5.55}$$

Bemerkung. Ein konvexes Spiel ist auch superadditiv. Man braucht hierzu nur den Fall $B \cap G = \emptyset$ zu betrachten. Der folgende Satz aus Shapley [72] gibt eine Begründung für die Bezeichnung „konvex", indem mit einem Differenzenoperator eine Analogie zu konvexen Funktionen auf $\mathbb{R}$ hergestellt wird. Bei konvexen Funktionen ist bekanntlich die zweite Ableitung ≥ 0.

Satz 5.19 *Durch $\delta_R \mathcal{V}(S) := \mathcal{V}(S \cup R) - \mathcal{V}(S \cap \bar{R})$ sei ein Differenzenoperator für $\mathcal{V}$ bezüglich der Koalition R definiert. Ein kooperatives Spiel ist genau dann konvex, wenn*

$$\delta_Q [\delta_R] \mathcal{V}(S) \geq 0 \qquad \forall Q, R, S \subseteq \mathcal{A}$$

Beweis:
Es ist

$$\delta_Q [\delta_R] \mathcal{V}(S) =$$

$$= \mathcal{V}(S \cup R \cup Q) - \mathcal{V}(S \cup R \cap \bar{Q}) - [\mathcal{V}(S \cap \bar{R} \cup Q) - \mathcal{V}(S \cap \bar{R} \cap \bar{Q})] .$$

$\delta_Q[\delta_R]\mathcal{V}(S) \geq 0$ ist gleichbedeutend mit

$$\mathcal{V}(S \cup R \cup Q) + \mathcal{V}(S \cap \bar{R} \cap \bar{Q}) \geq \mathcal{V}(S \cup R \cap \bar{Q}) + \mathcal{V}(S \cap \bar{R} \cup Q) \,.$$

Die letzte Ungleichung ergibt sich unmittelbar aus der definierenden Ungleichung 5.55 für konvexe Spiele, wenn man

$$B := S \cup R \cap \bar{Q} \quad \text{und} \quad G := S \cap \bar{R} \cup Q$$

setzt. Die Rechenregeln für Mengen ergeben nämlich

$$B \cap G = S \cap \bar{R} \cap \bar{Q} \quad \text{und} \quad B \cup G = S \cup R \cup Q \,.$$

Nebenrechnung:

$$\begin{aligned}
B \cap G &= (S \cup R) \cap \bar{Q} \cap S \cap (\bar{R} \cup Q) = \\
&= [(S \cup R) \cap S] \cap [\bar{Q} \cap (\bar{R} \cup Q)] = \\
&= S \cap \bar{Q} \cap \bar{R}
\end{aligned}$$

und

$$\begin{aligned}
B \cup G &= S \cup (R \cap \bar{Q}) \cup (S \cap \bar{R}) \cup Q = \\
&= [S \cup (S \cap \bar{R})] \cup [(R \cap \bar{Q}) \cup Q] = \\
&= S \cup R \cup Q
\end{aligned}$$

$\diamond$

Bemerkung. In der diskreten Optimierung werden solche auf Mengen definierte konvexe Funktionen auch supermodular genannt, siehe z.B.Ichiishi[33].

Aufgabe 50:
Gegeben sei ein superadditives Dreipersonen-Spiel in der 0-1-reduzierten Form:

$$\mathcal{V}(\{i\}) = 0 \quad i = 1,2,3 \qquad \mathcal{V}(\{1,2,3\}) = 1$$

$$\mathcal{V}(\{2,3\}) = \alpha_1 \quad \mathcal{V}(\{1,3\}) = \alpha_2 \quad \mathcal{V}(\{1,2\}) = \alpha_3 \qquad 0 \leq \alpha_1, \alpha_2, \alpha_3 \leq 1$$

(siehe Beispiel (39)).
Welche Bedingungen müssen die α_i, $i = 1,2,3$ erfüllen, damit es ein konvexes kooperatives Spiel ist?

Aufgabe 51:
Zeigen Sie, dass jedes zu einem konvexen Spiel äquivalente Spiel ebenfalls konvex ist!

Bemerkung. Die folgende Aufgabe aus [56] zeigt, dass der Kern eines konvexen Spieles nichtleer ist. Der darauffolgende Satz gibt eine vollständige Lösung für den Kern eines konvexen Spieles.

Aufgabe 52:
Zeigen Sie, dass der Kern eines konvexen kooperativen Spieles nicht leer ist. Hinweis: Betrachten Sie die Zuteilung

$$x_i = \mathcal{V}(B_i \cup \{i\}) - \mathcal{V}(B_i) \qquad B_i = \{1, 2, \ldots, i-1\}, B_1 = \emptyset \ .$$

Satz 5.20 (siehe [72, Shapley], [33, Ichiishi]) *Sei* $\mathcal{G}$ *die Menge aller Permutationen* $\pi : \mathcal{A} \to \mathcal{A}$. *Ferner seien*

$$T_j^\pi = T(\pi, j) = \{i \in \mathcal{A} | \pi(i) < \pi(j)\} \quad j \in \mathcal{A} \tag{5.56}$$

Koalitionen und $x_\pi = (x_{\pi,1}, \ldots, x_{\pi,m})$ *eine Zuteilung mit*

$$x_{\pi,j} = \mathcal{V}(T_j^\pi \cup \{j\}) - \mathcal{V}(T_j^\pi) \quad j = 1, \ldots, m \ . \tag{5.57}$$

Die Ecken des Kerns eines kooperativen Spieles sind genau dann gleich der Menge $\{x_\pi | \pi \in \mathcal{G}\}$, *wenn das Spiel konvex ist.*

Hier wird nur der folgende Teil des Satzes bewiesen.

Satz 5.21 (siehe [33, Ichiishi,1981]) *Die Bezeichnungen von Satz (5.20) seien weiterhin gültig. Sei ferner* $\mathcal{V}$ *die Koalitionsbewertung eines kooperativen Spieles. Die folgenden vier Bedingungen sind äquivalent:*

1. $\mathcal{V}$ *ist konvex.*

2. Für jede Koalition A, B, C *mit* $A \subset B \subset \bar{C}$ *gilt*

$$\mathcal{V}(B \cup C) - \mathcal{V}(B) \geq \mathcal{V}(A \cup C) - \mathcal{V}(A) \ .$$

3. Für jede Koalition A, B *mit* $A \subset B \subset \mathcal{A}\backslash\{j\}$ *gilt*

$$\mathcal{V}(B \cup \{j\}) - \mathcal{V}(B) \geq \mathcal{V}(A \cup \{j\}) - \mathcal{V}(A) \ .$$

4. Für jede Permutation π *und jede Koalition* S *gilt:*

$$\sum_{j \in S} x_{\pi,j} \geq \mathcal{V}(S) \ .$$

Beweis:

(1) $\Rightarrow$ **(2):** In die Bedingung der Konvexität $\mathcal{V}(S \cup T) + \mathcal{V}(S \cap T) \geq \mathcal{V}(T) + \mathcal{V}(S)$ wird speziell $T = A \cup C$ und $S = B$ eingesetzt:

$$\mathcal{V}(A \cup C \cup B) + \mathcal{V}(A \cup C \cap B) \geq \mathcal{V}(A \cup C) + \mathcal{V}(B) .$$

Wegen $A \cup C \cup B = B \cup C$, $A \cup C \cap B = A$ folgt hieraus

$$\mathcal{V}(B \cup C) + \mathcal{V}(A) \geq \mathcal{V}(A \cup C) + \mathcal{V}(B) .$$

Durch Umstellen der Terme folgt hieraus (2).

(2) $\Rightarrow$ **(3):** Für $C = \{j\}$ folgt die Behauptung.

(3) $\Rightarrow$ **(4):** Sei eine Permutation π und eine Koalition $S \subset \mathcal{A}$ mit s Spielern gegeben. Die Koalition S kann dann dargestellt werden als $S = \{j_1, j_2, \ldots, j_s\}$ mit $\pi(j_1) < \pi(j_2), \ldots, < \pi(j_s)$.
Betrachten wir nun die Mengen $A = \{j_1, j_2, \ldots, j_{i-1}\}$ und $B = T(\pi, j_i)$. Für $1 \leq i \leq s$ gilt $A \subset B$, offensichtlich gilt $B \subset \mathcal{A} \backslash \{j_i\}$. Die Anwendung von (3) auf die Koalitionen A und B ergibt:

$$\mathcal{V}(T(\pi, j_i) \cup \{j_i\}) - \mathcal{V}(T(\pi, j_i)) \geq \mathcal{V}(\{j_1, \ldots, j_i\}) - \mathcal{V}(\{j_1, \ldots, j_{i-1}\})$$

Anders ausgedrückt heißt dies

$$x(\pi, \pi(j_i)) \geq \mathcal{V}(\{j_1, \ldots, j_i\}) - \mathcal{V}(\{j_1, \ldots, j_{i-1}\})$$

Berücksichtigt man $\{j_1, \ldots, j_{i-1}\} = \emptyset$ für $i = 1$, so folgt die Behauptung (4) durch Summation dieser Ungleichung über $i = 1, \ldots, s$.

(4) $\Rightarrow$ **(1):** Wir betrachten die folgende Zerlegung von $\mathcal{A}$:

$$\overbrace{\underbrace{j_1, j_2, \ldots, j_r}_{Q \cap S} \quad \underbrace{j_{r+1}, \ldots, j_s}_{Q \cap \bar{S} = Q \backslash S}}^{Q} \quad \underbrace{j_{s+1}, \ldots, j_t}_{S \cap \bar{Q} = S \backslash Q} \quad \underbrace{j_{t+1}, \ldots, j_m}_{\mathcal{A} \backslash (Q \cup S)}$$

$\sigma : \mathcal{A} \rightarrow \mathcal{A}$ mit $\sigma(i) = j_i$ ist eine Permutation, die die obige Zerlegungsdarstellung liefert. Nun betrachten wir aber die Permutation π mit $\pi(j_i) = i$. Dann gilt $T(\pi, j_i) = \{j_1, j_2, \ldots, j_{i-1}\} \; \forall i \in \mathcal{A}$.

Berücksichtigt man $S = \{j_1, j_2, \ldots, j_r\} \cup \{j_{s+1}, \ldots, j_t\}$ dann folgt

$$\sum_{j \in S} [\mathcal{V}(T_j^\pi \cup \{j\}) - \mathcal{V}(T_j^\pi)]$$

$$= \sum_{i=1}^{r} [\mathcal{V}(\{j_1, \ldots, j_i\}) - \mathcal{V}(\{j_1, \ldots, j_{i-1}\})]$$

$$+ \sum_{i=s+1}^{t} [\mathcal{V}(Q \cup \{j_1, \ldots, j_i\}) - \mathcal{V}(Q \cup \{j_1, \ldots, j_{i-1}\})]$$

$$= [\mathcal{V}(Q \cap S) - \mathcal{V}(\emptyset)] + [\mathcal{V}(Q \cup S) - \mathcal{V}(Q)] \; .$$

Nach (4) gilt

$$\sum_{j \in S} [\mathcal{V}(T_j^\pi \cup \{j\}) - \mathcal{V}(T_j^\pi)] \geq \mathcal{V}(\mathcal{S}) \; ,$$

woraus

$$[\mathcal{V}(Q \cap S) - \mathcal{V}(\emptyset)] + [\mathcal{V}(Q \cup S) - \mathcal{V}(Q)] \geq \mathcal{V}(\mathcal{S})$$

folgt. Dies ist genau die Konvexitätsbedingung von $\mathcal{V}$. $\diamond$

Bemerkung. Der vorangehende Satz zeigt, dass die konvexe Menge mit der Menge der Ecken $\{x_\pi | \pi \in \mathcal{G}\}$ genau dann im Kern enthalten ist, wenn das Spiel konvex ist. In [72] hat Shapley gezeigt, dass diese Menge keine echte Teilmenge des Kerns ist.

Aufgabe 53:
Zeigen Sie, dass die Punkte (siehe Satz(5.21))

$$x_{\pi,j} = \mathcal{V}(T_j^\pi \cup \{j\}) - \mathcal{V}(T_j^\pi) \quad j = 1, \ldots, m \; . \tag{5.58}$$

Ecken des Kerns eines konvexen Spieles sind.

Aufgabe 54:
Geben Sie für ein konvexes kooperatives Dreipersonen-Spiel alle Ecken des Kerns an.

Weiter unten benötigen wir die folgende Definition und den folgenden Satz.

Definition 5.18 *Ein kooperatives Spiel $\Gamma_K = (\mathcal{A}, \mathcal{V})$ heißt exakt, wenn es für jede Koalition T eine Zuteilung x im Kern gibt mit $x(T) = \mathcal{V}(T)$*

Satz 5.22 *Jedes konvexe Spiel ist exakt.*

Beweis:
Siehe [72, Shapley,1971].

◇

5.3 von-Neumann-Morgenstern (VNM-)Lösungen

Als Ausgangspunkt dieses weiteren Vorschlags der Verteilung des Gewinns kann ein Mangel des Kerns $\mathcal{K}$ aufgefaßt werden. Der Kern hat nur eine sogenannte innere Stabilität: Keine Imputation aus $\mathcal{K}$ dominiert irgend eine andere Imputation aus $\mathcal{K}$. Es kann aber für irgendeine Imputation y unter Umständen keine Imputation $z \in \mathcal{K}$ angeboten werden mit $z \succ y$. Aus dieser Überlegung heraus haben die genannten Autoren (siehe [54]) die Menge $\mathcal{R}$ der von-Neumann-Morgenstern-Lösungen entwickelt.

Definition 5.19 *Die v.Neumann und Morgenstern-Lösung (oder die VNM-Lösung, oder die stabile Menge) eines kooperativen Spieles nennt man die Menge $\mathcal{R}$ von Imputationen, die folgende Bedingungen erfüllt:*

(1) Keine Imputation aus $\mathcal{R}$ dominiert irgend eine andere Imputation aus $\mathcal{R}$.

(2) Zu jeder Imputation $x \notin \mathcal{R}$ gibt es eine Imputation $z \in \mathcal{R}$, die x dominiert: $z \succ x$.

Satz 5.23 *Wenn die VNM-Lösung $\mathcal{R} \neq \emptyset$ ist, dann gilt $\mathcal{K} \subseteq \mathcal{R}$.*

Beweis:
Wenn $\mathcal{K} = \emptyset$, dann gilt in jedem Fall $\mathcal{K} \subseteq \mathcal{R}$.
Ist eine Imputation $z \in \mathcal{K}$, dann wird sie von keiner anderen Imputation dominiert. Wäre $z \notin \mathcal{R}$, dann würde z von einer Imputation aus $\mathcal{R}$ dominiert. Dies ist ein Widerspruch, daher muss $\mathcal{K} \subseteq \mathcal{R}$ gelten. ◇

Satz 5.24 *Wenn die VNM-Lösung $\mathcal{R}$ eines kooperativen Spieles nur aus einer einzigen Imputation besteht, dann ist das Spiel unwesentlich.*

Beweis:

Wir nehmen nun an, dass das Spiel wesentlich ist und o.B.d.A. in der 0-1-reduzierten Form vorliegt. Insbesondere ist damit auch $m > 1$. Sei nun z die einzige Imputation und für ein j sei $z_j > 0$. Ein solches j gibt es wegen der Eigenschaften einer Imputation. Hieraus konstruieren wir nun eine neue Imputation y:

$$y_i = \begin{cases} z_i + \frac{z_j}{m-1} & \text{falls } i \neq j \\ 0 & \text{falls } i = j \end{cases}.$$

Man rechnet nach, dass y nicht von z dominiert ist. Daher muss entweder $y \in \mathcal{R}$ sein oder es gibt eine weitere Imputation x, die y dominiert und zu $\mathcal{R}$ gehört.

In beiden Fällen enthält $\mathcal{R}$ mindestens 2 Imputationen im Widerspruch zur Annahme. Daher muss das Spiel unwesentlich sein. ◇

Beispiel 44 [Dreipersonen-Abstimmungsspiel]:

Wir betrachten nochmals das Abstimmungsspiel von Seite 130. Wir wissen, der Kern ist leer. Da das Spiel wesentlich ist, muss eine VNM-Lösung mindestens 2 Imputationen enthalten. Es liege wieder die 0-1-reduzierte Form unter Berücksichtigung der Komplementäreigenschaft vor. Die Dominanzmengen für eine Imputation x haben wir schon früher ausgerechnet. Wir untersuchen zwei Fälle, die aufgrund inhaltlicher Überlegungen herausgegriffen werden.

Fall 1: Ein Spieler, z.B. der dritte erhält vorab einen gewissen Betrag z_3 ausbezahlt, die anderen zwei teilen sich den Rest. Diese Menge von Imputationen entspricht in baryzentrischen Koordinaten einer Parallele AB zur Dreiecksseite P_1P_2. Aufgrund früherer Überlegungen wissen wir, dass diese Menge intern stabil ist, also die erste Bedingung einer VNM-Lösung erfüllt. Der Schnittpunkt der beiden Geraden AG und BH muss außerhalb des Dreiecks liegen, dann wird jede Imputation durch eine Imputation der Strecke AB dominiert. Die Bedingung hierfür ist $z_3 < \frac{1}{2}$. Dies ergibt sich folgendermaßen:

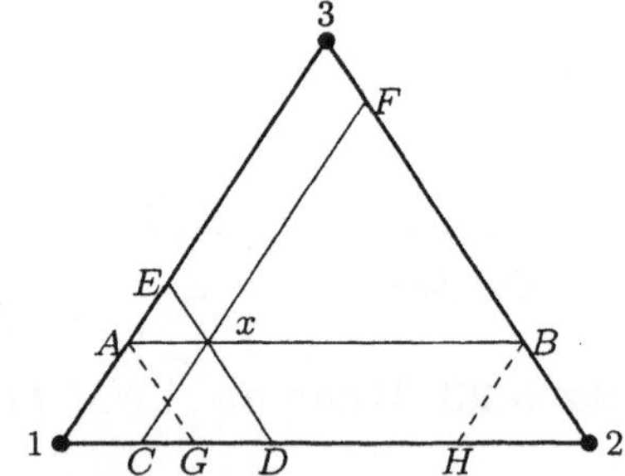

Abbildung 5.5   VNM-Lösung

Die Gerade durch A und B wird beschrieben durch $g_{AB} = \{(\xi_1, \xi_2, \xi_3) | \xi_3 = z_3\}$. Die Gerade durch A und G (parallel zu P_2P_3) wird beschrieben durch $g_{AG} = \{(\xi_1, \xi_2, \xi_3) | \xi_1 = 1 - z_3\}$. Die Gerade durch B und H (parallel zu P_1P_3) wird beschrieben durch $g_{BH} = \{(\xi_1, \xi_2, \xi_3) | \xi_2 = 1 - z_3\}$. Der Schnittpunkt von g_{AG} und g_{BH} ist in baryzentrischen Koordinaten gegeben durch $(1 - z_3, 1 - z_3, \xi_3^*)$ mit $\xi_3^* = 1 - 2(1 - z_3)$. Da der Schnittpunkt außerhalb des Dreiecks liegen soll, d.h. unterhalb der Strecke P_1P_2, muss $\xi_3^* < 0$ gelten, d.h. $z_3 < \frac{1}{2}$.

Es gibt hier also überabzählbar viele verschiedene VNM-Lösungen, es muss nur $z_3 < \frac{1}{2}$ für die Strecke AB gelten.

Darüberhinaus kann man auch zu P_1P_3 und zu P_2P_3 parallele Strecken betrachten, woraus dann $z_2 < \frac{1}{2}$ bzw. $z_1 < \frac{1}{2}$ folgt.

Fall 2: Eine VNM-Lösung enthalte drei Punkte, die nicht auf einer Geraden liegen. Seien dies die Ecken eines Dreiecks ABC. Die schraffierten Flächen im linken Bild der Abbildung (5.6) werden nicht von den Eckpunkten dominiert. Macht man aber das Dreieck größer, bis schließlich die schattierten Flächen verschwinden, so gelangt man zu dem symmetrischen Dreieck mit den Ecken

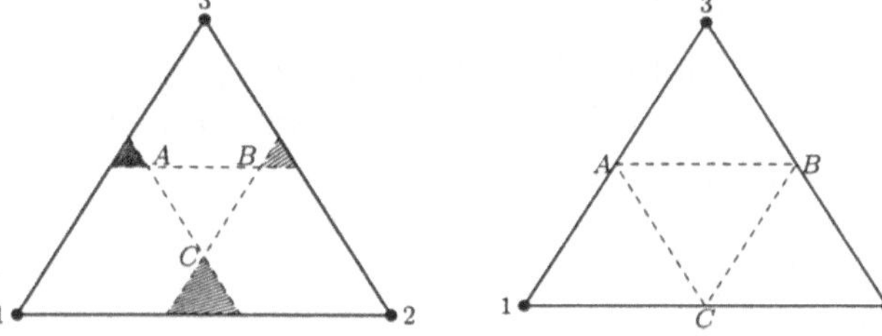

Abbildung 5.6   VNM-Lösung

$A = (\frac{1}{2}, 0, \frac{1}{2})$, $B = (0, \frac{1}{2}, \frac{1}{2})$, $C = (\frac{1}{2}, \frac{1}{2}, 0)$.

Bei beiden Fällen spricht man von **diskriminierenden Lösungen**, da ein Spieler eventuell nichts bekommt oder doch vorab eventuell mit weniger abgespeist wird. Die beiden Erfinder der VNM-Lösungen meinten darin Verhaltensweisen realer Gesellschaften zu erkennen, die zu Ausgrenzungen von gewissen Gruppen führen. Die vorteilhaft behandelten Spieler entsprächen den Verhaltensnormen.

$\diamond$

Beispiel 45:

Das folgende Beispiel eines kooperativen Spieles ohne VNM-Lösung wurde von Lucas ([41])angegeben. Es ist ein Zehnpersonen-Spiel mit der folgenden Koalitionsbewertung:

$$\mathcal{A} = \{1, 2, 3, 4, 5, 6, 7, 8, 9, 10\}$$
$$\mathcal{V}(\{1, 2\}) = \mathcal{V}(\{3, 4\}) = \mathcal{V}(\{5, 6\}) = \mathcal{V}(\{7, 8\}) = \mathcal{V}(\{9, 10\}) = 1$$
$$\mathcal{V}(\{3, 5, 7\}) = \mathcal{V}(\{1, 5, 7\}) = \mathcal{V}(\{1, 3, 7\}) = 2$$
$$\mathcal{V}(\{3, 5, 9\}) = \mathcal{V}(\{1, 5, 9\}) = \mathcal{V}(\{1, 3, 9\}) = 2$$
$$\mathcal{V}(\{1, 4, 7, 9\}) = \mathcal{V}(\{3, 6, 7, 9\}) = \mathcal{V}(\{5, 2, 7, 9\}) = 2$$
$$\mathcal{V}(\{3, 5, 7, 9\}) = \mathcal{V}(\{1, 5, 7, 9\}) = \mathcal{V}(\{1, 3, 7, 9\}) = 3$$

$$\mathcal{V}(\{1,3,5,7,9\}) = 4$$
$$\mathcal{V}(\{\mathcal{A}\}) = 5$$

und für alle anderen Koalitionen T gilt $\mathcal{V}(T) = 0$.

Lucas zeigt, dass der Kern nicht leer ist und folgende sechs Ecken hat:

$$c_1 = (1,0,1,0,1,0,1,0,1,0) \quad c_4 = (0,1,1,0,1,0,1,0,1,0)$$
$$c_2 = (1,0,0,1,1,0,1,0,1,0) \quad c_5 = (1,0,1,0,0,1,1,0,1,0)$$
$$c_3 = (1,0,1,0,1,0,0,1,1,0) \quad c_6 = (1,0,1,0,1,0,1,0,0,1) \ .$$

In dem erwähnten Artikel wird auch gezeigt, dass es bei diesem Spiel keine Menge von Zuteilungen geben kann, die intern und extern stabil ist. Die VNM-Lösung ist also $\emptyset$. $\diamond$

Aufgabe 55:
Zeigen Sie (siehe [73, Seiten 158/159])

1. Jede stabile Menge ist abgeschlossen.

2. Eine Zuteilung, die von einem Element des Kerns dominiert wird, kann zu keiner stabilen Menge gehören.

3. Eine echte Teilmenge einer VNM-Lösung kann keine VNM-Lösung sein.

4. Ein Kern, der die Bedingung der externen Stabilität erfüllt, ist die einzige stabile Menge.

Satz 5.25 *Der Kern eines konvexen Spieles ist die einzige VNM-Lösung dieses Spieles (siehe Shapley [72]).*

Beweis:
Wegen der Aussage von Aufgabe (55) ist zu zeigen, dass der Kern $\mathcal{K}$ eines konvexen Spieles extern stabil ist.

Sei $b \notin \mathcal{K}$ eine beliebige derartige Imputation. Es ist also zu zeigen, dass es eine Imputation $a \in \mathcal{K}$ gibt, die b dominiert.

Zu diesem Zweck werde für eine beliebige Koalition $R \subseteq \mathcal{A}$ definiert

$$g(R) = \begin{cases} 0 & \text{falls } R = \emptyset \\ \dfrac{\mathcal{V}(R) - b(R)}{|R|} & \text{falls } R \neq \emptyset \end{cases} \ . \qquad (5.59)$$

Da die Menge der Koalitionen endlich ist, nimmt g sein Maximum $g^* = g(R^*)$ für eine Koalition R^*, $R^* \neq \emptyset$, an. Da b eine Imputation ist, aber $b \notin \mathcal{K}$, muss es eine Koalition R geben, für die $g(R) \geq 0$ gilt.Es gilt also $g^* > 0$ und auch $R^* \neq \emptyset$.

Wegen der angenommenen Konvexität ist das Spiel auch exakt und es gibt eine Imputation $c \in \mathcal{K}$ mit

$$c(R^*) = \mathcal{V}(R^*) \,. \tag{5.60}$$

Wir betrachten nun die Zuteilung a mit

$$a_i = \begin{cases} b_i + g^* & \text{falls } i \in R^* \\ c_i & \text{falls } i \in \mathcal{A} \backslash R^* \end{cases} \qquad i = 1, \ldots, m \,. \tag{5.61}$$

Folgende Beziehung wird im Laufe des Beweises noch verwendet. Nach (5.59) und (5.61) gilt

$$a(R^*) = b(R^*) + |R^*| g^* = b(R^*) + (\mathcal{V}(R^*) - b(R^*)) = \mathcal{V}(R^*) \tag{5.62}$$

Es wird zuerst gezeigt, dass a **tatsächlich eine Imputation** ist:

1. a erfüllt auch die Bedingungen (5.1) einer Imputation, wegen $a_i \geq \mathcal{V}(\{i\})$, da $g^* > 0$ und b und c Imputationen sind.

2. Die zweite Bedingung folgt wegen

$$a(\mathcal{A}) = a(R^*) + a(\mathcal{A} \backslash R^*) \,. \tag{5.63}$$

Nach Formeln (5.59) und (5.62) folgt weiter

$$= \mathcal{V}(R^*) + c(\mathcal{A} \backslash R^*) \,, \tag{5.64}$$

und schließlich, da nach (5.60) c eine Imputation ist

$$= c(R^*) + c(\mathcal{A} \backslash R^*) = c(\mathcal{A}) = \mathcal{V}(\mathcal{A}) \,. \tag{5.65}$$

Um nachzuweisen, dass a **im Kern liegt**, ist für beliebige Koalitionen T die Ungleichung $a(T) \geq \mathcal{V}(T)$ zu zeigen. Mit $T = Q \cup B$ und $Q = T \cap R^*$, $B = T \backslash R^*$ ergibt sich

$$a(T) = a(Q) + a(B) \,,$$

und wegen $Q \subseteq R^*$ und $B \subseteq \mathcal{A} \backslash R^*$ folgt

$$= b(Q) + |Q|g^* + c(B)$$

Ferner folgt, da g^* das Maximum von g und $c(\cdot)$ additiv ist

$$\geq b(Q) + |Q|g(Q) + c(T \cup R^*) - c(R^*) \ .$$

Die Definition (5.59), (5.60) und $c \in \mathcal{K}$ ($c(T \cup R^*) \geq \mathcal{V}(T \cup R^*)$!) ergibt

$$\geq \mathcal{V}(Q) + \mathcal{V}(T \cup R^*) - \mathcal{V}(R^*) \ ,$$

und wegen der Definition der Konvexität ist dieser Ausdruck $\geq \mathcal{V}(T)$ und somit

$$a(T) \geq \mathcal{V}(T) \ .$$

Schließlich bemerken wir noch, dass offensichtlich $a \succeq_{R^*} b$ gilt. Somit ist der Kern als extern stabil bewiesen. $\diamond$

Aufgabe 56:
Geben Sie die stabilen Mengen eines konvexen Dreipersonen-Spieles an. (siehe Aufgabe 54).

5.4   Die Shapley Zuteilung

Shapley ([70]) hat im Jahre 1953 eine Berechnungsformel für eine Imputation angegeben, die sich aus vier Annahmen (Axiomen) eindeutig ergibt. Um die Axiome formulieren und verstehen zu können, benötigen wir noch eine Definition.

Definition 5.20 (Automorphismus von $\mathcal{V}$) *Sei π eine Permutation der Spieler. πB sei das Bild der Koalition B unter dieser Permutation. π heißt ein Automorphismus der Koalitionsbewertung $\mathcal{V}$, wenn*

$$\mathcal{V}(\pi B) = \mathcal{V}(B) \qquad \forall B \subseteq \mathcal{A} \ . \tag{5.66}$$

Definition 5.21 (Shapley's Axiome) *Gegeben sei ein kooperatives Spiel $\Gamma_K = (\mathcal{A}, \mathcal{V})$. Eine Zuteilung $\Phi(\mathcal{V}) = (\Phi_1(\mathcal{V}), \Phi_2(\mathcal{V}), \ldots, \Phi_m(\mathcal{V}))$ für dieses Spiel, die die folgenden Bedingungen erfüllt, heißt Shapley-Zuteilung (auch Shapley-Wert):*

(1) **Axiom der Effizienz:** $\sum_{i=1}^{m} \Phi_i(\mathcal{V}) = \mathcal{V}(\mathcal{A})$

(2) **Axiom des Dummy-Spielers:** *Für jeden Spieler i mit*

$$\mathcal{V}(B) = \mathcal{V}(B\setminus\{i\}) \quad \forall B : B \subset \mathcal{A} \wedge i \in B$$

gilt $\Phi_i(\mathcal{V}) = 0$

(3) **Axiom der Symmetrie:** *Für jeden Automorphismus π von $\mathcal{V}$ gilt*
$\Phi_i(\mathcal{V}) = \Phi_{\pi i}(\mathcal{V})$

(4) **Axiom der Additivität:** *Sind $\mathcal{V}$ und $\mathcal{W}$ zwei Koalitionsbewertungen für die gleiche Spielermenge, dann soll gelten*

$$\Phi(\mathcal{V} + \mathcal{W}) = \Phi(\mathcal{V}) + \Phi(\mathcal{W}) \ .$$

Satz 5.26 (Formel der Shapley Zuteilung) *Die Shapley-Zuteilung $\Phi(\mathcal{V})$ ist für jedes Spiel durch die folgende Berechnungsformel:*

$$\Phi_i(\mathcal{V}) = \sum_{B:\, B\subset\mathcal{A}} (\mathcal{V}(B) - \mathcal{V}(B\setminus\{i\})) \frac{(|B| - 1)!(m - |B|)!}{m!} \quad i = 1,\ldots,m$$

$$(5.67)$$

gegeben.

Beweis:
Da jede Koalitionsbewertung durch eine Linearkombination elementarer Koalitionsbewertungen dargestellt werden kann, zeigen wir zum Beweis der Eindeutigkeit der Shapley-Zuteilung, dass aus den Axiomen für die elementaren Koalitionsbewertungen eine eindeutige Zuteilung folgt.
Für eine gegebene Koalition B betrachten wir nun die gestreckte elementare Koalitionsbewertung

$$\mathcal{V}_B : \mathfrak{P}(\mathcal{A}) \to \mathbb{R} \quad \text{mit} \quad \mathcal{V}_B(L) = \begin{cases} \lambda & \text{falls } B \subset L \\ 0 & \text{falls } B \not\subset L \end{cases} \qquad (5.68)$$

Aus dem Axiom für Dummy-Spieler folgt

$$\Phi_i(\mathcal{V}_B) = 0 \qquad \forall i \notin B \qquad (5.69)$$

Aus dem Axiom der Effizienz folgt unter Einbeziehung dieses Ergebnisses:

$$\sum_{i=1}^{m} \Phi_i(\mathcal{V}_B) = \sum_{i\in B} \Phi_i(\mathcal{V}_B) = \mathcal{V}_B(\mathcal{A}) = \lambda \qquad (5.70)$$

Wir betrachten nun Automorphismen π, die alle $i \in B$ permutieren, aber die $i \notin B$ unverändert lassen. Es gilt dann

$$\pi B = B \quad \Rightarrow \quad (B \subseteq L \Leftrightarrow B \subseteq \pi L) \,. \tag{5.71}$$

Hieraus folgt weiter

$$\mathcal{V}_B(L) = \mathcal{V}_B(\pi L) \tag{5.72}$$

und nach dem Axiom der Symmetrie ergibt sich die Shapley-Zuteilung zu

$$\Phi_i(\lambda \mathcal{V}_B) = \begin{cases} \dfrac{\lambda}{|B|} & \text{falls } i \in B \\[2mm] 0 & \text{falls } i \notin B \end{cases} . \tag{5.73}$$

Aus den Axiomen hat sich also eine eindeutige Shapley-Zuteilung für die elementaren Koalitionsbewertungen ergeben. Da diese eine Basis des Vektorraums der Koalitionsbewertungen darstellen, ist auch die Eindeutigkeit für beliebige Koalitionsbewertungen bewiesen.

Im zweiten Schritt folgt der Nachweis, dass die angegebene Zuteilung (5.67) die Axiome erfüllt. Hierzu betrachten wir die Darstellung einer beliebigen Koalitionsbewertung als Linearkombination der elementaren Koalitionsbewertungen (5.3).

$$\mathcal{V} = \sum_{B \subseteq \mathcal{A}} \lambda_B \mathcal{V}_B \tag{5.74}$$

Das noch nicht verwendete Axiom der Additivität muss nun ins Spiel gebracht werden:

$$\Phi_i(\mathcal{V}) = \sum_{B \subseteq \mathcal{A}} \Phi_i(\lambda_B \mathcal{V}_B) = \sum_{\substack{B \subseteq \mathcal{A} \\ i \in B}} \frac{\lambda_B}{|B|} \tag{5.75}$$

Verwendet man die Darstellung (5.2) für λ_B und vertauscht anschließend die beiden Summationen, dann ergibt sich:

$$\Phi_i(\mathcal{V}) = \sum_{\substack{B:B \subseteq \mathcal{A} \\ i \in B}} \frac{1}{|B|} \left[\sum_{L \subset B} (-1)^{|B|-|L|} \mathcal{V}(L) \right]$$

$$= \sum_{L \subset \mathcal{A}} \left[\sum_{B:\, L \cup \{i\} \subset B} \frac{1}{|B|} (-1)^{|B|-|L|} \right] \mathcal{V}(L)$$

Es gibt genauso viele Teilmengen L von B ohne i wie mit i. Wenn $i \in L$ ist, dann gilt

$$\gamma_i(L) = \sum_{B:\, L\cup\{i\}\subset B} \frac{1}{|B|}(-1)^{|B|-|L|} = -\gamma_i(L\setminus\{i\})$$

und berücksichtigt man $\mathcal{V}(L) = \mathcal{V}(L\setminus\{i\})$, falls $i \notin L$, so folgt weiter

$$\Phi_i(\mathcal{V}) = \sum_{L\subset\mathcal{A}} \gamma_i(L)(\mathcal{V}(L) - \mathcal{V}(L\setminus\{i\})) \, .$$

Nach einer Argumentation, die zu Formel (2) geführt hat, ergibt sich

$$\gamma_i(L) = \sum_{b=|L|}^{m} \frac{1}{b}(-1)^{b-|L|} \binom{m-|L|}{b-|L|} \, .$$

Wir verwenden nun

$$\frac{1}{b} = \int_0^1 x^{b-1}dx \, ,$$

und die binomische Formel und setzen $\ell = |L|$.

$$\sum_{b=1}^{m} \frac{1}{b}(-1)^{b-\ell} \binom{m-\ell}{b-\ell}$$

$$= \sum_{b=1}^{m} \int_0^1 x^{b-1}dx(-1)^{b-\ell} \binom{m-\ell}{b-\ell}$$

$$= \int_0^1 \left[\sum_{b=1}^{m} x^{b-\ell}(-1)^{b-\ell} \binom{m-\ell}{b-\ell} \right] x^{\ell-1}dx$$

$$= \int_0^1 (1-x)^{m-\ell}x^{\ell-1}dx = \frac{(m-\ell)!(\ell-1)!}{m!} \, .$$

Das zuletzt angegebene Integral stellt die sogenannte Betafunktion dar, die für ganzzahlige m und ℓ den angeführten Wert hat. Hieraus folgt schließlich die Behauptung. $\diamond$

Satz 5.27 *Bei einem superadditivem Spiel ist die Shapley-Zuteilung eine Zuteilung im Sinne der Definition (5.1).*

Beweis:
Der Nachweis der Gruppenrationalität ist durch das Effizienzaxiom von Shapley gegeben. Es ist noch die Bedingung der individuellen Rationalität nachzuweisen, d.h. $\Phi_i(\mathcal{V}) \geq \mathcal{V}(\{i\})$.

Wegen der Superadditivität gilt $\mathcal{V}(B) - \mathcal{V}(B\backslash\{i\}) \geq \mathcal{V}(\{i\})$, falls $i \in B$. Aus Formel (5.67) folgt dann

$$\Phi_i(\mathcal{V}) \geq \mathcal{V}(\{i\}) \sum_{\substack{B:\, B \subseteq \mathcal{A} \\ i \in B}} \frac{(|B| - 1)!(m - |B|)!}{m!} \quad i = 1, \ldots, m\ .$$

Als nächstes kann gezeigt werden

$$\sum_{\substack{B:\, B \subseteq \mathcal{A} \\ i \in B}} \frac{(|B| - 1)!(m - |B|)!}{m!} = 1 \quad i = 1, \ldots, m\ .$$

Nach einer bereits mehrfach angewendeten Methode des Berechnens der Anzahl der verschiedenen Mengen B $(i \in B)$ folgt

$$\sum_{\substack{B:\, B \subseteq \mathcal{A} \\ i \in B}} \frac{(|B| - 1)!(m - |B|)!}{m!}$$

$$= \sum_{b=1}^{m} \sum_{\substack{B:\, |B|=b \\ i \in B}} \frac{(|B| - 1)!(m - |B|)!}{m!}$$

$$= \sum_{b=1}^{m} \frac{(b - 1)!(m - b)!}{m!} \times \frac{(m - 1)!}{(b - 1)!(m - b)!}$$

$$= \sum_{b=1}^{m} \frac{1}{m}$$

$$= 1\ .$$

$\diamond$

Beispiel 46 [Shapley-Zuteilung und individuelle Rationalität]:
Folgende Koalitionsbewertung werde betrachtet:

$$\mathcal{V}(\{1\}) = 2 \qquad \mathcal{V}(\{2\}) = 1 \qquad \mathcal{V}(\{3\}) = 0$$
$$\mathcal{V}(\{1,2\}) = 2 \qquad \mathcal{V}(\{1,3\}) = 1 \qquad \mathcal{V}(\{2,3\}) = 3$$
$$\mathcal{V}(\{1,2,3\}) = 4\ .$$

Hieraus ergibt sich für den Spieler 1

$$\mathcal{V}(\{1,2,3\}) - \mathcal{V}(\{2,3\}) = 1$$
$$\mathcal{V}(\{1,2\}) - \mathcal{V}(\{2\}) = 1$$
$$\mathcal{V}(\{1,3\}) - \mathcal{V}(\{3\}) = 1\ .$$

Für den Spieler 1 ergibt sich dann die Shapley-Zuteilung zu 1, was kleiner als $\mathcal{V}(\{1\}) = 2$ ist. Es ist also die Bedingung der individuellen Rationalität aus Bedingung (5.1) nicht erfüllt. ◇

Beispiel 47 [Fortsetzung Umweltschutz von Seite 126]:

B	$\lvert B\rvert$	$\dfrac{(m-\lvert B\rvert)!(\lvert B\rvert-1)!}{m!}$	$\mathcal{V}$	$\mathcal{V}(B)-\mathcal{V}(B\backslash\{1\})$	$\mathcal{V}(B)-\mathcal{V}(B\backslash\{2\})$	$\mathcal{V}(B)-\mathcal{V}(B\backslash\{3\})$
$\{1\}$	1	$1/3$	-3	-3	0	0
$\{2\}$	1	$1/3$	-3	0	-3	0
$\{3\}$	1	$1/3$	-3	0	0	-3
$\{1,2\}$	2	$1/6$	-2	1	1	0
$\{1,3\}$	2	$1/6$	-2	1	0	1
$\{2,3\}$	2	$1/6$	-2	0	1	1
$\{1,2,3\}$	3	$1/3$	-2	0	0	0
i	$-$	$-$	$-$	1	2	3
Φ_i	$-$	$-$	$-$	$-2/3$	$-2/3$	$-2/3$

Der schnellere Berechnungsweg wäre gewesen, die Symmetrie in den drei Firmen zu berücksichtigen. Hier ist jede Permutation ein Automorphismus, daher gilt $\Phi_i(\mathcal{V}) = \mathcal{V}(\mathcal{A})/3 = -2/3$. ◇

Satz 5.28 *Die Shapley-Zuteilungen strategisch äquivalenter kooperativer Spiele Γ_K und $\tilde{\Gamma}_K$ mit den Parametern $k > 0$ und $c_i \in \mathbb{R}$ entsprechen einander eineindeutig:*

$$\Phi_i(\tilde{\mathcal{V}}) = k\Phi_i(\mathcal{V}) + c_i \qquad i = 1,\ldots,m \ . \tag{5.76}$$

Beweis:
Seien $\mathcal{V}$ und $\tilde{\mathcal{V}}$ zwei strategisch äquivalente Koalitionsbewertungen:

$$\tilde{\mathcal{V}}(B) = k\mathcal{V}(B) + \sum_{i\in B} c_i \qquad k > 0\,, c_i \in \mathbb{R} \quad \forall B \ .$$

Unter Verwendung der elementaren Koalitionsbewertungen $\mathcal{V}_{\{i\}}$, $i = 1, \ldots, m$ ergibt sich die folgende Darstellung

$$\tilde{\mathcal{V}}(B) = k\mathcal{V}(B) + \sum_{i=1}^{m} c_i \mathcal{V}_{\{i\}}(B) \qquad k > 0, c_i \in \mathbb{R} \quad \forall B \ .$$

Das Axiom der Additivität und die Formel (5.73) liefern dann

$$\Phi_j(\tilde{\mathcal{V}}) = k\Phi_j(\mathcal{V}) + \sum_{i=1}^{m} \Phi_j(c_i \mathcal{V}_{\{i\}}) \ .$$

Nach Formel (5.73) gilt

$$\Phi_j(c_i \mathcal{V}_{\{i\}}) = \begin{cases} c_i & \text{falls } i = j \\ 0 & \text{falls } i \neq j \end{cases} ,$$

und es folgt die Behauptung des Satzes. $\diamond$

Beispiel 48 [Montagetrupp mit Vorarbeiter nach [77]]:
Der Spieler Nummer m zähle als Vorarbeiter. Folgende Koalitionsbewertung wird festgelegt:

$$\mathcal{V}(B) = \begin{cases} 1 & \text{falls } B : \{i, m\} \subset B \quad i \neq m, i = 1, \ldots, m - 1 \\ 1 & \text{falls } B : \{1, 2, \ldots, m - 1\} \subset B \\ 0 & \text{falls } B = \{m\} \\ 0 & \text{falls } B : m \notin B \wedge |B| < m - 1 \end{cases}$$

Die Shapley-Zuteilung kann wie folgt berechnet werden. Jede Permutation π mit $\pi m = m$ ist ein Automorphismus der Koalitionsbewertung, daher gilt

$$\Phi_i(\mathcal{V}) = \frac{1 - \Phi_m(\mathcal{V})}{m - 1} \quad i = 1, \ldots, m - 1 \ .$$

Bleibt also die Berechnung von $\Phi_m(\mathcal{V})$. Es gilt nach Gleichung (5.67)

$$\Phi_m(\mathcal{V}) = \sum_{B : m \in B} \frac{(|B| - 1)!(m - |B|)!}{m!} (\mathcal{V}(B) - \mathcal{V}(B \backslash \{m\})) \ .$$

Wenn $m \in B$ dann gilt

$$\mathcal{V}(B) = \begin{cases} 1 & \text{falls } |B| > 1 \\ 0 & \text{falls } |B| = 1 \end{cases} \quad \text{und} \quad \mathcal{V}(B \backslash \{m\}) = \begin{cases} 1 & \text{falls } |B| = m \\ 0 & \text{falls } |B| < m \end{cases} .$$

Es brauchen dann nur die Summanden ungleich Null berücksichtigt werden:

$$\Phi_m(\mathcal{V}) = \sum_{b=2}^{m-1} \frac{(b-1)!(m-b)!}{m!} \sum_{\substack{B:|B|=b \\ m\in B}} 1 \; .$$

Mit

$$\sum_{\substack{B:|B|=b \\ m\in B}} 1 = \binom{m-1}{b-1}$$

folgt

$$\Phi_i(\mathcal{V}) = \begin{cases} \dfrac{2}{m(m-1)} & \text{falls } i \neq m \\ \dfrac{(m-2)}{m} & \text{falls } i = m \end{cases} \; .$$

Die Auszahlung an den Vorarbeiter ist also $\frac{1}{2}(m-1)(m-2)$-mal größer als an den "einfachen" Arbeiter. Man könnte dies als Verhältnis der Löhne deuten. Es bleibt jedoch die schwierige Aufgabe, die Koalitionsbewertung möglichst wirklichkeitsnah zu ermitteln.

Schließlich sei noch bemerkt, dass dieses Spiel die Komplementäreigenschaft besitzt und daher auf ein m-Personen-Konstantsummen-Spiel zurückgeführt werden kann. Aus der ursprünglichen Definition von $\mathcal{V}$ folgt

$$\mathcal{V}(\mathcal{A}\backslash B) = \begin{cases} 0 & \text{falls } B : \{i,m\} \subset B \quad i \neq m, i = 1, \ldots, m-1 \\ 0 & \text{falls } B : \{1, 2, \ldots, m-1\} \subset B \\ 1 & \text{falls } B = \{m\} \\ 1 & \text{falls } B : m \notin B \wedge |B| < m-1 \end{cases}$$

und somit gilt die Komplementäreigenschaft $\mathcal{V}(\mathcal{A}) = \mathcal{V}(\mathcal{A}\backslash B) + \mathcal{V}(B)$. Da es sich außerdem um ein wesentliches Spiel handelt ($\mathcal{V}(\mathcal{A}) = 1$, $\mathcal{V}(\{i\}) = 0$), ist der Kern leer. $\diamond$

Aufgabe 57:

Wir betrachten ein Gremium, bei dem es zwei verschiedene Typen von Mitgliedern gibt, die A-Mitglieder und die B-Mitglieder. Insgesamt gebe es 15 Mitglieder, 5 A-Mitglieder und 10 B-Mitglieder. Eine Entscheidung sei gültig, wenn insgesamt mindestens 9 Mitglieder zustimmen, alle A-Mitglieder eingeschlossen. Der Wert der charakteristischen Funktion sei für jede Koalition, die eine Entscheidung herbeiführen kann, gleich 1, für die übrigen 0.

Werten Sie jedes Mitglied durch seine Shapley-Zuteilung. Gibt es Dummy-Mitglieder? Hat dieses kooperative Spiel irgendeine andere wichtige Eigenschaft?
Wo sind Ihnen derartige Gremien begegnet?

Aufgabe 58:
Nach Vorob'ev ([77, Seite 161]) modelliert das folgende Spiel das Verhältnis von Großgrundbesitzer und armen Landarbeitern.
Es seien m Spieler gegeben und der m-te Spieler sei der Großgrundbesitzer. Ferner sei eine Funktion $f : \mathcal{N}_0 \to \mathbb{R}$ gegeben. Die charakteristische Funktion wird folgendermaßen festgelegt:

$$\mathcal{V}(B) = \begin{cases} f(|B| - 1) & \text{falls } m \in B,\ |B| > 1 \\ 0 & \text{sonst} \end{cases} \ .$$

Berechnen Sie die Shapley-Zuteilung!

Satz 5.29 (Shapley [72]) *Die Shapley-Zuteilung hat folgende äquivalente Form*

$$\Phi_i(\mathcal{V}) = \frac{1}{m!} \sum_{\pi \in \mathcal{G}} x_{\pi,i} \qquad i \in \mathcal{A} \ , \tag{5.77}$$

wobei die $x_{\pi,i}$ wie in (5.57) definiert sind. Ist das Spiel konvex, so liegt die Shapley-Zuteilung im Kern des Spieles.

Beweis:
Wir fassen gleiche Summanden in der Formel (5.77) zusammen, indem wir einen bestimmten Spieler i und eine Koalition B betrachten.
Die Anzahl der Permutationen π, bei denen die Mitglieder der Koalition B vor dem Spieler i stehen ist

$$|B|!(m - 1 - |B|)!$$

und somit gilt

$$\Phi_i(\mathcal{V}) = \sum_{B \subseteq \mathcal{A} \backslash \{i\}} \frac{|B|!(m - 1 - |B|)!}{m!} (\mathcal{V}(B \cup \{i\}) - \mathcal{V}(B)) \ .$$

Mit $S = B \cup \{i\}$ und $|B| = |S| - 1$ folgt weiter

$$\Phi_i(\mathcal{V}) = \sum_{S : i \in S} \frac{(|S| - 1)!(m - |S|)!}{m!} (\mathcal{V}(S) - \mathcal{V}(S \backslash \{i\})) \ .$$

Nimmt man bei der letzten Summe auch die Summanden hinzu, bei denen $i \notin S$, dann werden nur Nullen dazu addiert und es folgt die ursprüngliche Formel (5.67).

Da die x_π die Ecken des Kerns eines konvexen Spieles sind, liegt der Mittelpunkt dieser Ecken im Kern des konvexen Spieles. ◇

Aufgabe 59:
Bei Vorob'ev ([77, Seite 162]) findet man folgendes Marktspiel.

Gegeben sei ein Markt mit einem Produkt, wobei H die Menge der Verkäufer und K die Menge der Käufer sei. Ein Verkäufer $i \in H$ habe die Menge x_i des Gutes zur Verfügung und ein Käufer $i \in K$ möchte y_i des Gutes kaufen. Der Markt sei ausgeglichen, d.h. $\sum_{i \in H} x_i = \sum_{i \in K} y_i$. Jede Koalition $B \subseteq \mathcal{A} = V \cup K$ werde nun bewertet mit dem möglichen Umsatz, den diese Koalition machen kann:

$$\mathcal{V}(B) = \min\left\{ \sum_{i \in B \cap H} x_i\,,\ \sum_{i \in B \cap K} y_i \right\}.$$

Berechnen Sie die Shapley-Zuteilung.

6 Evolutorische Spiele

Dieser Zweig der Spieltheorie verdankt seine Entstehung hauptsächlich dem
von Maynard Smith im Jahre 1972 geschriebenen Artikel ([43]). Dort hat
Smith die stationären Lösungen von Differentialgleichungen, die gewisse
Aspekte der biologische Evolution beschreiben, in Beziehung zur Spieltheorie gebracht. Er hat gezeigt, dass man den stabilen Endzustand der
Häufigkeitsverteilung von Organismen und deren Mutanten aus den Nash-
Gleichgewichten symmetrischer Zweipersonen-Spiele ablesen kann. Dies
führte auf eine neue Verfeinerung des Nash-Gleichgewichts bei symmetrischen Zweipersonen-Spielen, nämlich dem Begriff einer evolutorisch stabilen
Strategie(ESS). Die zitierte Arbeit von Maynard Smith hat sehr anregend auf
die wissenschaftliche Forschung gewirkt. In der Folge wurde auch versucht,
soziale und wirtschaftliche Verhaltensweisen des Menschen als evolutorisches
Spiel zu beschreiben.

Da die von Maynard Smith gegebene Interpretation von Gleichgewichten
bei symmetrischen Zweipersonen-Spielen stark vom eigentlichen Konzept der
Spieltheorie abweicht, scheint es zur Vermeidung einer Begriffsverwirrung
zunächst nötig, den Begriff einer evolutorisch stabilen Strategie ohne Bezug
zur Biologie zu definieren. Danach erfolgt eine kurze Beschreibung der Differentialgleichungen der biologischen Reproduktionsdynanik und schließlich die
Darstellung des Zusammenhangs mit der Spieltheorie und der biologischen
Interpretation des verfeinerten Nash-Gleichgewichts.

6.1   Evolutorisch stabile Strategie(ESS)

Im Folgenden betrachten wir ausschließlich die gemischte Erweiterung endlicher symmetrischer Zweipersonen-Spiele (siehe Definition (2.13)) (GEES-
Spiel):

$$\Gamma = (\{1,2\}, \hat{\mathcal{S}} \times \hat{\mathcal{S}}, \mathcal{U}) \,, \tag{6.1}$$

wobei

$$\mathcal{S} = \{s_1, \ldots, s_n\} \tag{6.2}$$

und

$$U^1(\hat{s}^1, \hat{s}^2) = \hat{s}^{1\,T} U \hat{s}^2 \qquad U^2(\hat{s}^1, \hat{s}^2) = \hat{s}^{1\,T} U^T \hat{s}^2 \,. \tag{6.3}$$

Definition 6.1 *Gegeben sei ein symmetrischen Zweipersonen-Spiel. Ein Nash-Gleichgewicht der Art (s^*, s^*) heißt symmetrisches Gleichgewicht.*

Satz 6.1 *Die gemischte Erweiterung endlicher symmetrischer Zweipersonen-Spiele besitzt ein symmetrisches Nash-Gleichgewicht.*

Beweis:
Sei $r : \mathcal{S} \to \mathfrak{P}(\mathcal{S})$ die Abbildung der besten Antwort des ersten Spielers. Wegen der Symmetrie des Spieles ist die Abbildung der besten Antwort für den zweiten Spieler die gleiche. Es genügt daher den Fixpunktsatz von Kakutani auf $r(\cdot)$ anzuwenden. Diese mengenwertige Funktion genügt den Voraussetzungen und daher gibt es einen Fixpunkt $s^* \in r(s^*)$, der ein symmetrisches Nash-Gleichgewicht (s^*, s^*) bildet. ◇

Definition 6.2 *Gegeben sei ein symmetrisches Zweipersonen-Spiel Γ mit der Auszahlungsfunktion U.*
Eine Strategie s^* heißt evolutorisch stabile Strategie (ESS), wenn

1. *(s^*, s^*) ein Nash-Gleichgewicht des Spieles Γ ist, und*

2. *$\forall s : s \neq s^* \wedge s \in r(s^*)$ gilt $U(s, s) < U(s^*, s)$, .*

Beispiel 49 [Falke und Taube]:
Es gibt zwei Strategien, die als aggressiv(**Falke**) und als friedlich(**Taube**) gekennzeichnet werden können, vgl. hierzu das Beispiel (4). Osborne und Rubinstein schlagen in ihrem Buch [56] folgende Auszahlungen vor:

	Falke	Taube
Falke	(1-c)/2,(1-c)/2	1,0
Taube	0,1	$\frac{1}{2},\frac{1}{2}$

Mit Hilfe der Tabellen für Zweipersonen-Zweistrategien-Spiele auf Seite 66 berechnet man die Nash-Gleichgewichte dieses Spiels.
Man rechnet nach, dass für $c > 1$ neben den unsymmetrischen Nash-Gleichgewichten (F,T) und (T,F) die Strategienkombination, wo jeder Spieler $(1/c, 1 - 1/c)$ spielt, ein symmetrisches Nash-Gleichgewicht ergibt. Dies ist auch eine ESS. Man beobachtet, dass in diesem Fall das Aufeinandertreffen zweier Aggressiver bestraft wird. Trotzdem verlangt die ESS mit Wahrscheinlichkeit bzw. Häufigkeit $1/c$ Aggressivität.

Um nachzuweisen, dass es sich bei der genannten gemischten Strategie tatsächlich um eine ESS handelt, ist auch die Bedingung 2 der Definition (6.2) zu überprüfen.

Die Auszahlungsfunktion in Abhängigkeit der Häufigkeiten x bzw. y, mit der die beiden Spieler die Strategie **Falke** spielen, ist

$$U(x,y) = \frac{1-c}{2}xy + x(1-y) + \frac{1}{2}(1-x)(1-y) \ .$$

Beste Antwort des ersten Spielers auf die Strategie $y = 1/c$ sind alle Strategien $x : 0 \leq x \leq 1$, wegen

$$U(x, 1/c) = \frac{1}{2}\frac{c-1}{c} \ .$$

Es muss daher auch die Ungleichung

$$U(1/c, x) - U(x, x) > 0 \qquad \forall x \neq 1/c$$

überprüft werden. Es ergibt sich

$$g(x) = U(1/c, x) - U(x, x)$$
$$= \frac{1}{2c}(c^2 x^2 - 2cx + 1) = \frac{1}{2c}(xc - 1)^2 > 0 \quad \forall x \neq 1/c \ .$$

Damit ist die Bedingung 2 der Definition (6.2) nachgewiesen.

Im Falle von $c < 1$ überzeugt man sich mit den Tabellen für Zweipersonen-Zweistrategien-Spiele auf Seite 66, dass die Strategienkombination (F, F) das einzige Nash-Gleichgewicht ist. Die Strategie F ist auch eine ESS. Hier wird Aggressivität belohnt, eventuell nur mit einer geringen positiven Auszahlung $(1 - c)/2 > 0$, aber Aggressivität ist in jedem Fall die ESS.

Der Nachweis für die ESS geschieht folgendermaßen. Da $U(x, 1) = \frac{1}{2}(1 - c)x > 0$, ist die einzige beste Antwort auf die Strategie $y = 1$ die Strategie $x = 1$. Damit ist die Bedingung 2 der Definition (6.2)hinfällig. $\diamond$

Aufgabe 60:
Hat das Angsthasen-Spiel eine ESS?

Wir beschäftigen uns noch weiter mit allgemeinen Fragen der Existenz von ESS. Hierbei richten wir uns nach der Darstellung in van Damme [17].

Satz 6.2 *Wenn (s^*, s^*) ein striktes Nash-Gleichgewicht ist, dann ist s^* eine ESS.*

Beweis:
Das strikte Nash-Gleichgewicht ist eindeutig, so dass es keine weitere beste Antwort auf s^* geben kann. Die zweite Bedingung für eine ESS fällt also weg.
◇

Satz 6.3 *Sei s^* eine ESS und $(\tilde{s}, \tilde{s})$ ein symmetrisches Nash-Gleichgewicht mit $T(\tilde{s}) \subset r(s^*)$, dann ist $s^* = \tilde{s}$.*

Beweis:
Nach Annahme ist $\tilde{s}$ eine beste Antwort für $\tilde{s}$ und s^*. Wäre nun $s^* \neq \tilde{s}$, so muss wegen der Eigenschaft der besten Antwort von $\tilde{s}$ die zweite Bedingung der ESS für s^* gelten: $U(s^*, \tilde{s}) > U(\tilde{s}, \tilde{s})$. Dies ist aber ein Widerspruch zu der Voraussetzung, dass $(\tilde{s}, \tilde{s})$ ein symmetrisches Nash-Gleichgewicht ist. Also muss $s^* = \tilde{s}$ gelten. ◇

Satz 6.4 *Für ESSen gelten die beiden folgenden Aussagen:*

1. *Eine ESS s^* ist isoliert innerhalb der Menge der symmetrischen Nash-Gleichgewichte.*

2. *Es gibt nur endlich viele ESSen (eventuell keine).*

Beweis:

1. Gegeben sei eine Folge $({}^{\ell}s, {}^{\ell}s)$ von symmetrischen Nash-Gleichgewichten, die für $n \to \infty$ gegen (s^*, s^*) konvergiert. Für genügend großes ℓ gilt dann $T({}^{\ell}s) \subset r(s^*)$. Nach Satz(6.3) folgt ${}^{\ell}s = s^*$. Die ESS s^* kann also nur „Häufungspunkt"einer konstanten Folge sein.

2. Gäbe es unendlich viele, dann gäbe es auch eine konvergente Teilfolge, was mit der Argumentation von Punkt 1 wiederum Satz(6.3) widerspräche.

◇

Satz 6.5 *Wenn s^* eine ESS ist, dann ist (s^*, s^*) ein perfektes Nash-Gleichgewicht.*

Beweis:
Nach Satz(3.25) muss nur gezeigt werden, dass (s^*, s^*) undominiert ist. Dominiert nun $\tilde{s} \neq s^*$ die Strategie s^*, so gilt

$$U(\tilde{s}, s) \geq U(s^*, s) \quad \forall s \in \hat{S}$$

und insbesondere für $s = s^*$ bzw. $s = \tilde{s}$ folgt

$$U(\tilde{s}, s^*) \geq U(s^*, s^*) \quad \text{und} \quad U(\tilde{s}, \tilde{s}) \geq U(s^*, \tilde{s}) \, .$$

Wenn bei der ersten Ungleichung tatsächlich $>$ gilt, so entsteht ein Widerspruch zur Annahme, dass (s^*, s^*) ein Nash-Gleichgewicht ist.
Wenn bei der ersten Ungleichung tatsächlich Gleichheit gilt, so entsteht ein Widerspruch zur Bedingung 2 der Definition (6.2).
Insgesamt ergibt also die Annahme der Dominiertheit einen Widerspruch zur Definition(6.2) der ESS. Es gibt also kein dominierendes $\tilde{s}$ und damit ist eine ESS ein perfektes Nash-Gleichgewicht. $\diamond$

6.2 Biologische Interpretation der ESS

6.2.1 Biologische Erklärung der ESS

Wir betrachten eine Population von Organismen, wobei der einzelne Organismus durch die Strategie, die er spielt, gekennzeichnet ist. Der Organismus wählt die Strategie nicht bewusst, sondern sie ist ihm aufgeprägt. Die Organismen treffen nun zufällig paarweise aufeinander. Da zwischen erstem und zweitem Spieler nicht unterschieden werden kann, kann nur ein symmetrisches Zweipersonen-Spiel (siehe Definition (2.13)) stattfinden. Seien die beiden Organismen durch die Strategien s bzw. s^* charakterisiert. Sie erhalten dann die Auszahlung, hier auch Fitness genannt, von $U(s, s^*)$ und $U(s^*, s)$. Der Wert der Auszahlung U stellt den Selektionsdruck dar, der Abweichler von der vorherrschenden Strategie zum Verschwinden bringt.
Sei ein $\varepsilon > 0$ gegeben. Ein Anteil von $(1-\varepsilon)$ sei auf die Strategie s^* festgelegt, der geringere Teil (Mutanten) ε sei auf s festgelegt. Die Frage ist, ob es den Mutanten gelingt, sich durchzusetzen oder ob sich die Strategie s^* behauptet. Wir geben nun die Bedingungen an, unter denen sich s^* behauptet.
Ein Mutant trifft mit „Wahrscheinlichkeit" $(1-\varepsilon)$ auf einen Nicht-Mutanten, mit „Wahrscheinlichkeit"ε auf einen Mutanten. Seine mittlere Auszahlung ist daher

$$(1 - \varepsilon)U(s, s^*) + \varepsilon U(s, s) \, .$$

Ein Nicht-Mutant trifft mit „Wahrscheinlichkeit"$(1 - \varepsilon)$ auf einen Nicht-Mutanten, mit „Wahrscheinlichkeit"ε auf einen Mutanten. Seine mittlere Auszahlung ist daher

$$(1 - \varepsilon)U(s^*, s^*) + \varepsilon U(s^*, s) \ .$$

Behauptet sich s^*, dann muss gelten

$$(1 - \varepsilon)U(s, s^*) + \varepsilon U(s, s) < (1 - \varepsilon)U(s^*, s^*) + \varepsilon U(s^*, s) \qquad (6.4)$$

für alle genügend kleinen $\varepsilon > 0$. Dies ist erfüllt, wenn für $s \neq s^*$

$$U(s, s^*) < U(s^*, s^*) \quad \text{oder} \quad U(s, s^*) = U(s^*, s^*) \wedge U(s, s) < U(s^*, s) \ .$$

Hieraus ergibt sich die obige Definition (6.2) einer ESS.

Die Kernaussage der evolutionären Spieltheorie ist:

Eine ESS gibt im Sinne der vorangehenden Ausführungen die Gleichgewichts-Häufigkeitsverteilung der Organismen bzw. Mutanten bei gegebener Fitnessmatrix U an.

Beispiel 50:

Jedes Jahr wird in der Zeitschrift ADAC-Motorwelt ein Automarkenindex veröffentlicht, bei dem die verschiedenen Autofirmen bewertet werden.

Die verschiedenen Automarken werden als Mutanten betrachtet.

Die Idee ist nun, aus den Bewertungen der Autofirmen eine Fitnessmatrix zu machen. Wir stützen uns auf den im Juniheft 2003 der Motorwelt, Seiten 18-19 erschienenen Automarkenindex. Insgesamt sind 33 Automarken aufgeführt, von denen hier die 10 bestbewerteten aufgenommen werden, und der Rest unter sonstige mit dem Mittelwert 3.48 ihrer Bewertungen zusammengefasst werden. In der zweiten Spalte sind die vom ADAC zugeteilten Bewertungen angegeben. Im Rest der Tabelle die Fitnesswerte, die als Quotienten der Bewertungen berechnet werden, so dass die Automarke mit der kleineren Bewertung die größere Fitness bekommt. In der ersten Zeile sind die Namen der Automarken angegeben. In der letzten Zeile finden sich die berechneten „evolutorischen" Wahrscheinlichkeiten.

	Bewertung	Mercedes	Audi	Porsche	BMW	VW	Toyota	Peugeot	Renault	Ford	Opel	Sonstige
1	1.89	0	1.14	1.19	1.19	1.31	1.40	1.54	1.54	1.57	1.57	1.84
2	2.16	0.88	0	1.04	1.04	1.14	1.22	1.35	1.35	1.38	1.38	1.61
3	2.24	0.84	0.96	0	1.00	1.10	1.18	1.30	1.30	1.33	1.33	1.55
4	2.25	0.84	0.96	1.00	0	1.10	1.17	1.30	1.30	1.32	1.32	1.55
5	2.47	0.77	0.87	0.91	0.91	0	1.07	1.18	1.18	1.20	1.20	1.41
6	2.64	0.72	0.82	0.85	0.85	0.94	0	1.11	1.11	1.12	1.12	1.32
7	2.92	0.65	0.74	0.77	0.77	0.85	0.90	0	1.00	1.02	1.02	1.19
8	2.92	0.65	0.74	0.77	0.77	0.85	0.90	1.00	0	1.02	1.02	1.19
9	2.97	0.64	0.73	0.75	0.76	0.83	0.89	0.98	0.98	0	1.00	1.17
10	2.97	0.64	0.73	0.75	0.76	0.83	0.89	0.98	0.98	1.00	0	1.17
11	3.48	0.54	0.62	0.64	0.65	0.71	0.76	0.84	0.84	0.85	0.85	0
Wahrschl.		0.35	0.21	0.17	0.17	0.08	0.03	0				

Die Interpretation der berechneten „evolutorischen" Wahrscheinlichkeiten als Zulassungszahlen (oder Neuzulassungen) ist nicht möglich, da beispielsweise auch die sonstigen Automarken ihre Käufer haben. Die verschiedenen Automarken sind auch in verschiedenen Preissegmenten des Automarktes tätig, so dass auch von dieser Sicht her die Automarken nicht gleich behandelt werden können. Wie man aus dem Begleittext zum Automarkenindex in der Motorwelt entnehmen kann, wird der Preis eines Fahrzeugs nicht in die Bewertung mit aufgenommen. Wir deuten daher die berechneten Wahrscheinlichkeiten oder Häufigkeiten als emotionalen Kaufwunsch, der gegebenenfalls aus Kostengründen nicht realisiert wird.

Die angegebenen Wahrscheinlichkeiten wurden mit dem Programm Gambit berechnet und als einziges symmetrisches Geichgewicht ermittelt. Der Nachweis als ESS geschieht dadurch, dass die Teilmatrix der Fitnessmatrix, die nur aus den Werten der ersten sechs Automarken besteht, nicht singulär ist und daher die ESS-Bedingungen erfüllt sind. ◇

6.2.2   Reproduktionsdynamik

Wie bereits erwähnt, hängen evolutorisch stabile Strategien eng mit stationären Punkten eines Differentialgleichungssystems zusammen, das die Reproduktion verschiedener Arten in einer gemeinsamen Population beschreibt. Beschreibungen dieses Zusammenhangs finden sich z.B. in [17] und noch ausführlicher in Hofbauer und Sigmund [30, Seite 67ff.].

Seien $x_i(t)$, $i = 1, \ldots, n$ die Anteile ($x_i \geq 0$, $\sum_i x_i = 1$) von n Arten A_i in einer Population in Abhängigkeit von der Zeit t. Ferner sei U eine $n \times n$-Matrix von Konstanten. Bezeichne nun ein Punkt die Ableitung nach der Zeit und e_i den Vektor, dessen i-te Komponente 1 ist und die übrigen 0, dann gilt nach [30, Seite 67]

$$\dot{x}_i = x_i \left(e_i^T U x - x^T U x \right) \quad i = 1, \ldots, n \ . \tag{6.5}$$

Wir verwenden auch die Bezeichnung

$$\dot{\vec{x}} = \vec{f}(\vec{x}) \tag{6.6}$$

mit

$$f_i(x) = x_i \left(e_i^T U x - x^T U x \right) \quad i = 1, \ldots, n \ . \tag{6.7}$$

Wir wollen nun die Lösungen dieser Differentialgleichung in Beziehung zu den ESSen eines symmetrischen Zweipersonen-Spieles mit der Auszahlung $U(s, \tilde{s}) = s^T U \tilde{s}$ bringen.

Satz 6.6 *Wenn $x(0) \in \hat{S}$, dann gilt auch $x(t) \in \hat{S}$ $\quad \forall t > 0$.*

Beweis:
Aus Formel (6.5) folgt

$$\sum_{i=1}^{m} \dot{x}_i = x^T U x - \left(\sum_{i=1}^{m} x(0)_i \right) x^T U x = 0 \ .$$

Dies besagt, dass $\sum_{i=1}^{m} x_i(t)$ konstant bleibt, der ursprüngliche Wert 1 also beibehalten wird.
Ferner ist kein Durchgang der Randstücke $x_i = 0$ möglich, da hier $\dot{x}_i = 0$. Somit bleibt $x_i(t) \geq 0$. $\diamond$

Definition 6.3 *Gleichgewichtspunkte (siehe Definition (7.12)) des Differentialgleichungssystems (6.5) werden auch als dynamische Gleichgewichte der zugeordneten Auszahlungsmatrix U eines symmetrischen Zweipersonen-Spieles bezeichnet. Dies wird in Ergänzung zu Nash-Gleichgewicht oder ESS verwendet. Man spricht ferner von stabilem dynamischem Gleichgewicht und asymptotisch stabilem Gleichgewicht.*

Satz 6.7 *Nach Satz (7.10) ist die Jacobimatrix der Differentialgleichung (6.5) an einer Stelle $\bar{x}$ gleich*

$$Df_{ik}(\bar{x}) = \delta_{ik}(e_i^T U\bar{x} - \bar{x}^T U\bar{x}) + \bar{x}_i(u_{ik} - e_k^T U\bar{x} - \bar{x}^T Ue_k) \qquad (6.8)$$

Ist nun $\bar{x}$ ein stabiles Gleichgewicht, d.h. $f(\bar{x}) = 0$ dann gilt

$$Df_{ik}(\bar{x}) = \begin{cases} \bar{x}_i(u_{ik} - e_k^T U\bar{x} - \bar{x}^T Ue_k) & \text{falls } \bar{x}_i > 0 \\ \delta_{ik}(e_i^T U\bar{x} - \bar{x}^T U\bar{x}) & \text{falls } \bar{x}_i = 0 \end{cases} \qquad (6.9)$$

Bemerkung. Im Falle von $n = 3$ können die Lösungen $x_1(t)$, $x_2(t)$, $x_3(t)$ als baryzentrische Koordinaten aufgefasst werden. Wählt man als Bezugspunkte die Koordinaten $(0,0)$, $(1,0)$, $(1/2, \sqrt{3}/2)$ eines gleichseitigen Dreiecks mit der Seitenlänge 1, dann ergibt sich für die Koordinaten in der (y_1, y_2)-Ebene

$$y_1 = x_2 + \frac{1}{2}x_3$$
$$y_2 = \frac{\sqrt{3}}{2}x_3$$

und x_1 ist damit verknüpft durch

$$x_1 = 1 - x_2 - x_3 \ .$$

Somit ergibt sich $\vec{x}$ aus $\vec{y}$ durch

$$\vec{x} = \vec{e}_1 + B\vec{y}$$
$$B = \begin{pmatrix} -1 & -\frac{1}{\sqrt{3}} \\ 1 & -\frac{1}{\sqrt{3}} \\ 0 & \frac{2}{\sqrt{3}} \end{pmatrix} \ .$$

Die Ableitungen von $y_1(t)$ und $y_2(t)$ ergeben sich aus den Beziehungen von $\vec{x}$ und $\vec{y}$:

$$\dot{y}_2 = \frac{\sqrt{3}}{2}\dot{x}_3 = \frac{\sqrt{3}}{2}x_3(e_3^T U\vec{x} - \vec{x}^T U\vec{x}) = y_2(e_3^T U\vec{x} - \vec{x}^T U\vec{x})$$
$$\dot{y}_1 = \dot{x}_2 + \frac{1}{2}\dot{x}_3 = y_1(e_2^T U\vec{x} - \vec{x}^T U\vec{x}) + \frac{1}{\sqrt{3}}y_2(e_3^T U\vec{x} - e_2^T U\vec{x}) \ .$$

Drückt man nun $\vec{x}$ durch $\vec{y}$ aus, dann folgt mit der Abkürzung Q

$$Q = e_1^T Ue_1 + e_1^T UB\vec{y} + \vec{y}^T B^T Ue_1 + \vec{y}^T B^T UB\vec{y}$$

$$\dot{y}_1 = y_1[e_2^T Ue_1 + e_2^T UB\vec{y} - Q] + \frac{1}{\sqrt{3}}y_2[e_3^T Ue_1 + e_3^T UB\vec{y} - e_2^T Ue_1 - e_2 UB\vec{y}]$$

$$\dot{y}_2 = y_2[e_3^T Ue_1 + e_3^T UB\vec{y} - Q] \ .$$

Satz 6.8 *Symmetrische Zweipersonen-Spiele, die mit $k = 1$ erweitert linear äquivalent und damit auch beste-Antwort-äquivalent sind, ergeben die gleiche Differentialgleichung (6.5).*

Beweis:
Entsprechend der erweitert linearen Äquivalenz gilt

$$f_j(\vec{x}) = x_j \left(\sum_k \tilde{u}_{jk} x_k - \sum_j \sum_k \tilde{u}_{jk} x_j x_k \right)$$

$$= x_j \left(\sum_k (u_{jk} + c_k) x_k - \sum_j \sum_k (u_{jk} + c_k) x_i x_k \right)$$

$$= x_j \left(\sum_k u_{jk} x_k - \sum_j \sum_k u_{jk} x_j x_k \right) .$$

$\diamond$

Satz 6.9 *Wenn (s^*, s^*) ein symmetrisches Nash-Gleichgewicht des Spiels (6.1) ist, dann ist s^* ein dynamisches Gleichgewicht von (6.5). Es kann jedoch dynamische Gleichgewichte geben, die keine Nash-Gleichgewichte sind.*

Beweis:
Da (s^*, s^*) ein symmetrisches Nash-Gleichgewicht ist, ist $s^{*T} U s^*$ die Auszahlung an jeden der beiden Spieler. Nach (3.3) gilt dann auch

$$s_j^* (e_j^T U s^* - s^{*T} U s^*) = 0 \quad \forall j = 1, \ldots, n \tag{6.10}$$

Dies ist gerade die Eigenschaft eines dynamischen Gleichgewichts.

Andererseits sind die Bedingungen (6.10) nicht einem Nash-Gleichgewicht äquivalent, da jeder Einheitsvektor $s^* = e_j$ diese Bedingung erfüllt und somit ein dynamisches Gleichgewicht ist. Reine Strategien sind jedoch nicht immer Nash-Gleichgewichte. $\diamond$

Hieraus ergibt sich unmittelbar der folgende Satz, der die Überlegungen im weiteren Verlauf diese Abschnitts erst verständlich macht.

Satz 6.10 *Dynamische Gleichgewichte und ESSen entsprechen sich nicht eineindeutig.*

Satz 6.11 *Wenn s^* ein stabiles dynamisches Gleichgewicht des Differentialgleichungssystems (6.5) ist, dann ist (s^*, s^*) ein symmetrisches Nash-Gleichgewicht des Spiels (6.1).*

Beweis:

Wir betrachten den Vektor $\vec{f}$ der rechten Seiten des Differentialgleichungs-systems (6.5) mit den Komponenten:

$$f_i(x) = x_i \left(e_i^T U \vec{x} - \vec{x}^T U \vec{x} \right) . \tag{6.11}$$

Da s^* ein stabiles dynamisches Gleichgewicht ist, gilt $f_i(s^*) = 0$. Ist also die k-te Komponente von $s_k^* > 0$, dann muss $\left(e_k^T U x - x^T U x \right) = 0$ sein. Gibt es ein k mit $s_k^* = 0$, dann ist die k-te Zeile der Determinante $|Df(s^*) - \lambda I|$ bis auf das Diagonalelement $(e_i^T U s^* - s^{*T} U s^*) - \lambda$ gleich Null. Der Determinanten-Entwicklungssatz liefert somit

$$|DF(s^*) - \lambda I| = \pm((e_k^T U s^* - s^{*T} U s^*) - \lambda) \times | \ldots | .$$

Es gibt also den Eigenwert $\lambda = (e_k^T U s^* - s^{*T} U s^*)$. Da es sich um ein stabiles dynamisches Gleichgewicht handelt, muss dieser ≤ 0 sein. Somit folgt

$$e_k^T U s^* - s^{*T} U s^* \leq 0 \qquad \forall k .$$

s^* ist also ein symmetrisches Nash-Gleichgewicht (Entsprechendes gilt auch für U^T !). $\diamond$

Satz 6.12 (Bomze([7])) *Wenn s^* ein asymptotisch stabiles dynamisches Gleichgewicht des Differentialgleichungssystems (6.5) ist, dann ist (s^*, s^*) ein perfektes isoliertes Nash-Gleichgewicht des Spiels (6.1). Die Umkehrung gilt nicht allgemein.*

Beweis siehe van Damme ([17, Seite 230]).

Satz 6.13 (Taylor and Joker ([76]), Zeeman([82])) *Jede ESS ist ein asymptotisch stabiles dynamisches Gleichgewicht.*

Zum Beweis dieses Satzes benötigen wir den folgenden Satz:

Satz 6.14 *(s^*, s^*) ist genau dann eine ESS des Spiels (6.1), wenn es eine Umgebung $V \subset \hat{S}$ von s^* gibt, so dass $s^{*T} U s > s^T U s$ für alle $s \in V \backslash \{s^*\}$.*

Beweis:

Sei $s_\varepsilon = (1 - \varepsilon)s^* + \varepsilon s$. Nach Definition ist s^* genau dann eine ESS, wenn

$$s^T U s_\varepsilon < s^{*T} U s_\varepsilon \quad \forall s \in \hat{S} \text{ und } \forall \varepsilon > 0 .$$

Somit gelten die beiden folgenden Beziehungen:

$$s^T U s_\varepsilon < s^{*T} U s_\varepsilon \qquad s^{*T} U s_\varepsilon = s^{*T} U s_\varepsilon ,$$

die mit einem $\varepsilon > 0$ zu der Konvexkombination

$$s_\varepsilon^T U s_\varepsilon < s^{*T} U s_\varepsilon$$

zusammengefasst werden können .

Da $\varepsilon > 0$ und $s \in \hat{S}$ beliebig sind, ist s_ε ein beliebiges Element $\neq s^*$ aus der Umgebung V. Somit ist die Aussage des Satzes 6.14 gezeigt. $\diamond$

Beweis [zu Satz (6.13)]:

(s^*, s^*) sei eine ESS des Spiels (6.1) und V eine Umgebung wie in Satz (6.14). Im Folgenden sind die Bezeichnungen $\bar{x} = s^*$ und $x = s$ übersichtlicher. Als Liapunov-Funktion wählen wir

$$\mathcal{L}(x) = \prod_j \bar{x}_j^{\bar{x}_j} - \prod_j x_j^{\bar{x}_j} .$$

Es sind die Bedingungen $\mathcal{L}(\bar{x}) = 0$ und $\mathcal{L}(x) > 0$ für $x \in V \backslash \{\bar{x}\}$ erfüllt, da

$$\max_x \prod_j x_j^{\bar{x}_j} = \prod_j \bar{x}_j^{\bar{x}_j} .$$

Zu zeigen ist noch $\frac{d}{dt}\mathcal{L}(x(t)) < 0$. Unter Verwendung von Satz (6.14), der Differentialgleichung (6.5) und $\sum_j \bar{x}_j = 1$ ergibt sich

$$\frac{d}{dt}\mathcal{L}(x(t)) = -(\nabla \mathcal{L})^T \dot{x} = -\prod_j x_j^{\bar{x}_j} \sum_j \bar{x}_j \frac{\dot{x}_j}{x_j}$$

$$= -\prod_j x_j^{\bar{x}_j} \sum_j \bar{x}_j (e_j^T U x - x^T U x)$$

$$= -\prod_j x_j^{\bar{x}_j} (\bar{x}^T U x - x^T U x) < 0 . \quad (6.12)$$

Nach Satz (7.11) folgt dann, dass $\bar{x} = s^*$ ein asymptotisch stabiles dynamisches Gleichgewicht ist. $\diamond$

Beispiel 51 [Ein asymptotisch stabiles Gleichgewicht, das keine ESS ist.]:

Gegeben sei das folgende symmetrische Zweipersonen-Spiel mit der Auszahlungsmatrix

$$U = \begin{pmatrix} 0 & 1 & 1 \\ -2 & 0 & 4 \\ 1 & 1 & 0 \end{pmatrix} .$$

Die Strategienkombination $s^{*T} = (1/3, 1/3, 1/3)$ ist ein Nash-Gleichgewicht und ein asymptotisch stabiles Gleichgewicht.

Die Jacobi-Matrix der zugehörigen Differentialgleichung hat an der Stelle s^* die drei negativen Eigenwerte $-2/3$, $-1/3$, $-1/3$. Wie auch die folgende Zeichnung des Richtungsfeldes der Differentialgleichung der baryzentrischen Koordinaten (y_1, y_2) zeigt, handelt es sich hier tatsächlich um ein asymptotisch stabiles Gleichgewicht (s^* entspricht $y_1 = 1/2$, $y_2 = 1/(2\sqrt{3}) \approx 0.29$)

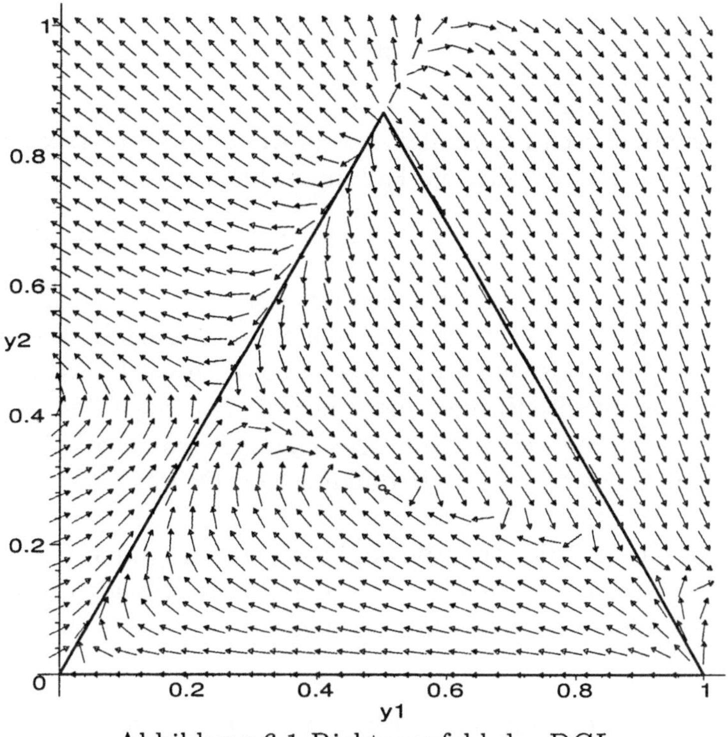

Abbildung 6.1 Richtungsfeld der DGL

s^* ist auch ein Nash-Gleichgewicht, da

$$U(s^*, s^*) = 2/3, \quad U(s_1, s^*) = U(s_2, s^*) = U(s_3, s^*) = 2/3 .$$

Es ist aber keine ESS, da die Bedingung 2 von Satz (6.2) nicht erfüllt ist:

$$s^T = (0, 1/2, 1/2) \quad U(s, s^*) = 2/3 \quad U(s, s^*) = 2/3$$
$$U(s, s) = 5/4 > U(s, s^*) .$$

◇

6.3   Zweistrategien-Spiel

Für ein Zweipersonen-Spiel, bei dem jeder Spieler nur zwei Strategien besitzt, können alle ESS berechnet werden. Dies hat wegen des weiter unten stehenden Satzes (6.15) eine besondere Bedeutung. Wir verwenden die Fallunterscheidung von (3.3.1) und die erweiterte Linear-Äquivalenz mit $k = 1$. Wir können daher ohne Beschränkung der Allgemeinheit die Diagonalelemente der Auszahlungsmatrix zu 0 annehmen:

$$U = \begin{pmatrix} 0 & \tilde{u}_{12} \\ \tilde{u}_{21} & 0 \end{pmatrix} ,$$

wobei $\tilde{u}_{12} = u_{12} - u_{22}$ und $\tilde{u}_{21} = u_{21} - u_{11}$

Da das Spiel symmetrisch ist, genügt es eine Auszahlungsmatrix zu betrachten. Nach (3.3.1) orientiert sich die Fallunterscheidung an

$$A = u_{11} - u_{12} - u_{21} + u_{22} = -\tilde{u}_{12} - \tilde{u}_{21} \quad \text{und} \quad a = u_{22} - u_{12} = -\tilde{u}_{12}$$

Die Liste der Fälle wird folgendermaßen abgearbeitet.

Zunächst werden nach Abschnitt (3.3.1) alle Nash-Gleichgewichte angegeben und daraus die symmetrischen ausgesucht. Für diese wird jeweils die Beste-Antwort-Menge ermittelt. Enthält diese nur die Strategie des betrachteten symmetrischen Gleichgewichts, dann liegt eine ESS vor. Enthält sie weitere Strategien, dann muss die zweite Bedingung von Definition (6.2) überprüft werden.

Sei nun $s^* = (\alpha^*, 1-\alpha^*)$ die Strategie des betrachteten symmetrischen Gleichgewichts und $s = (\alpha, 1 - \alpha)$ bzw. $(\beta, 1 - \beta)$ weitere Strategien. Eine gegebenenfalls auftretende stark gemischte Strategie (die dann auch symmetrisch sein muss) ist

$$s^{*g} = \left(\frac{\tilde{u}_{12}}{\tilde{u}_{12} + \tilde{u}_{21}}, \frac{\tilde{u}_{21}}{\tilde{u}_{12} + \tilde{u}_{21}} \right) = \left(\frac{a}{A}, 1 - \frac{a}{A} \right) .$$

Ferner werden folgende Formeln benötigt:

$$U(s^*, s^*) = \alpha^*(1 - \alpha^*)(\tilde{u}_{12} + \tilde{u}_{21}) \tag{6.13}$$

$$U(s^*, s) = \alpha^*(1 - \alpha)\tilde{u}_{12} + (1 - \alpha^*)\alpha\tilde{u}_{21} \tag{6.14}$$

$$U(s, s) = \alpha(1 - \alpha)(\tilde{u}_{12} + \tilde{u}_{21}) \tag{6.15}$$

Ermittlung der Menge $r(s^*)$

$$U(s^*, s^*) = U(s^*, s)$$

$$\Leftrightarrow \quad (\alpha - \alpha^*)(\alpha^*(\tilde{u}_{12} + \tilde{u}_{21}) - \tilde{u}_{21}) = 0 \tag{6.16}$$

Test auf ESS

$$U(s,s) < U(s^*,s) = U(s^*,s^*)$$
$$\Leftrightarrow \quad \alpha(1-\alpha)(\tilde{u}_{12}+\tilde{u}_{21}) < \alpha^*(1-\alpha^*)(\tilde{u}_{12}+\tilde{u}_{21})$$
$$(6.17)$$

Fall 1: $A = 0$, $a = 0$.
In diesem Fall gilt speziell

$$U = \begin{pmatrix} 0 & 0 \\ 0 & 0 \end{pmatrix} \quad \tilde{u}_{12} = \tilde{u}_{21} = 0 \;.$$

Jede Strategienkombination ist ein Nash-Gleichgewicht. Symmetrische Nash-Gleichgewichte sind dann (s^*,s^*) mit $s^* = (\alpha^*, 1-\alpha^*)$, $0 \le \alpha^* \le 1$.
Die Bedingung (6.16) ist daher für jedes s erfüllt.
Für eine beliebige Strategie $s \ne s^*$ gilt dann $U(s^*,s^*) = U(s^*,s) = U(s,s) = 0$. Damit ist die ESS-Bedingung (6.17) nicht erfüllbar.
Hier gibt es also keine ESS.

Fall 2: $A = 0$, $a > 0$.
Hier gibt es nur das Nash-Gleichgewicht (s^*,s^*) mit $s^* = (0,1)$, dies ist auch symmetrisch. Es ist

$$U = \begin{pmatrix} 0 & \tilde{u}_{12} \\ -\tilde{u}_{12} & 0 \end{pmatrix} \quad \tilde{u}_{12} < 0 \;.$$

$U(s^*,s^*) = 0$. Für eine beliebige Strategie $s \ne s^*$ liefert Bedingung (6.16) $-\alpha\tilde{u}_{12} = 0$. Dies ist nur für $\alpha = 0$ erfüllt, woraus $s = s^*$ folgt.
$s^* = (0,1)$ ist daher eine ESS.

Fall 3: $A = 0$, $a < 0$.
Hier gibt es nur das Nash-Gleichgewicht (s^*,s^*) mit $s^* = (1,0)$, dies ist auch symmetrisch. Es ist

$$U = \begin{pmatrix} 0 & \tilde{u}_{12} \\ -\tilde{u}_{12} & 0 \end{pmatrix} \quad \tilde{u}_{12} > 0 \;.$$

Der einzige Unterschied zu Fall 2 ist $\tilde{u}_{12} > 0$.
Analog folgt, dass das einzige Nash-Gleichgewicht $s^* = (1,0)$ eine ESS ist.

	Fälle			
	A, a	$\tilde{u}_{12}, \tilde{u}_{12}$	Nash-Gl.	ESS
Fall 1	$A = 0,\, a = 0$	$\tilde{u}_{12} = \tilde{u}_{21} = 0$	$((\alpha, 1 - \alpha),$ $(\beta, 1 - \beta))$	keine ESS
Fall 2	$A = 0,\, a > 0$	$\tilde{u}_{21} = -\tilde{u}_{12},\, \tilde{u}_{12} < 0$	$((0,1),(0,1))$	$(0,1)$
Fall 3	$A = 0,\, a < 0$	$-\tilde{u}_{12},\, \tilde{u}_{12} > 0$	$((1,0),(1,0))$	$(1,0)$
Fall 4	$A > 0,\, 0 \leq a \leq A$	$\tilde{u}_{12}, \tilde{u}_{21} \leq 0,$ $\tilde{u}_{12} + \tilde{u}_{21} < 0$		
		$\tilde{u}_{21} < 0$ $\tilde{u}_{21} = 0$	$((0,1),(0,1))$ $((0,1),(0,1))$	$(0,1)$ keine ESS
		$\tilde{u}_{21} = \tilde{u}_{12}\,(< 0)$ $\tilde{u}_{21} \neq \tilde{u}_{12}$	(s^{*g}, s^{*g}) (s^{*g}, s^{*g})	keine ESS s^{*g}
		$\tilde{u}_{12} < 0$ $\tilde{u}_{12} = 0$	$((1,0),(1,0))$ $((1,0),(1,0))$	$(1,0)$ keine ESS
Fall 5	$A > 0,\, A \leq a$	$\tilde{u}_{12} < 0,\, \tilde{u}_{21} \geq 0$ $\tilde{u}_{12} < -\tilde{u}_{21} \leq 0$		
		$\tilde{u}_{21} = 0$ $\tilde{u}_{21} > 0$	$((0,1),(0,1))$ $((0,1),(0,1))$	keine ESS $(0,1)$
Fall 6	$A > 0,\, a \leq 0$	$\tilde{u}_{12} > 0,$ $\tilde{u}_{12} + \tilde{u}_{21} \leq 0,$ $\tilde{u}_{12} < -\tilde{u}_{21}$	$((1,0),(1,0))$	$(1,0)$
Fall 7	$A < 0,\, A \leq a \leq 0$	$\tilde{u}_{12}, \tilde{u}_{21} \geq 0$ $\tilde{u}_{12} + \tilde{u}_{21} > 0$		
			$((1,0),(0,1))$ $((0,1),(1,0))$ (s^{*g}, s^{*g})	— — s^{*g}
Fall 8	$A < 0,\, 0 \leq a$	$\tilde{u}_{12} + \tilde{u}_{21} > 0,$ $0 \geq \tilde{u}_{12} > -\tilde{u}_{21}$	$((0,1),(0,1))$	$(0,1)$
Fall 9	$A < 0,\, a \leq A$	$\tilde{u}_{12} + \tilde{u}_{21} > 0,$ $0 \geq \tilde{u}_{21} > -\tilde{u}_{12}$	$((1,0),(1,0))$	$(1,0)$

Tabelle 6.1

Fall 4: $A > 0,\, 0 \leq a \leq A$.
Hier gibt es drei Nash-Gleichgewichte $(^{i}s^{*}, {}^{i}s^{*})$, $i = 1, 2, 3$. Die Werte sind

$$^1s^* = (0,1), \; ^2s^* = \left(\frac{\tilde{u}_{12}}{\tilde{u}_{12} + \tilde{u}_{21}}, \frac{\tilde{u}_{21}}{\tilde{u}_{12} + \tilde{u}_{21}} \right), \; ^3s^* = (1,0). \text{ Es ist}$$

$$U = \begin{pmatrix} 0 & \tilde{u}_{12} \\ \tilde{u}_{21} & 0 \end{pmatrix} \quad \tilde{u}_{12}, \tilde{u}_{21} \leq 0 \quad \tilde{u}_{12} + \tilde{u}_{21} < 0 \; .$$

<u>Fall 4.1</u>:Für $^1s^*$ ergibt die Bedingung (6.16) $-\alpha\tilde{u}_{21} = 0$. Aus $\tilde{u}_{21} \leq 0$ folgen zwei Unterfälle.

<u>Fall 4.1.1</u>: $\tilde{u}_{21} < 0$
Diese Bedingung ist nur für $\alpha = 0$ erfüllt. Damit ist $r(^1s^*)$ einelementig und $^1s^* = (0,1)$ ist eine ESS.

<u>Fall 4.1.2</u>: $\tilde{u}_{21} = 0$
Diese Bedingung ist für alle $0 \leq \alpha \leq 1$ erfüllt. Die Bedingung (6.17) ist aber nur für $0 < \alpha < 1$ erfüllt, also neben $\alpha \neq \alpha^*(= 0)$ auch für $\alpha = 1$ nicht erfüllt, da $\tilde{u}_{12} + \tilde{u}_{21} < 0$.
Auch in diesem Fall ist $^1s^* = (0,1)$ eine ESS.

<u>Fall 4.2</u>:Für $^2s^*$ ergibt die Bedingung (6.16)

$$(\tilde{u}_{12} - \tilde{u}_{21})(\alpha - \alpha^*) = 0 \; ,$$

woraus zwei Unterfälle folgen.

<u>Fall 4.2.1</u>: $\tilde{u}_{12} = \tilde{u}_{21}$
In diesem Fall ist die Bedingung für alle $0 \leq \alpha \leq 1$ erfüllt.

Die ESS-Bedingung (6.17) lautet hier $\alpha(1-\alpha) > \alpha^*(1-\alpha^*) = \dfrac{1}{4}$, da $\tilde{u}_{12} + \tilde{u}_{21} < 0$. Diese Bedingung ist für kein α erfüllbar.
Also ist hier $^2s^*$ keine ESS.

<u>Fall 4.2.2</u>: $\tilde{u}_{12} \neq \tilde{u}_{21}$
Hier ist die Bedingung nur erfüllt für $s = s^{*\,g}$. Somit ist in diesem Fall $^2s^*$ eine ESS.

<u>Fall 4.3</u>:Für $^2s^*$ ergibt die Bedingung (6.16) $-(1-\alpha)\tilde{u}_{12} = 0$, woraus zwei Unterfälle folgen.

<u>Fall 4.3.1</u>: $\tilde{u}_{12} < 0$
Hier ist die Bedingung nur für $\alpha = 1$ erfüllt. Damit ist $r(^3s^*)$ einelementig und $^3s^* = (1,0)$ ist eine ESS.

<u>Fall 4.3.2</u>: $\tilde{u}_{12} = 0$
Die Bedingung ist für alle $0 \leq \alpha \leq 1$ erfüllt. Wegen $\tilde{u}_{12} + \tilde{u}_{21} < 0$ ergibt die ESS-Bedingung (6.17):

$$\alpha(1-\alpha) > \alpha^*(1-\alpha^*) = 0 \; .$$

Diese Bedingung ist für alle $0 < \alpha < 1$ erfüllt, aber nicht für $\alpha = 0$.
Damit ist $^3s^* = (1,0)$ keine ESS.

Fall 5: $A > 0$, $A \leq a$.

Es gibt hier nur ein Nash-Gleichgewicht $((0,1),(0,1))$. Dies ist auch ein symmetrisches Gleichgewicht: $s^* = (0,1)$. Es ist

$$U = \begin{pmatrix} 0 & \tilde{u}_{12} \\ \tilde{u}_{21} & 0 \end{pmatrix} \quad \tilde{u}_{12} < 0, \tilde{u}_{21} \geq 0 \quad \tilde{u}_{12} < -\tilde{u}_{21} \leq 0 .$$

Für $^3 s^*$ ergibt die Bedingung (6.16) $-\tilde{u}_{21}\alpha = 0$. Dies ergibt zwei Unterfälle.

Fall 5.1: $\tilde{u}_{21} = 0$

In diesem Fall ist die Bedingung für alle $0 \leq \alpha \leq 1$ erfüllt. Daher ist die ESS-Bedingung (6.17)zu überprüfen: $\alpha(1 - \alpha) > \alpha^*(1 - \alpha^*) = 0$. Dies ist insbesondere nicht für $\alpha = 1$ erfüllt, daher gibt es hier keine ESS.

Fall 5.2: $\tilde{u}_{21} > 0$

Die Bedingung ist hier nur für $\alpha = 0$ erfüllt, so dass $r(s^*)$ einelementig ist, und die Bedingung für eine ESS ist automatisch erfüllt.

Es ist $s^* = (0,1)$ eine ESS.

Fall 6: $A > 0$, $a \leq 0$.

Es ist

$$U = \begin{pmatrix} 0 & \tilde{u}_{12} \\ \tilde{u}_{21} & 0 \end{pmatrix} \quad \tilde{u}_{12} > 0, \tilde{u}_{12} + \tilde{u}_{21} < 0 \quad \tilde{u}_{12} < -\tilde{u}_{21} .$$

Das einzige und auch symmetrische Nash-Gleichgewicht ist $s^* = (1,0)$.

Für s^* ergibt die Bedingung (6.16) $(\alpha - 1)\tilde{u}_{12} = 0$. Da $\tilde{u}_{12} > 0$, ist diese Bedingung nur für $\alpha = 1$ erfüllt, d.h.nur für $s = s^*$. Damit ist $s^* = (1,0)$ eine ESS.

Fall 7: $A < 0$, $A \leq a \leq 0$.

Das einzige symmetrische Nash-Gleichgewicht ist (s^{*g}, s^{*g}), die beiden anderen $((1,0),(0,1))$, $((0,1),(1,0))$ sind unsymmetrisch.

Es gilt $\tilde{u}_{12}, \tilde{u}_{21} \geq 0$ und $\tilde{u}_{12} + \tilde{u}_{21} > 0$.

Für s^* ergibt die Bedingung (6.16) die Beziehung

$$(\alpha - \alpha^*)(\tilde{u}_{12} - \tilde{u}_{21}) = 0 \tag{6.18}$$

Es gibt zwei Unterfälle.

Fall 7.1: $\tilde{u}_{12} = \tilde{u}_{21}$

Es ist $s^* = (1/2, 1/2)$.

Hier erfüllen alle α die Bedingung(6.18). Es ist daher die ESS Bedingung (6.17) zu überprüfen, die wegen $\tilde{u}_{12}+\tilde{u}_{21} > 0$ die Form $\alpha(1-\alpha) < \alpha^*(1-\alpha^*) = \frac{1}{4}$ hat. Für $\alpha \neq \alpha^* = \frac{1}{2}$ ist dies immer erfüllt. Daher ist das symmetrische Nash-Gleichgewicht eine ESS.

<u>Fall 7.2</u>: $\tilde{u}_{12} \neq \tilde{u}_{21}$

Hier erfüllt nur $\alpha = \alpha^*$ die Bedingung (6.18). Die beste-Antwortmenge ist also einelementig und somit ist das symmetrische Nash-Gleichgewicht eine ESS.

Fall 8: $A < 0$, $0 \leq a$.

Das einzige Nash-Gleichgewicht ist auch symmetrisch und zwar $s^* = (0,1)$. Es gilt $\tilde{u}_{12} + \tilde{u}_{21} > 0$ und $0 \geq \tilde{u}_{12} > -\tilde{u}_{21}$. Somit ist also $-\tilde{u}_{21} < 0$ und die Bedingung (6.16) ist nur für $\alpha = 0$ und somit $s = s^*$ erfüllt. $s^* = (0,1)$ ist daher eine ESS.

Fall 9 $A < 0$, $a \leq A$.

Das einzige Nash-Gleichgewicht ist auch symmetrisch und zwar $s^* = (1,0)$. Es gilt $0 \geq u_{21} < -u_{12}$ und $u_{12} + u_{21} > 0$. Die Bedingung (6.16) ist $u_{12}(\alpha - \alpha^*) = 0$. Da $u_{12} > 0$, ist dies nur für $\alpha = \alpha^*$ erfüllt. Somit ist $s^* = (1,0)$ eine ESS.

Diese Fälle sind in der Tabelle 6.1 zusammengefasst.

Beispiel 52 [Ablesebeispiel]:

Bei dem obigen Beispiel (49) berechnet sich

$$A = -\frac{c}{2} \qquad a = -\frac{1}{2} \; .$$

Dies entspricht für $c > 1$ dem Fall 7 der Tabelle 6.1. Man entnimmt, dass die berechnete gemischte Strategie eine ESS ist. In diesem Fall ist die biologische Deutung, dass (nach einer Einlaufphase) in der Population die Falkenstrategie mit der Häufigkeit $1/c$ und die Taubenstrategie mit Häufigkeit $1 - 1/c$ zu finden ist.

Für $c < 1$ ergibt sich der Fall 9 der Tabelle 6.1, und die Falkenstrategie ist eine ESS. Hier findet sich (nach einer Einlaufphase) nur mehr die Falkenstrategie.

$\diamond$

Satz 6.15 *Gegeben sei ein symmetrisches Zweipersonen-Spiel, bei dem jeder Spieler zwei Strategien hat. s^* ist eine ESS genau dann, wenn s^* ein asymptotisch stabiles Gleichgewicht ist.*

Beweis:

Mit Satz (6.13) ist die eine Richtung des Satzes schon bewiesen: „ESS $\Rightarrow$ asymptotisch stabiles Gleichgewicht".

Zum Beweis der anderen Richtung überlegen wir uns folgendes.

Nach Definition (7.12) ist jedes asymptotisch stabile Gleichgewicht ein stabiles Gleichgewicht. Nach Satz (6.11) ist ein stabiles Gleichgewicht ein Nash-Gleichgewicht.

Wir brauchen also nur in der obigen Tabelle die Fälle nachzuschauen, bei denen ein symmetrisches Nash-Gleichgewicht existiert, aber keine ESS. Wir zeigen, dass diese Nash-Gleichgewichte nicht asymptotisch stabil sind.

Wir nehmen die Liapunov-Funktion vom Beweis zu Satz (6.13) und haben dann nach Formel (6.12) zu zeigen, dass

$$s^{*T}Us - s^TUs = (\alpha^* - \alpha)(\tilde{u}_{12} - \alpha(\tilde{u}_{12} + \tilde{u}_{21})) \geq 0 \qquad (6.19)$$

für die Nash-Gleichgewichte s^*, die keine ESS sind, und alle $s \neq s^*$.

zu Fall 4: $\tilde{u}_{21} = 0$.

$\Rightarrow \alpha^* = 0$. Formel 6.19 ergibt sich zu

$$-\alpha(1 - \alpha)\tilde{u}_{21} > 0 \ .$$

zu Fall 4: $\tilde{u}_{21} = \tilde{u}_{12}$.

$\Rightarrow \alpha^* = \frac{1}{2}$. Formel 6.19 ergibt sich zu $2(-\tilde{u}_{12}(\alpha - \frac{1}{2})^2) > 0$

zu Fall 4: $\tilde{u}_{12} = 0$.

$\Rightarrow \alpha^* = 1$. Formel 6.19 ergibt sich zu

$$(1 - \alpha)(-\alpha)\tilde{u}_{12} \geq 0$$

zu Fall 5: $\tilde{u}_{21} = 0$.

$\Rightarrow \alpha^* = 0$. Formel 6.19 ergibt sich zu

$$(-\alpha)(1 - \alpha)\tilde{u}_{12} \geq 0$$

$\diamond$

7 Anhang

7.1 Relationen

Aus ([12]) entnehmen wir die folgenden Definitionen.

Definition 7.1 *Eine binäre Relation R auf einer Menge E heißt*

1. *reflexiv, falls $\forall a \in E$ gilt (aRa)*

2. *irreflexiv, falls $\forall a \in E$ gilt $\neg(aRa)$*

3. *symmetrisch, falls $\forall a, b \in E$ gilt $(aRb \Rightarrow bRa)$*

4. *asymmetrisch, falls $\forall a, b \in E$ gilt $aRb \Rightarrow \neg bRa)$*

5. *antisymmetrisch, falls $\forall a, b \in E$ gilt $(aRb \wedge bRa) \Rightarrow a = b$*

6. *transitiv, falls $\forall a, b, c \in E$ gilt $(aRb \wedge bRc) \Rightarrow aRc$*

7. *negativ transitiv, falls $\forall a, b, c \in E$ gilt $(\neg aRb \wedge \neg bRc) \Rightarrow \neg aRc$*

8. *zusammenhängend, falls $\forall a, b \in E$ gilt $a \neq b \Rightarrow (aRb \vee bRa)$*

9. *stark zusammenhängend oder total, falls $\forall a, b \in E$ gilt $aRb \vee bRa$*

Definition 7.2 *Eine binäre Relation R auf einer Menge E heißt eine Äquivalenzrelation, wenn sie reflexiv, symmetrisch und transitiv ist.*

Definition 7.3 *Eine binäre Relation R auf einer Menge E heißt*

1. *Quasi-Ordnung, wenn sie reflexiv und transitiv ist.*

2. *Halbordnung, wenn sie reflexiv, transitiv und antisymmetrisch ist.*

3. *(totale) Ordnung, wenn sie reflexiv, transitiv, antisymmetrisch und zusammenhängend ist.*

4. *Präferenzordnung, wenn sie reflexiv, transitiv und zusammenhängend ist.*

5. *Äquivalenzrelation, wenn sie reflexiv, symmetrisch und transitiv ist.*

Bemerkung. Mit einer Quasi-Ordnung sind zwei natürliche binäre Relationen, eine strikte Ordnung und eine Äquivalenzrelation, verbunden:

$$x \succ y \quad \Leftrightarrow \quad ((x \succeq y) \wedge \neg(y \succeq x)) \tag{7.1}$$

$$x \sim y \quad \Leftrightarrow \quad ((x \succeq y) \wedge (y \succeq x)) \tag{7.2}$$

Definition 7.4 *Wir nennen das Tupel* (A, R) *eine geordnete Menge, wenn* R *irgendeine Ordnung oder etwas allgemeiner eine Relation auf* A *ist.*

Definition 7.5 *Sei* S *eine binäre Relation auf einer Menge* B *und* $f : A \to B$ *eine Funktion auf einer Menge* A. *Die durch*

$$xRy \Leftrightarrow f(x)Sf(y) \quad \forall x, y \in A$$

gegebene binäre Relation R *auf* A *heißt die von* f *auf* A *induzierte binäre Relation.*

Definition 7.6 (Ordnungshomomorphismus) *Sei* R *eine binäre Relation auf einer Menge* A *und* S *eine binäre Relation auf einer Menge* B. *Eine Funktion* $f : A \to B$ *heißt ein Ordnungshomomorphismus zwischen* (A, R) *und* (B, S), *falls*

$$xRy \Rightarrow f(x)Sf(y) \quad \forall x, y \in A . \tag{7.3}$$

$f : A \to B$ *heißt ein Ordnungsisomorphismus, falls*

$$xRy \Leftrightarrow f(x)Sf(y) \quad \forall x, y \in A . \tag{7.4}$$

Ein bijektiver Ordnungsisomorphismus heißt auch Ähnlichkeitsabbildung.

7.2   Konvexität

Definition 7.7 *Sei* $D \subset \mathbb{R}^d$ *konvex. Eine Funktion* $f : D \to \mathbb{R}$ *heißt quasikonkav, wenn für alle* $x, y \in D$ *und alle* $0 \leq \lambda \leq 1$ *die Ungleichung*

$$f(\lambda x + (1 - \lambda)y) \geq \min\{f(x), f(y)\} \tag{7.5}$$

gilt. Sie heißt strikt quasikonkav, wenn für $x \neq y$ *und* $0 < \lambda < 1$ *in der Beziehung (7.5) strikte Ungleichheit gilt.*

Bemerkung. Jede konkave Funktion ist quasikonkav. Hat eine quasikonkave Funktion auf ihrem Definitionsbereich ein Maximum, so gibt es bei strikter Quasikonkavität genau einen Punkt, an dem die Funktion ihr Maximum annimmt.

Satz 7.1 *Sei $f : D \to \mathbb{R}$ eine quasikonkave Funktion mit $D \subset \mathbb{R}$. Dann ist die Menge $M_\alpha = \{x | x \in D \text{ mit } f(x) \geq \alpha\}$ für alle $\alpha \in \mathbb{R}$ konvex.*

Beweis:
Sei $x, y \in M_\alpha$. Dann gilt $f(x), f(y) \geq \alpha$. Wegen der Quasikonkavität folgt für alle $\lambda \in [0,1]$ die Ungleichung $f(\lambda x + (1-\lambda)y) \geq \min\{f(x), f(y)\} \geq \alpha$. Somit ist mit x und y auch deren Verbindungsstrecke in der Menge M_α. Hieraus folgt deren Konvexität. $\diamond$

7.3 Mengenwertige Funktionen

Wir folgen hier der Darstellung in Berge ([2]). Allerdings beschränken wir uns im folgenden auf solche X und Y, die ausschließlich Teilmengen eines $\mathbb{R}^d$ mit entsprechender Dimension d und üblicher Topologie sind. Es werden solche Sätze zitiert, die insbesondere für das Verständnis des Abschnitts 2.4 erforderlich sind. Beweise siehe ([2]).

Definition 7.8 *Sei eine Menge X und eine Menge Y gegeben. Ferner gebe es eine wohldefinierte Vorschrift, mit der zu jedem $x \in X$ eine Teilmenge $G(x)$ von Y angegeben werden kann. Die Korrespondenz (Zuordnung) $x \to G(x)$ heißt eine mengenwertige Funktion $G : D \to \mathfrak{P}(Y)$, wobei die Teilmenge $D = \{x | G(x) \neq \emptyset\}$ von X der Definitionsbereich der mengenwertigen Funktion G ist.*

Bemerkung. Ist $G(x)$ für alle x aus dem Definitionsbereich einelementig, so entspricht der mengenwertigen Funktion eine „gewöhnliche" Funktion.

Definition 7.9 *Eine mengenwertige Funktion $G : D \to \mathfrak{P}(Y)$ heißt halbstetig von oben im Punkt x^0, wenn für jede offene Menge M, die $G(x^0)$ enthält, eine Umgebung $V(x^0)$ existiert, so dass aus $x \in V(x^0)$ folgt $G(x) \subset M$.*
Sie heißt halbstetig von oben, wenn sie für alle $x \in D$ halbstetig von oben ist.

Bemerkung. Sind alle $G(x)$ einelementig, so stimmt diese Definition mit der Stetigkeitsdefinition „gewöhnlicher" Funktionen überein. Für die Stetigkeit mengenwertiger Funktionen benötigt man noch eine Halbstetigkeit von unten. Hier genügt die Halbstetigkeit von oben.
Die Halbstetigkeit bei mengenwertigen Funktionen hat keinen unmittelbaren Zusammenhang mit der Halbstetigkeit bei „gewöhnlichen" Funktionen.

Definition 7.10 *Sei $G : D \to \mathfrak{P}(Y)$ eine mengenwertige Funktion, dann bezeichne für alle $B \subset Y$*

$$G^+(B) = \{x | x \in D \wedge G(x) \subset B\}$$

das Urbild von B.

Bemerkung. Als weitere Analogie zu den „gewöhnlichen" Funktionen sei noch der folgende Satz zitiert.

Satz 7.2 *Die mengenwertige Funktion $G : D \to \mathfrak{P}(Y)$ ist genau dann halbstetig von oben, wenn $G(x)$ für jedes $x \in D$ kompakt ist und wenn für jede offene Menge M die Menge $G^+(M)$ offen ist.*

Definition 7.11 *Eine mengenwertige Funktion $G : D \to \mathfrak{P}(Y)$ heißt abgeschlossen, wenn es für $x^0 \in D$, $y^0 \in Y$ mit $y^0 \notin G(x^0)$ zwei Umgebungen V_x, V_y gibt, so dass*

$$ x \in V_x(x^0) \quad \Rightarrow \quad G(x) \cap V_y(y^0) = \emptyset $$

gilt.

Bemerkung. Aus dieser Definition folgt, dass die graphische Darstellung der mengenwertigen Funktion G, d.h. die Menge

$$ \{(x,y)\,|\, x \in D\,, y \in Y \ \text{mit} \ y \in G(x)\} $$

genau dann eine abgeschlossene Menge ist, wenn G abgeschlossen ist.

Satz 7.3 *Wenn Y kompakt ist, dann ist die mengenwertige Funktion $G : D \to \mathfrak{P}(Y)$ genau dann halbstetig von oben, wenn sie abgeschlossen ist.*

Satz 7.4 *Wenn Y kompakt ist, dann ist die mengenwertige Funktion $G : D \to \mathfrak{P}(Y)$ halbstetig von oben, wenn für jedes Paar konvergenter Folgen $\lim_{k\to\infty} x^k = x^0$ und $\lim_{k\to\infty} y^k = y^0$ mit $y^k \in G(x^k)$ auch $y^0 \in G(x^0)$ gilt.*

Satz 7.5 (Fixpunktsatz von Kakutani) *Gegeben sei eine von oben halbstetige mengenwertige Funktion $G : D \to \mathfrak{P}(D)$, deren Funktionswerte $G(x)$ konvexe Teilmengen des Definitionsbereiches D sind. Sei ferner D kompakt, nichtleer und konvex. Dann existiert ein Punkt x^0 mit $x^0 \in G(x^0)$. (Ein solcher Punkt x^0 heißt Fixpunkt der mengenwertigen Funktion G.)*

Bemerkung. Dies ist eine Verallgemeinerung des Brouwer'schen Fixpunktsatzes.

Satz 7.6 (Brouwerscher Fixpunktsatz) *Sei $K \subset \mathbb{R}^n$ kompakt und konvex und $f : K \to K$ eine stetige Funktion. Dann existiert ein $x \in K$ mit $x = f(x)$.*

7.4 Wichtige Sätze der Linearen Optimierung

Sattelpunktsstrategien sind eng verknüpft mit der Linearen Optimierung und deren Dualitätstheorie. Im Folgenden wird eine Zusammenfassung der für die Spieltheorie wichtigen Ergebnisse der linearen Optimierung gegeben. In der Darstellung orientieren wir uns an den Büchern von Best und Ritter ([3]) und Bomze und Grossmann ([8]).

Unter einem Linearen Optimierungsproblem versteht man eine Optimierungsaufgabe mit linearer Zielfunktion und linearen Ungleichungen und/oder Gleichungen als Nebenbedingungen.

Jedes lineare Optimierungsproblem kann auf folgendes Grundproblem (Grundform) mit $A \in \mathbb{R}^{m,n}$, $x \in \mathbb{R}^n$, $b \in \mathbb{R}^m$ zurückgeführt werden :

$$c^T x \to \max \qquad (7.6)$$

$$Ax \leq b \qquad (7.7)$$

$$x \geq 0 \qquad (7.8)$$

Die Standardmethode zur Lösung linearer Optimierungsaufgaben ist das Simplexverfahren. Die Berechnungen erfolgen am Standardproblem (an der Standardform). Das Grundproblem kann durch die Verwendung von Schlupfvariablen in diese Form übergeführt werden:

$$c^T x \to \max \qquad (7.9)$$

$$Ax = b \qquad (7.10)$$

$$x \geq 0 \qquad (7.11)$$

Ohne Beschränkung der Allgemeinheit kann der Rang der Matrix A zu $\mathrm{rg}(A) = m$ angenommen werden. Es gilt dann $m \leq n$. Die Menge $\mathcal{Z} = \{x | Ax = b, x \geq 0\}$ bezeichnet man als Menge der zulässigen Lösungen.

Da $\mathrm{rg}(A) = m$ gilt, gibt es m linear unabhängige Spaltenvektoren von $A = (a_{\bullet 1}, a_{\bullet 2}, \ldots, a_{\bullet m})$. Diese Spaltenvektoren fassen wir zur Matrix (der Basisvektoren) $A_B \in \mathbb{R}^{m,m}$ zusammen. Die übrigen Spaltenvektoren ergeben eine Matrix (der Nicht-Basisvektoren) $A_N \in \mathbb{R}^{m,n-m}$, so dass $A = (A_B A_N)$. Die Aufteilung der Vektoren x und c erfolgt entsprechend: $x^T = (x_B^T, x_N^T)$, $c^T = (c_B^T, c_N^T)$. Eine Lösung von $Ax = b$ mit $x_N = 0$ für eine gewisse Basis B heißt Basislösung des Gleichungssystems. Gilt außerdem $x_B \geq 0$, dann spricht man von einer zulässigen Basislösung.

Es ergeben sich folgende Beziehungen:

$$x_B = A_B^{-1}b - A_B^{-1}A_N x_N \tag{7.12}$$

$$z = c^T x = c_B^T x_B + c_N x_N \tag{7.13}$$

$$z = c_B^T(A_B^{-1}b - A_B^{-1}A_N x_N) + c_N^T x_n \tag{7.14}$$

$$z = c_B^T A_B^{-1}b + (c_N^T - c_B^T A_B^{-1}A_N)x_N \tag{7.15}$$

Das Simplexverfahren besteht nun darin, dass man, ausgehend von einer zulässigen Basislösung zu einer neuen Basislösung mit einem verbesserten Zielwert übergeht. Die neue Basis unterscheidet sich von der alten Basis durch eine einzige Basisvariable. Eine alte Basisvariable wird neue Nicht-Basisvariable, eine alte Nicht-Basisvariable wird neue Basisvariable. Man setzt diesen Basisaustausch solange fort bis

(1) eine Basislösung mit optimalem (maximalem) Zielwert in $\mathcal{Z}$ erreicht ist; oder

(2) man feststellt, dass die Zielfunktion auf dem zulässigen Bereich nicht beschränkt ist.

Die Berechnungen können an dem folgenden Simplextableau zur Basis A_B erfolgen:

	$-z$	Basisvariable			Nicht-Basisvariable			rechte Seite
		x_{k_1} $\cdots$ x_{k_p} $\cdots$ x_{k_m}			$x_{k_{m+1}}$ $\cdots$ x_{k_q} $\cdots$ x_{k_n}			
x_{k_1} $\vdots$ x_{k_m}	0 $\vdots$ 0	(δ_{ij})			$A_B^{-1}A_N = (a_{ij}^N)$			$A_B^{-1}b = (b_i)$
	1	$0 \quad \cdots \quad 0 \quad \cdots \quad 0$			$c_N^T - c_B^T A_B^{-1}A_N$			$-c_B^T A_B^{-1}b$

Es gelten folgende Aussagen, an denen sich der Basisaustausch orientiert:

(1) Wenn $c_N^T - c_B^T A_B^{-1}A_N \leq 0$, dann ist die zugehörige zulässige Basislösung $x^{0T} = ((A_B^{-1}b)^T, \vec{0}^T)$ optimal, d.h. $c^T x^0 \geq c^T x, \ \forall x \in \mathcal{Z}$.

(2) Gelte etwa für die q-te Koordinate $c_{N,q}^T = (c_N^T - c_B^T A_B^{-1}A_N)_q > 0$ und $a_{\bullet q}^N \leq 0$, so ist die Zielfunktion auf $\mathcal{Z}$ nicht beschränkt.

(3) Sei etwa die q-te Koordinate $c_{N,q}^T = (c_N^T - c_B^T A_B^{-1} A_N)_q \geq 0$ und für wenigstens ein p sei $a_{pq}^N > 0$, so liefert der folgende Basisaustausch eine neue zulässige Basislösung mit einem nicht kleineren Zielfunktionswert:

x_{k_q} wird neue Basisvariable.

Eine Basisvariable x_{k_p} mit

$$\frac{b_p}{a_{pq}^N} = \min\left\{\frac{b_j}{a_{jq}^N} \,\Big|\, j = 1, \ldots, m \quad a_{jq}^N > 0\right\} \tag{7.16}$$

wird neue Nicht-Basisvariable.

Ist $c_{N,q} > 0$ und $\dfrac{b_p}{a_{pq}^N} > 0$, dann ist der Zielfunktionswert der neuen Basislösung größer als der Zielfunktionswert der alten Basislösung.

Zwei Fragen bleiben noch zu klären.

(1) Wie erhält man eine zulässige Anfangsbasislösung?

Die Menge $\mathcal{Z} = \{x | Ax = b \quad x \geq 0\}$ ist genau dann nicht leer, wenn das lineare Optimierungsproblem

$$\sum_{j=1}^{m} y_i \rightarrow \min \tag{7.17}$$

$$Ax + y = b \tag{7.18}$$

$$x, y \geq 0 \tag{7.19}$$

den minimalen Zielfunktionswert 0 hat. In diesem Fall sind alle $y_j = 0$ und hieraus ergibt sich (eventuell mit Zusatzrechnung) eine zulässige Basislösung des ursprünglichen Optimierungsproblems (in den Variablen x_i).

(2) Was passiert, wenn bei einem Basisaustausch $\dfrac{b_p}{a_{pq}^N} = 0$?

Man nennt dies den entarteten Fall. In diesem Fall bleibt der Zielfunktionswert beim Übergang zur neuen Basis unverändert, und es kann in der Reihenfolge der Basislösungen eine zyklische Wiederkehr gleicher Basen auftreten. Die Anwendung der folgenden Regel von Bland garantiert immer einen eindeutigen Basisaustausch und unterbindet solche Zykel. Die Regel von Bland schränkt die Auswahl der neuen Basisvariablen und der neuen Nicht-Basisvariablen beim Basisaustausch ein.

Als neue Basisvariable Nummer k_q wird gewählt diejenige mit der Nummer

$$k_q = \min\{k_i | i = 1, \ldots, n - m \quad (c_N^T - c_B^T A_B^{-1} A_N)_{(i)} > 0\} \ .$$

Als neue Nicht-Basisvariable Nummer k_p wird gewählt diejenige mit der Nummer

$$k_p = \min\left\{ k_\ell | \frac{b_\ell}{a_{\ell q}^N} = \min\left\{ \frac{b_j}{a_{jq}^N} \, | j = 1, \ldots, m \quad a_{jq}^N > 0 \right\}\right\} \ .$$

Man stellt nun dem obigen Grundproblem (primales Problem) ein duales Problem gegenüber. Die Konstruktion ist derart, dass das duale Problem des dualen Problems wieder das ursprüngliche primale Problem ergibt.

$$
\begin{array}{|c|c|}
\hline
\text{primales Problem} & \text{duales Problem} \\
\hline
Ax \leq b & A^T y \geq c \\
x \geq 0 & y \geq 0 \\
c^T x \to \max & b^T y \to \min \\
\hline
\end{array}
\tag{7.20}
$$

Satz 7.7 (schwacher Dualitätssatz) *Seien $\tilde{x}$ und $\tilde{y}$ zulässige Punkte des primalen bzw. dualen Problems (7.20) dann gilt $b^T \tilde{y} \geq c^T \tilde{x}$.*

Satz 7.8 (starker Dualitätssatz) *Wenn x^o eine optimale Lösung des primalen Problems ist, dann existiert eine optimale Lösung y^o des dualen Problems und es ist $b^T y^o = c^T x^o$.*

Bemerkung. Die optimale Lösung des dualen Problems liest man aus dem optimalen Tableau der Standardform des primalen Problems als negative Zielfunktionskoeffizienten der Schlupfvariablen ab.

Satz 7.9 *Seien $\tilde{x}$ und $\tilde{y}$ zulässige Punkte des primalen bzw. dualen Problems (7.20). Dann sind folgende drei Aussagen äquivalent:*

1. *$\tilde{x}$ und $\tilde{y}$ sind optimale Lösungen des primalen bzw. dualen Problems.*

2. *Die Zielfunktionswerte genügen der Gleichung $b^T \tilde{y} = c^T \tilde{x}$.*

3. *Es gilt die Bedingung des komplementären Schlupfs (complementary slackness condition):*

$$\tilde{y}^T(A\tilde{x} - b) = 0 \qquad \tilde{x}^T(A^T \tilde{y} - c) = 0 \ .$$

7.5 Stabilität bei Differentialgleichungen

Dieser Abschnitt orientiert sich an dem Buch ([29]) von Hirsch und Smale. Wir betrachten eine stetig differenzierbare Funktion $f : X \to \mathbb{R}^n$, wobei $X \subset \mathbb{R}^n$ eine offene Menge ist. Gegeben sei ferner die Differentialgleichung

$$\dot{x} = f(x) \ . \tag{7.21}$$

Als Jacobimatrix $Df(\bar{x})$ der Funktion f wird die Matrix der folgenden Ableitungen an der Stelle $\bar{x}$ bezeichnet

$$Df(\tilde{x})_{ij} = \left. \frac{\partial f_i}{\partial x_j} \right|_{x=\tilde{x}} \ . \tag{7.22}$$

Definition 7.12 *Gegeben sei die Differentialgleichung (7.21) und ein Punkt $\tilde{x} \in X$.*

1. *$\tilde{x}$ heißt Gleichgewichtspunkt der Differentialgleichung (7.21), wenn $f(\tilde{x}) = 0$.*

2. *$\tilde{x}$ heißt stabiles Gleichgewicht, wenn $f(\tilde{x}) = 0$ und es für jede Umgebung V von $\tilde{x}$ in X eine Umgebung $V_1(\tilde{x}) \subset V(\tilde{x})$ gibt, so dass jede Lösung $x(t)$ von (7.21) mit $x(0) \in V_1$ für alle $t > 0$ in V bleibt.*

3. *Ein stabiles Gleichgewicht heißt asymptotisch stabil, wenn die Umgebung V_1 so gewählt werden kann, dass $\lim_{t \to \infty} x(t) = \tilde{x}$.*

Bemerkung. Dynamisches Gleichgewicht, stabiles dynamisches Gleichgewicht, asymptotisch stabiles dynamisches Gleichgwicht sind in dieser Reihenfolge zunehmend stärkere Forderungen an $\tilde{x}$.

Satz 7.10 *Sei ein stabiler Gleichgewichtspunkt $\tilde{x} \in X$ der Differentialgleichung (7.21) gegeben. Dann hat kein Eigenwert der Jacobimatrix $Df(\tilde{x})$ einen positiven Realteil.*

Definition 7.13 *Sei $\bar{x} \in W$ ein Gleichgewichtspunkt der Differentialgleichung (7.21). Sei ferner $V \subset W$ eine Umgebung von $\bar{x}$. Eine Funktion $\mathcal{L} : V \to \mathbb{R}$ heißt Liapunov-Funktion, wenn sie*

1. *stetig in V ist,*

2. *differenzierbar in $V \backslash \bar{x}$,*

3. *$\mathcal{L}(\bar{x}) = 0$ und $\mathcal{L}(x) > 0$ für $x \neq \bar{x}$,*

4. $\dfrac{d}{dt}\mathcal{L}(x(t)) \leq 0$ in $V \backslash \bar{x}$.

Satz 7.11 *Sei $\tilde{x} \in X$ ein Gleichgewichtspunkt der Differentialgleichung (7.21). Gibt es eine Liapunov-Funktion $\mathcal{L}$ nach Definition (7.13), dann ist $\bar{x}$ ein stabiler Gleichgewichtspunkt.*
Gilt sogar

$$\frac{d}{dt}\mathcal{L}(x(t)) < 0 \quad \forall x \in V \backslash \bar{x} \, , \tag{7.23}$$

dann ist $\bar{x}$ ein asymptotisch stabiler Gleichgewichtspunkt.

Stabile und asymptotisch stabile Gleichgewichtspunkte lassen sich auch mit den Eigenwerten der Jacobimatrix verbinden, wie im folgenden Satz beschrieben wird, der den Theoremen aus dem Buch ([29]) auf den Seiten 181 und 187 entspricht.

Satz 7.12

1. *Ist $\bar{x}$ ein stabiles Gleichgewicht der Differentialgleichung 7.21, dann ist jeder Eigenwert der zugehörigen Jacobimatrix ≤ 0.*

2. *Hat jeder Eigenwert der Jacobimatrix der Differentialgleichung 7.21 an der Stelle $\bar{x}$ einen Wert < 0, dann ist $\bar{x}$ ein asymptotisch stabiler Gleichgewichtspunkt.*

7.6   Lösungen der Aufgaben

Aufgabe 1 (auf Seite 18):

Auszahlung		$(-1,-1)$	$(2,0)$	$(0,2)$	$(1,1)$
		(s_1^1, s_1^2)	(s_1^1, s_2^2)	(s_2^1, s_1^2)	(s_2^1, s_2^2)
$(-1,-1)$	(s_1^1, s_1^2)	$=$	$(\prec_1, \prec_2)$	$(\prec_1, \prec_2)$	$(\prec_1, \prec_2)$
$(2,0)$	(s_1^1, s_2^2)	$(\succ_1, \succ_2)$	$=$	$(\succ_1, \prec_2)$	$(\succ_1, \prec_2)$
$(0,2)$	(s_2^1, s_1^2)	$(\succ_1, \succ_2)$	$(\prec_1, \succ_2)$	$=$	$(\prec_1, \succ_2)$
$(1,1)$	(s_2^1, s_2^2)	$(\succ_1, \succ_2)$	$(\prec_1, \succ_2)$	$(\succ_1, \prec_2)$	$=$

Nash-Gleichgewichte

(s_2^1, s_1^2)	$\succ_1$	(s_1^1, s_1^2)
	$\succ_2$	(s_2^1, s_2^2)
(s_1^1, s_2^2)	$\succ_1$	(s_2^1, s_2^2)
	$\succ_2$	(s_1^1, s_1^2)

keine Nash-Gleichgewichte

(s_1^1, s_1^2)	$\prec_1$	(s_2^1, s_1^2)
	$\prec_2$	(s_1^1, s_2^2)
(s_2^1, s_2^2)	$\prec_1$	(s_1^1, s_2^2)
	$\prec_2$	(s_2^1, s_1^2)

Aufgabe 2 (auf Seite 18):
Nash-Gleichgewicht
Die Bedingung ist $U^i(s^{i*}, s^{-i*}) \geq U^i(s^1, s^{2*})$ $\forall s^1$, $i = 1, 2$

Fall 1: (s_1^1, s_1^2) Nash-Gleichgewicht

Für den 1.Spieler muss gelten

$$U^1(s_1^1, s_1^2) \geq U^1(s_2^1, s_1^2) \quad \Rightarrow \quad \frac{V - D}{2} \geq 0 \quad \Rightarrow \quad V \geq D$$

Für den 2.Spieler muss gelten

$$U^2(s_1^1, s_1^2) \geq U^2(s_1^1, s_2^2) \quad \Rightarrow \quad \frac{V - D}{2} \geq 0 \quad \Rightarrow \quad V \geq D$$

Fall 2: (s_2^1, s_2^2) Nash-Gleichgewicht

Für den 1.Spieler muss gelten

$$U^1(s_2^1, s_2^2) \geq U^1(s_1^1, s_2^2) \quad \Rightarrow \quad \frac{V + W}{2} \geq V \quad \Rightarrow \quad W \geq V$$

Für den 2.Spieler muss gelten

$$U^2(s_2^1, s_2^2) \geq U^2(s_2^1, s_1^2) \quad \Rightarrow \quad \frac{V + W}{2} \geq V \quad \Rightarrow \quad W \geq V$$

Fall 3: (s_1^1, s_2^2) Nash-Gleichgewicht

Für den 1.Spieler muss gelten

$$U^1(s_1^1, s_2^2) \geq U^1(s_2^1, s_2^2) \quad \Rightarrow \quad V \geq \frac{V + W}{2} \quad \Rightarrow \quad V \geq W$$

Für den 2.Spieler muss gelten

$$U^2(s_1^1, s_2^2) \geq U^2(s_1^1, s_1^2) \quad \Rightarrow \quad 0 \geq \frac{V - D}{2} \quad \Rightarrow \quad D \geq V$$

gilt also $D \geq V \geq W$.

Fall 4: (s_2^1, s_1^2) Nash-Gleichgewicht

Umnumerierung der Spieler führt zur gleichen Auszahlung wie bei Fall 3 und damit auch zu der gleichen Bedingung:

$$D \geq V \geq W \ .$$

Dominanz-Gleichgewicht

1.Spieler: Die Bedingung ist $U^1(s^{1*}, s^2) \geq U^1(s^1, s^2) \quad \forall (s^1, s^2)$

s_1^1 sei eine dominante Strategie, dann muss gelten:

$$U^1 \left(s_1^1, \left\{ \begin{matrix} s_1^2 \\ s_2^2 \end{matrix} \right\} \right) \geq U^1 \left(s_2^1, \left\{ \begin{matrix} s_1^2 \\ s_2^2 \end{matrix} \right\} \right)$$

$$\Rightarrow \quad \begin{pmatrix} \dfrac{V-D}{2} \\ V \end{pmatrix} \geq \begin{pmatrix} 0 \\ \dfrac{V+W}{2} \end{pmatrix}$$

$$\Rightarrow \quad V \geq D \quad V \geq W$$

s_2^1 sei eine dominante Strategie, dann muss gelten:

$$U^1 \left(s_2^1, \left\{ \begin{matrix} s_1^2 \\ s_2^2 \end{matrix} \right\} \right) \geq U^1 \left(s_1^1, \left\{ \begin{matrix} s_1^2 \\ s_2^2 \end{matrix} \right\} \right)$$

$$\Rightarrow \quad \begin{pmatrix} 0 \\ \dfrac{V+W}{2} \end{pmatrix} \geq \begin{pmatrix} \dfrac{V-D}{2} \\ V \end{pmatrix}$$

$$\Rightarrow \quad D \geq V \quad W \geq V$$

2.Spieler: Die Bedingung ist $U^2(s^1, s^{2*}) \geq U^2(s^1, s^2) \quad \forall (s^1, s^2)$

s_1^2 sei eine dominante Strategie, dann muss gelten:

$$U^2 \left(\left\{ \begin{matrix} s_1^1 \\ s_2^1 \end{matrix} \right\}, s_1^2 \right) \geq U^2 \left(\left\{ \begin{matrix} s_1^1 \\ s_2^1 \end{matrix} \right\}, s_2^2 \right)$$

$$\Rightarrow \quad \begin{pmatrix} \dfrac{V-D}{2} \\ V \end{pmatrix} \geq \begin{pmatrix} 0 \\ \dfrac{V+W}{2} \end{pmatrix}$$

$$\Rightarrow \quad V \geq D \quad V \geq W$$

s_2^2 sei eine dominante Strategie, dann muss gelten:

$$U^2 \left(\begin{Bmatrix} s_1^1 \\ s_2^1 \end{Bmatrix}, s_2^2 \right) \geq U^2 \left(\begin{Bmatrix} s_1^1 \\ s_2^1 \end{Bmatrix}, s_1^2 \right)$$

$$\Rightarrow \quad \begin{pmatrix} 0 \\ \dfrac{V+W}{2} \end{pmatrix} \geq \begin{pmatrix} \dfrac{V-D}{2} \\ V \end{pmatrix}$$

$$\Rightarrow \quad D \geq V \quad W \geq V$$

Dies ergibt zusammen

Fall 1: (s_1^1, s_1^2) sei Dominanz-Gleichgewicht

Für den 1.Spieler gilt $V \geq D$ und $V \geq W$. Für den 2.Spieler gilt das Gleiche, also

$$V \geq D \quad V \geq W$$

Fall 2: (s_2^1, s_2^2) Dominanz-Gleichgewicht

Für den 1.Spieler gilt $D \geq V$ und $W \geq V$. Für den 2.Spieler gilt das Gleiche, also

$$D \geq V \quad W \geq V$$

Fall 3: (s_1^1, s_2^2) Dominanz-Gleichgewicht

Für den 1.Spieler gilt $V \geq D$ und $V \geq W$. Für den 2.Spieler gilt $D \geq V$ und $W \geq V$, also

$$D = V = W$$

Fall 4: (s_2^1, s_1^2) Dominanz-Gleichgewicht

Für den 1.Spieler gilt $D \geq V$ und $W \geq V$. Für den 2.Spieler gilt $V \geq D$ und $V \geq W$, also

$$D = V = W$$

Aufgabe 3 (auf Seite 18):

Den zu verteilenden Betrag nehmen wir zu 1 an. $p_i \geq 1$ sei die Punktzahl, die der i-te Arzt erreicht, $i = 1, \ldots, m$. Die Auszahlung an den i-ten Arzt ist dann

$$0 \leq \frac{p_i}{\sum_{k=1}^m p_k} \leq 1 \ .$$

Wegen der begrenzten Arbeitszeit in der Abrechnungsperiode ist es sicher auch nicht falsch eine maximale zu erreichende Punktzahl anzunehmen, sei dies P, $p_i \leq P$. Jeder Arzt i, $i = 1, \ldots, m$ hat daher P Strategien:

$$s_j^i = j, \ j = 1, \ldots, P \ .$$

Die Auszahlungen können wir dann auch folgendermaßen schreiben:

$$U^i(s_{j_1}^1, \ldots, s_{j_m}^m) = \frac{s_{j_i}^i}{\sum_{k=1}^m s_{j_k}^k} \ .$$

Wegen

$$\frac{p_i}{\sum_{k=1}^m p_k} \leq \frac{P}{P + \sum_{k \neq i} p_k} \ \forall p_i = 1, \ldots, P \ i = 1, \ldots, m$$

ist daher die Strategie s_P^i für jeden Arzt eine dominante Strategie (bei beliebiger Teilnehmerzahl m) und damit ist $(s_P^1, \ldots, s_P^m)$ ein Nash-Gleichgewicht (in dominanten Strategien).

Im Falle von $m = 2$ und $P = 5$ ist die Auszahlungsmatrix für den Zeilenspieler:

$$\begin{pmatrix} 1/2 & 1/3 & 1/4 & 1/5 & 1/6 \\ 2/3 & 1/2 & 2/5 & 2/6 & 2/7 \\ 3/4 & 3/5 & 1/2 & 3/7 & 3/8 \\ 4/5 & 4/6 & 4/7 & 1/2 & 4/9 \\ 5/6 & 5/7 & 5/8 & 5/9 & 1/2 \end{pmatrix}$$

und den Spaltenspieler(transponierte Matrix!)

$$\begin{pmatrix} 1/2 & 2/3 & 3/4 & 4/5 & 5/6 \\ 1/3 & 1/2 & 3/5 & 4/6 & 5/7 \\ 1/4 & 2/5 & 1/2 & 4/7 & 5/8 \\ 1/5 & 2/6 & 3/7 & 1/2 & 5/9 \\ 1/6 & 2/7 & 3/8 & 4/9 & 1/2 \end{pmatrix}$$

Wenn pro erarbeitetem Punkt „Ermüdungskosten"vom Betrag η_i abgezogen werden, dann ergeben sich folgende Auszahlungen

$$U^i(s_{j_1}^1, \ldots, s_{j_m}^m) = \frac{s_{j_i}^i}{\sum_{k=1}^m s_{j_k}^k} - s_{j_i}^i \eta_i \ .$$

Wenn η_i klein genug ist, dann bleibt die dominante Strategie von vorher erhalten, ansonsten gibt es andere Lösungen, möglicherweise gemischte Strategien.

Aufgabe 4 (auf Seite 18):
Jeder Spieler i hat drei Strategien, nämlich die Wahl eines der drei Wege Nr. 1,2 oder 3; d.h $s_1^i = 1$, $s_2^i = 2$, $s_3^i = 3$.
Wir betrachten hier keine gemischten Strategien.
Die Auszahlungen $U^i(s_{j_1}^1, \ldots, s_{j_m}^m)$ für die Spieler $i = 1, \ldots, m$ hängen nur von den Anzahlen z_1, z_2 und z_3 der Fahrzeuge ab, die die Wege $W_1 = \overrightarrow{ACB}$, $W_2 = \overrightarrow{ADB}$ bzw. $W_3 = \overrightarrow{ACDB}$ benutzen:

Wege		$\overrightarrow{AC}$	$\overrightarrow{AD}$	$\overrightarrow{CB}$	$\overrightarrow{CD}$	$\overrightarrow{DB}$	Zeit
$\overrightarrow{ACB}$	z_1	*		*			$11z_1 + 10z_3 + 50$
$\overrightarrow{ADB}$	z_2		*			*	$11z_2 + 10z_3 + 50$
$\overrightarrow{ACDB}$	z_3	*			*	*	$10z_1 + 10z_2 + 21z_3 + 10$
		$z_1 + z_3$	z_2	z_1	z_3	$z_2 + z_3$	

Hieraus ergibt sich folgende Auszahlung für den Spieler i:

$$U^i(s_{j_1}^1, \ldots, s_{j_m}^m) = -\mathbf{1}_{j_i=1} * (11z_1 + 10z_3 + 50) -$$
$$-\mathbf{1}_{j_i=2} * (11z_2 + 10z_3 + 50) - \mathbf{1}_{j_i=3} * (10z_1 + 10z_2 + 21z_3 + 10) \, .$$

Aus der folgenden Tabelle entnimmt man, dass bei drei Spielern (=Fahrzeuge) die gleichmäßige Aufteilung kein Nash-Gleichgewicht ist. Vielmehr liegt ein Nash-Gleichgewicht vor, wenn alle drei Spieler die Strategie 3 wählen.

<table>
<tr><td rowspan="2"></td><td colspan="3">Spieler Nr.</td><td colspan="3">Auszahlungen</td><td rowspan="2"></td></tr>
<tr><td>1</td><td>2</td><td>3</td><td>U^1</td><td>U^2</td><td>U^3</td></tr>
<tr><td rowspan="5">Wegeauswahl</td><td>1</td><td>2</td><td>3</td><td>-71</td><td>-71</td><td>-51</td><td>vermutetes Nash-Gleichgewicht</td></tr>
<tr><td>3</td><td>2</td><td>3</td><td>**-62**</td><td colspan="3">Spieler 1 verbessert sich</td></tr>
<tr><td>3</td><td>3</td><td>3</td><td>-73</td><td>-73</td><td>-73</td><td>tatsächliches Nash-Gleichgewicht</td></tr>
<tr><td>1</td><td>3</td><td>3</td><td>-81</td><td></td><td></td><td>Spieler 1 verschlechtert sich immer

Permutationen der Wegeauswahl liefert die gleichen</td></tr>
<tr><td>2</td><td>3</td><td>3</td><td>-81</td><td></td><td></td><td>Vergleichswerte für die anderen Spieler</td></tr>
</table>

Bei neun Spielern ist die gleichmäßige Aufteilung auf die drei Wege ebenfalls kein Nash-Gleichgewicht, wie man der folgenden Tabelle entnimmt:

		Spieler Nr.					Auszahlungen			
		1 − 3	4 − 6	7	8	9	U^1	U^4	U^7	
Wege-auswahl	1	1	2	3	3	3	-113	-113	-133	kein Nash-Gleichgewicht
							Spieler 7 kann sich verbessern			
	2	2	2	1	3	3			-114	
	1	1	2	2	3	3			-114	

Bei sechs Spielern ist die gleichmäßige Aufteilung auf die drei Wege ein Nash-Gleichgewicht, wie man der folgenden Tabelle entnimmt. Die Tabelle zeigt eine Merkwürdigkeit. Wenn der Weg Nummer drei nicht verfügbar ist (jeder Spieler hat nur zwei Strategien), dann liefert die gleichmäßige Aufteilung (auf die zwei Wege) ein Nash-Gleichgewicht mit einer kürzeren Fahrzeit. Die Werte in den Klammern zeigen, dass bei drei Wegen dies kein Nash-Gleichgewicht ist.

	Spieler Nr.						Auszahlungen			
	1	2	3	4	5	6	U^1	U^3	U^5	
Auswahl der Wege(Strategien)	1	1	2	2	3	3	-92	-92	-92	Nash-Gleichgewicht
	2	1	2	2	3	3	-103			
	3	1	2	2	3	3	-103			
	1	1	1	2	3	3		-103		
	1	1	3	2	3	3		-103		
	1	1	2	2	1	3			-93	
	1	1	2	2	2	3			-93	
	Weg Nr. 3 steht nicht zur Verfügung									
	1	1	1	2	2	2	-83	-83	-83	Nash-Gleichgewicht
	2(3)	1	1	2	2	2	-94(-81)			Permutationen der Wegeauswahl liefert die gleichen Vergleichswerte für die anderen Spieler
	1	1	1	2	1(3)	2			-94(-81)	

Aufgabe 5 (auf Seite 19):

Jeder der m Spieler hat zwei Strategien

$$s^i = \begin{cases} 1 & \text{(Spieler bringt etwas mit)} \\ 0 & \text{(Spieler bringt nichts mit)} \end{cases} .$$

Der Verlauf der Einladung wird als gut(G) eingestuft, wenn

$$\sum_{i=1}^{m} s^i \geq \frac{m}{2} \, ,$$

ansonsten als schlecht(S). Die Auszahlungsmatrix für jeden Spieler i ist

$$U^i(s^i, s^{-i}) = \begin{cases} 0 & \text{falls } s^i = 1 \text{ und } \sum_{i=1}^{m} s^i \geq \frac{m}{2} \\[2mm] -1 & \text{falls } s^i = 1 \text{ und } \sum_{i=1}^{m} s^i < \frac{m}{2} \\[2mm] 1 & \text{falls } s^i = 0 \text{ und } \sum_{i=1}^{m} s^i \geq \frac{m}{2} \\[2mm] 0 & \text{falls } s^i = 0 \text{ und } \sum_{i=1}^{m} s^i < \frac{m}{2} \end{cases}$$

Spieler			Einladung	Auszahlung			
1	2	3		U^1	U^2	U^3	
0	0	0	S	0	0	0	Nash-GW
0	0	1	S	0	0	-1	kein Nash-GW
0	1	0	S	0	-1	0	kein Nash-GW
1	0	0	S	-1	0	0	kein Nash-GW
0	1	1	G	1	0	0	Nash-GW
1	1	0	G	0	0	1	Nash-GW
1	0	1	G	0	1	0	Nash-GW
1	1	1	G	0	0	0	kein Nash-GW

Spieler					Einladung	Auszahlung					
1	2	3	4	5		U^1	U^2	U^3	U^4	U^5	
0	0	0	0	0	S	0	0	0	0	0	Nash-GW
1	0	0	0	0	S	-1	0	0	0	0	kein Nash-GW
1	1	0	0	0	S	-1	-1	0	0	0	kein Nash-GW
1	1	1	0	0	G	0	0	0	1	1	Nash-GW
1	1	1	1	0	G	0	0	0	0	1	kein Nash-GW
1	1	1	1	1	G	0	0	0	0	0	kein Nash-GW

Aufgabe 6 (auf Seite 22):

1. Wegen der Symmetrie in beiden Spielern gilt:

r^1(Schere)=r^2(Schere)=Stein,
r^1(Stein)=r^2(Stein)=Papier,
r^1(Papier)=r^2(Papier)=Schere

Die Bestantwort-Abbildung entnimmt man aus der folgenden Tabelle:

	Schere	Stein	Papier
Schere	(Stein,Stein)	(Papier,Stein))	(Schere,Stein)
Stein	(Stein,Papier)	(Papier, Papier)	(Schere,Papier)
Papier	(Stein,Schere)	(Papier,Schere))	(Schere,Schere)

2. Die Bestantwort-Abbildung ergibt sich aus

$$r^1(s_1^2) = \{s_1^1\} \quad r^1(s_2^2) = \{s_1^1\}$$
$$r^2(s_1^1) = \{s_1^2\} \quad r^2(s_2^1) = \{s_1^2\}$$

zu den Werten

$$r(s_1^1, s_1^2) = \begin{pmatrix} \{s_1^1\} \\ \{s_1^2\} \end{pmatrix} \quad r(s_1^1, s_2^2) = \begin{pmatrix} \{s_1^1\} \\ \{s_1^2\} \end{pmatrix}$$

$$r(s_2^1, s_1^2) = \begin{pmatrix} \{s_1^1\} \\ \{s_1^2\} \end{pmatrix} \quad r(s_2^1, s_2^2) = \begin{pmatrix} \{s_1^1\} \\ \{s_1^2\} \end{pmatrix}$$

Wie man sieht, gibt es nur einen Fixpunkt und damit auch nur ein Nash-Gleichgewicht:

$$(s_1^1, s_1^2)^T \in r(s_1^1, s_1^2) \,.$$

3. Die Bestantwort-Abbildung ergibt sich aus

$$\begin{array}{ll} r^1(s_1^2) = \{s_1^1\} & r^1(s_2^2) = \{s_2^1\} \\ r^2(s_1^1) = \{s_1^2\} & r^2(s_2^1) = \{s_2^2\} \end{array}$$

zu den Werten

$$r(s_1^1, s_1^2) = \begin{pmatrix} \{s_1^1\} \\ \{s_1^2\} \end{pmatrix} \quad r(s_1^1, s_2^2) = \begin{pmatrix} \{s_2^1\} \\ \{s_1^2\} \end{pmatrix}$$

$$r(s_2^1, s_1^2) = \begin{pmatrix} \{s_1^1\} \\ \{s_2^2\} \end{pmatrix} \quad r(s_2^1, s_2^2) = \begin{pmatrix} \{s_2^1\} \\ \{s_2^2\} \end{pmatrix}$$

Wie man sieht, gibt es zwei Fixpunkte und damit zwei Nash-Gleichgewicht:

$$(s_1^1, s_1^2)^T \in r(s_1^1, s_1^2)$$
$$(s_2^1, s_2^2)^T \in r(s_2^1, s_2^2) \,.$$

Aufgabe 7 (auf Seite 23):
Analog zum Dyopol seien die Erntemengen als $y_i \geq 0$ und die Arbeitskosten mit $K_i = y_i^2$ bezeichnet. Der Marktpreis sei ebenfalls

$$p = \begin{cases} 120 - 2 * (y_1 + y_2 + y_3) & \text{falls } y_1 + y_2 + y_3 \leq 60 \\ 0 & \text{falls } y_1 + y_2 + y_3 > 60 \end{cases} \,.$$

Wir betrachten daher nur den Fall $y_1 + y_2 + y_3 \leq 60$
Der Gewinn (Auszahlung) des i-ten Farmers ist dann

$$G^i(y_1, y_2, y_3) = y_i p - y_i^2 = 120 y_i - 2 y_i (y_1 + y_2 + y_3) - y_i^2 \,.$$

Die beste Antwort für den i-ten Spieler (Farmer) berechnet sich aus

$$\frac{\partial G^i}{\partial y_i} = 120 - 2 \sum_{k \neq i} y_k - 6 y_i = 0$$

$$y_1 = 20 - \frac{1}{3}(y_2 + y_3) \qquad \Rightarrow \qquad r^1(y_2, y_3) = 20 - \frac{1}{3}(y_2 + y_3) \,.$$

Vertauschen der Indizes liefert die Ergebnisse für die anderen zwei Spieler Nr. 2 und 3. Unter der Annahme, dass für den Fixpunkt der besten-Antwort-Abbildung ebenfalls die Bedingung ≤ 60 gilt, folgt für diesen:

$$y_1 = 20 - \frac{1}{3}(y_2 + y_3)$$

$$y_2 = 20 - \frac{1}{3}(y_1 + y_3)$$

$$y_3 = 20 - \frac{1}{3}(y_1 + y_2) \ .$$

Hieraus ergibt sich das Gleichungssystem:

$$y_1 + \frac{1}{3}y_2 + \frac{1}{3}y_3 = 20$$

$$\frac{1}{3}y_1 + y_2 + \frac{1}{3}y_3 = 20$$

$$\frac{1}{3}y_1 + \frac{1}{3}y_2 + y_3 = 20$$

Wegen der Symmetrie gilt $y_1 = y_2 = y_3$ und somit

$$\frac{5}{3}y_1 = 20 \Rightarrow \ \text{als Nash-Gleichgewicht:} \ y_1 = y_2 = y_3 = 12$$

mit den Auszahlungen (Gewinnen)

$$G^1(12, 12, 12) = G^2(12, 12, 12) = G^3(12, 12, 12) = 432 \ .$$

Aufgabe 8 (auf Seite 26):

1. Das Spiel Schere-Stein-Papier kann zu keinem der anderen beiden Spiele äquivalent sein. Es hat kein Nash-Gleichgewicht (in reinen Strategien), während die beiden anderen Spiele ein Nash-Gleichgewicht besitzen. Ein anderes Argument wäre, dass dieses Spiel für jeden Spieler drei Strategien besitzt, bei den beiden anderen aber nur zwei vorhanden sind.

2. Die Spiele Nummer 2 und 3 haben die gleiche Spieleranzahl und die gleichen Strategienmengen. Ferner haben beide genau ein Nash-Gleichgewicht, nämlich (s_1^1, s_1^2). Daher sind sie strategisch äquivalent.

Zur erweiterten strategischen Linear-Äquivalenz ist folgender Ansatz zu machen, wenn das Spiel 2 in das Spiel 3 übergeführt werden soll:

$$
\begin{aligned}
-7k^1 + c_1^1 &= 1 & \qquad -7k^2 + c_1^2 &= 1 \\
-9k^1 + c_1^1 &= 0 & \qquad -9k^2 + c_1^2 &= 0 \\
-1k^1 + c_2^1 &= 4 & \qquad -1k^2 + c_2^2 &= 4 \\
-3k^1 + c_2^1 &= 2 & \qquad -3k^2 + c_2^2 &= 2
\end{aligned}
$$

Aus den ersten beiden Gleichungen folgt jeweils zwingend $k^1 = k^2 = \dfrac{1}{2}$ und aus den letzen beiden $k^1 = k^2 = 1$. Dies ist ein Widerspruch, daher hat das Gleichungssystem keine Lösung. Es besteht also keine erweitert strategische Linear-Äquivalenz.

Aufgabe 9 (auf Seite 35):

Der Profit für die Firmen ergibt sich dann zu

$$
\begin{aligned}
U^1(q^1, q^2) = q^1 p(q^1 + q^2) - K^1(q^1) &= 96q^1 - 4q^1(q^1 + q^2) \\
&\quad + 3q^1(q^1 + q^2)^2 - q^1(q^1 + q^2)^3 \\
U^2(q^1, q^2) = q^2 p(q^1 + q^2) - K^2(q^2) &= 98q^2 - 4q^1 q^2 \\
&\quad - 4.1q^2 \times q^2 + 3q^2(q^1 + q^2)^2 - q^2(q^1 + q^2)^3
\end{aligned}
$$

Nimmt man an, dass die a^i so groß sind, dass das Maximum im Innern auftritt, kann es durch Differenzieren gefunden werden. Die Nash-Gleichgewichte ergeben sich damit als Lösung des nichtlinearen Gleichungssystems:

$$
\frac{\partial U^1}{\partial q^1} = 96 - 8q^1 - 4q^2 + 6q^1(q^1 + q^2) + 3(1 - q^1)(q^1 + q^2)^2 - (q^1 + q^2)^3 = 0
$$

$$
\frac{\partial U^2}{\partial q^2} = 98 - 4q^1 - 4.2q^2 + 6q^2(q^1 + q^2) + 3(1 - q^2)(q^1 + q^2)^2 - (q^1 + q^2)^3 = 0
$$

Berechnungen mit MAPLE

Die beiden Kostenfunktionen

```
>  K1:=x -> 4*x;
```

$$
K1 := x \rightarrow 4x
$$

```
>  K2:=y -> 2*y+1/10*y^2;
```

$$
K2 := y \rightarrow 2y + \frac{1}{10} y^2
$$

K1 und K2 sind konvex, da die zweiten Ableitungen >=0 sind!

Der Preis in Abhaengigkeit der gesamten Angebotsmenge. Grenzwert fuer
Q=0 ist hier 100.

```
>  p:=Q ->100.0 -4*Q+3*Q^2-Q^3;
```

$$p := Q \rightarrow 100.0 - 4Q + 3Q^2 - Q^3$$

gesucht ist eine reelle Nullstelle der Preisfunktion

```
>  solve(p(Q)=0,Q);
```

$$-1.269071287 - 4.055373413\,I,\ -1.269071287 + 4.055373413\,I,\ 5.538142574$$

Ist Qp(Q) eine konkave Funktion

```
>  diff(Q*p(Q),Q,Q);
```

$$-8 + 12\,Q - 6\,Q^2 + Q\,(6 - 6\,Q)$$

```
>  solve(diff(Q*p(Q),Q,Q)=0,Q);
```

$$\frac{3}{4} - \frac{1}{12}\,I\,\sqrt{15},\ \frac{3}{4} + \frac{1}{12}\,I\,\sqrt{15}$$

Wie man aus dem vorhergehenden sieht ist die zweite Ableitung von Qp(Q)
immer negativ,

da es keine reellen Nullstellen gibt und die zweite Ableitung fuer Q=0
negativ ist

Q p(Q) ist daher konkav!

Wie schaut die Auszahlungsfunktion fuer den ersten Spieler mit 1. und 2.
Ableitung aus?

```
>  eval(x*p(x+y)-K1(x));
```

$$x\,(100.0 - 4\,x - 4\,y + 3\,(x + y)^2 - (x + y)^3) - 4\,x$$

```
>  diff(x*p(x+y)-K1(x),x);
```

$$96.0 - 4\,x - 4\,y + 3\,(x + y)^2 - (x + y)^3 + x\,(-4 + 6\,x + 6\,y - 3\,(x + y)^2)$$

```
>  simplify(diff(x*p(x+y)-K1(x),x,x));
```

$$-8 + 18\,x + 12\,y - 12\,x^2 - 18\,x\,y - 6\,y^2$$

```
>  simplify(diff(x*p(x+y)-K1(x),x));
```

$$96. - 8.\,x - 4.\,y + 9.\,x^2 + 12.\,x\,y + 3.\,y^2 - 4.\,x^3 - 9.\,x^2\,y - 6.\,x\,y^2 - 1.\,y^3$$

Wie schaut die Auszahlungsfunktion fuer den zweiten Spieler mit 1. und 2.
Ableitung aus?

```
>   eval(y*p(x+y)-K2(y));
```

$$y\left(100.0 - 4\,x - 4\,y + 3\,(x+y)^2 - (x+y)^3\right) - 2\,y - \frac{1}{10}\,y^2$$

```
>   diff(y*p(x+y)-K2(y),y);
```

$$98.0 - 4\,x - \frac{21}{5}\,y + 3\,(x+y)^2 - (x+y)^3 + y\left(-4 + 6\,x + 6\,y - 3\,(x+y)^2\right)$$

```
>   diff(y*p(x+y)-K2(y),y,y);
```

$$-\frac{41}{5} + 12\,x + 12\,y - 6\,(x+y)^2 + y\,(6 - 6\,x - 6\,y)$$

```
>   simplify(diff(y*p(x+y)-K2(y),y));
```

$$98. - 4.\,x - 8.200000000\,y + 3.\,x^2 + 12.\,x\,y + 9.\,y^2$$
$$-1.\,x^3 - 6.\,x^2\,y - 9.\,x\,y^2 - 4.\,y^3$$

Hier die Loesung des Gleichungssystems

```
>   solve({diff(x*p(x+y)-K1(x),x)=0,
>   diff(y*p(x+y)-K2(y),y)=0,x>=0,y>=0},{x,y});
```

$$\{x = 2.028110420,\ y = 2.080907914\}$$

Aufgabe 10 (auf Seite 36):

Der Gewinn $U^i(b^i, b^{-i})$, den der Spieler i beim Bieten des Betrages b^i bekommt, orientiert sich an dem Wert v^i, den er dem Versteigerungsobjekt beimisst:

$$U^i(b^i, b^{-i}) = \begin{cases} v^i - b^i & \text{falls } i = \min\{j \,|\, b^j = \max(b^1, \dots, b^m)\} \\ 0 & \text{sonst} \end{cases}.$$

Der Strategienbereich, aus dem b^i stammt, ist $\mathcal{S}^i = [0, \infty]$.
Da die Funktionen U^i bei gegebener Strategienkombination b^{-i} der Mitspieler nicht stetig sind, ist Satz 2.12 nicht anwendbar. Die folgenden Zeichnungen für die drei möglichen Fälle zeigen dies. Sei $\tilde{b} = \max_{j \neq i} b^j$:

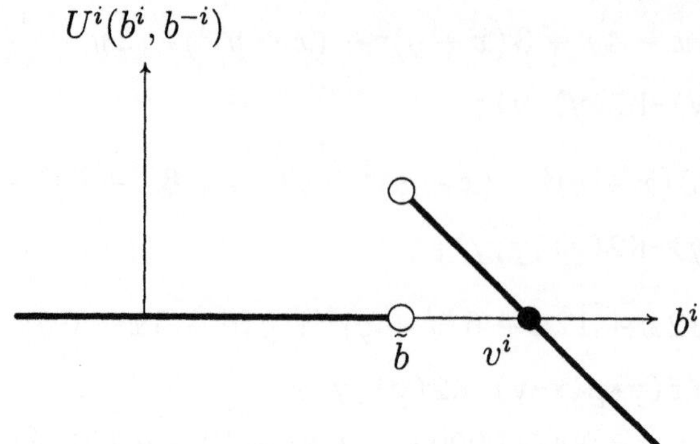

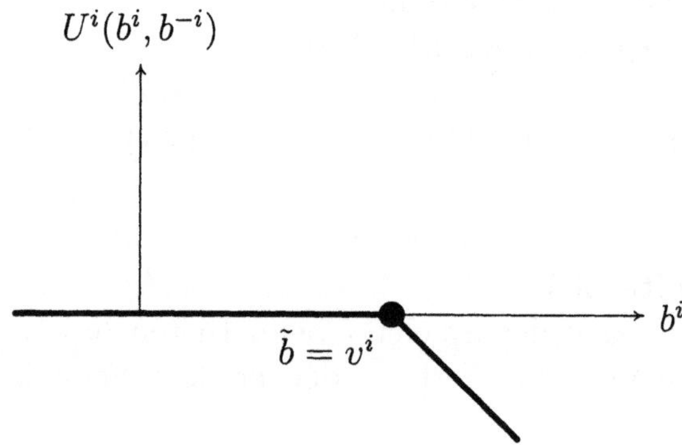

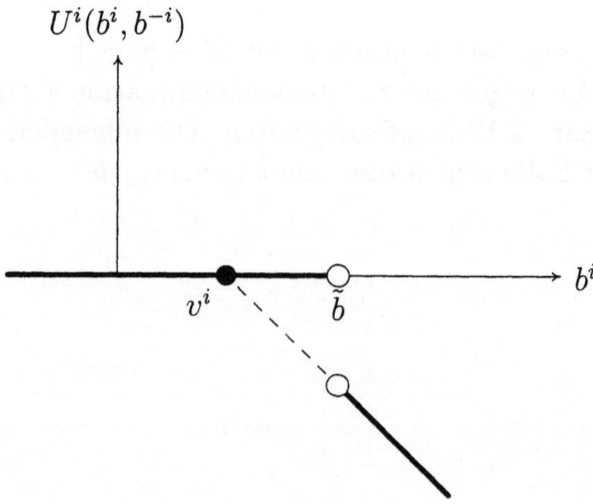

Der Funktionswert der gezeichneten Funktionen ist an der Unstetigkeitsstelle auf der Abszisse, wenn der i-te Spieler nicht derjenige mit der kleinsten Nummer ist. Ansonsten ist der Funktionswert der andere Grenzwert der Funktion. Wie man aus den Zeichnungen vermutet, sind diejenigen Strategienkombinationen Nash-Gleichgewichte, für die

$$b^1 \in [v^2, v^1] \text{ und } b^j \leq b^1 \forall j \neq 1 \text{ und } b^j = b^1 \text{ für ein } j \neq 1 \ .$$

Ein Spieler kann nur dann ungestraft (d.h ohne negative Auszahlung) mehr als seine Werteinschätzung bieten, wenn er nicht das höchste Gebot abgibt. Nur der Spieler 1 kann also ungestraft mehr als v^2 bieten, jedoch höchstens v^1. Er könnte sogar sein Gebot b^1 bis zum nächstkleineren reduzieren. Wenigstens der zweite Spieler könnte jedoch bis v^2 bieten, ohne sich einer negativen Auszahlung auszusetzen, daher muss der erste Spieler mindestens v^2 bieten. Er kann nur gezwungen werden, mehr zu bieten, wenn ein anderer Spieler trotz der Gefahr des eigenen Verlustes mehr als v^2 bietet. Es gibt daher keine weiteren Nash-Gleichgewichte.

Aufgabe 11 (auf Seite 39):
Die gemischte Strategie des ersten Spielers bezeichnen wir mit $x = (x_1, \ldots, x_n)^T$ und die des zweiten Spielers mit $y = (y_1, \ldots, y_n)^T$. e_j sei ein Spaltenvektor, dessen Komponenten alle 0 sind mit Ausnahme der j-ten, die gleich 1 ist. v^i sei die Auszahlung an den i-ten Spieler. A bzw. A^T sind die Auszahlungsmatrizen für den 1. bzw. 2. Spieler. Da wir ein stark gemischtes Gleichgewicht angenommen haben, müssen für dieses Nash-Gleichgewicht folgende Gleichungen erfüllt sein:

$$e_j^T A y = v^1 \quad j = 1, \ldots, n \qquad x^T A^T e_j = v^2 \quad j = 1, \ldots, n \ .$$

Setzt man $\tilde{x} = x/v^2$ und $y = \tilde{y}/v^1$, so erkennt man, dass beide Gleichungssysteme identisch sind und somit auch die Lösungen (es wird angenommen, dass es genau eine ist: $\tilde{x} = \tilde{y}$). Die Gleichheit der Auszahlung ergibt sich aus:

$$1/v^1 = \sum_{j=1}^{n} y_j = \sum_{j=1}^{n} x_j = 1/v^2 \ .$$

Aufgabe 12 (auf Seite 39):
Nach dem Satz (3.3) sind alle reinen Strategien des Trägers der Gleichgewichtsstrategie $s^{i,*}$, $i = 1, 2$ beste Antworten. Wenn wir nun annehmen,

dass bei nur zwei vorhandenen Strategien eine gemischte Strategie Gleichgewichtsstrategie ist, dann sind beide reinen Strategien im Träger dieser Gleichgewichtsstrategie, d.h.

$$U^1(s^1_j, s^{2*}) = U^1(s^{1*}, s^{2*}) \qquad j = 1,2$$

und

$$U^2(s^{1*}, s^2_j) = U^2(s^{1*}, s^{2*}) \ . \qquad j = 1,2$$

Es werden folgende Bezeichnungen verwendet:

$$v^1 = U^1(s^{1*}, s^{2*}) \qquad v^2 = U^2(s^{1*}, s^{2*})$$
$$s^{1*} = (x, 1-x)^T \qquad s^{2*} = (y, 1-y)^T \ .$$

Aus der Auszahlungsmatrix beim "Kampf der Geschlechter"

		Sie	
		Kino	Fußball
Er	Kino	(1,3)	(0,0)
	Fußball	(0,0)	(3,1)

folgt

$$v^1 = 1 * x * y + 3 * (1-x) * (1-y) \qquad v^2 = 3 * x * y + 1 * (1-x) * (1-y)$$

und hieraus für den ersten Spieler

$$x = 1 : v^1 = y \qquad x = 0 : v^1 = 3 * (1-y) \Rightarrow y = \frac{3}{4}$$

und für den zweiten Spieler

$$y = 1 : v^2 = 3 * x \qquad y = 0 : v^2 = 1 - x \Rightarrow x = \frac{1}{4} \ .$$

Ein Nash-Gleichgewicht ist also

$$s^{1*} = (\frac{1}{4}, \frac{3}{4})^T \qquad U^1(s^{1*}, s^{2*}) = \frac{3}{4}$$
$$s^{2*} = (\frac{3}{4}, \frac{1}{4})^T \qquad U^2(s^{1*}, s^{2*}) = \frac{3}{4}$$

Schere-Stein-Papier:

Auszahlungsmatrix

	Schere	Stein	Papier
Schere	(0,0)	(-1,1)	(1,-1)
Stein	(1,-1)	(0,0)	(-1,1)
Papier	(-1,1)	(1,-1)	(0,0)

$$v^1 = -v^2 = v = -1 * x_1 * y_2 + 1 * x_1 * y_3 + 1 * x_2 * y_1$$
$$- 1 * x_2 * y_3 - 1 * x_3 * y_1 + 1 * x_3 * y_2$$

$$x_1 = 1 : \ -y_2 + y_3 = v \qquad x_2 = 1 : y_1 - y_3 = v \qquad x_3 = 1 : \ -y_1 + y_2 = v$$

Unter Berücksichtigung von $y_1 + y_2 + y_3 = 1$ folgt

$$v = 0 \qquad y_1 = y_2 = y_3 = \frac{1}{3} \text{ und analog } x_1 = x_2 = x_3 = \frac{1}{3}$$

Gefangenendilemma:

Auszahlungsmatrix

		2.Spieler	
		gestehen	nicht gestehen
1.Spieler	gestehen	(-7,-7)	(-1,-9)
	nicht gestehen	(-9,-1)	(-3,-3)

Da (gestehen, gestehen) ein Dominanz-Gleichgewicht ist, d.h. „gestehen" ist für beide Spieler eine stark dominante Strategie, kann es keine stark gemischten Strategien geben. Ein Ansatz wie bei den beiden vorausgehenden Beispielen würde auf einen Widerspruch führen.

Aufgabe 13 (auf Seite 43):

Beim 1.Spieler kann die erste Strategie gestrichen werden, da sie von der gemischten $(0, 1/2, 1/2)$ stark dominiert wird:

$$\begin{array}{ccc} \bcancel{1} & \bcancel{2} & \bcancel{3} \\ 2 & 3 & 3 \\ 3 & 2 & 5 \end{array}$$

Nun können vom 2.Spieler die 1. und die 2. Strategie gestrichen werden, da beide von der dritten stark dominiert werden:

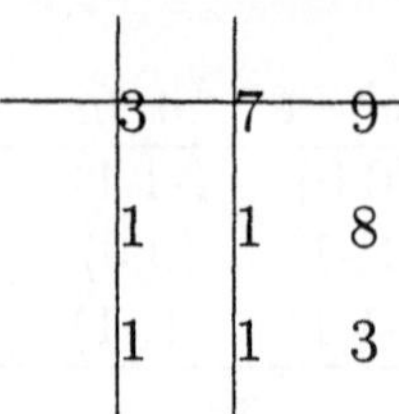

Nun kann vom 1.Spieler auch die 2. Strategie gestrichen werden, da diese nun von der dritten dominiert wird:

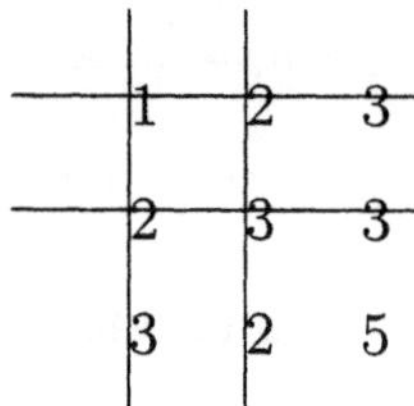

Und für den zweiten Spieler folgt

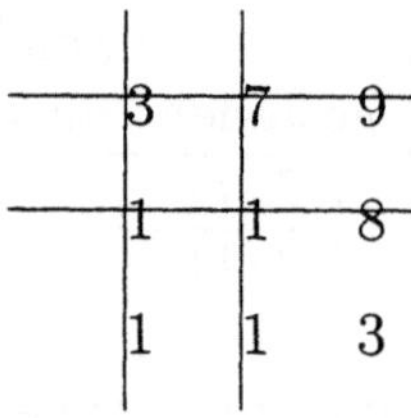

Für beide bleibt also nur mehr die dritte Strategie übrig. Daher ist (s_3^1, s_3^2) ein Nash-Gleichgewicht. Man kann dies auch nächträglich an den vollständigen Matrizen überprüfen.

Aufgabe 14 (auf Seite 44):
Kampf der Geschlechter mit der Auszahlungsmatrix

		Sie	
		Kino	Fußball
Er	Kino	(1,3)	(0,0)
	Fußball	(0,0)	(3,1)

Sei $\hat{s}^1 = (x, 1-x)^T$ und $\hat{s}^2 = (y, 1-y)^T$, woraus sich $U^1(x,y) = 1 * x * y + 3 * (1-x) * (1-y)$ und $U^2(x,y) = 3 * x * y + 1 * (1-x) * (1-y)$ ergibt. Da U^1 eine Konvexkombination von y und $3(1-y)$ ist, folgt für die Hypothesen

$$H^1(x = 1) = \{y | y \geq 3(1-y)\} = \{y | y \geq \frac{3}{4}\}$$

$$H^1(x = 0) = \{y | y \leq 3(1-y)\} = \{y | y \leq \frac{3}{4}\} \ .$$

Da U^2 eine Konvexkombination von $3x$ und $(1-x)$ ist, folgt analog für die Hypothesen de 2.Spielers

$$H^2(y = 1) = \{x | 3x \geq (1-x)\} = \{x | x \geq \frac{1}{4}\}$$

$$H^1(y = 0) = \{x | 3x \leq (1-x)\} = \{x | x \leq \frac{1}{4}\} \ .$$

Gefangenendilemma:

Auszahlungsmatrix

		2.Spieler	
		gestehen	nicht gestehen
1.Spieler	gestehen	(-7,-7)	(-1,-9)
	nicht gestehen	(-9,-1)	(-3,-3)

Da (gestehen, gestehen) ein Dominanz-Gleichgewicht ist, d.h. "gestehen" ist für beide Spieler eine stark dominante Strategie, gilt

$$H^1(x = 1) = \{y | 0 \leq y \leq 1\} \qquad H^1(x = 0) = \emptyset$$
$$H^2(y = 1) = \{x | 0 \leq x \leq 1\} \qquad H^1(y = 0) = \emptyset$$

Aufgabe 15 (auf Seite 51):

Die Auszahlungsmatrix für den ersten Kaufmann(Spieler) ist:

	p_1	p_2	p_3	Z.-Min.
p_1	0	a_1	a_1	0
p_2	$-a_1$	0	a_2	$-a_1$
p_3	$-a_1$	$-a_2$	0	$-a_2$
Sp.-Max.	0	a_1	a_2	

Es ist also

$$\min \max\{0, a_1, a_2\} = 0 \qquad \max \min\{0, -a_1, -a_2\} = 0$$

Da beide Werte gleich sind, gibt es einen Sattelpunkt mit Wert 0 und dieser Sattelpunkt ergibt sich für das Strategienpaar (p_1, p_1).

Aufgabe 16 (auf Seite 51):
Wir betrachten diese Situation als Zweipersonen-Nullsummen-Spiel.
1.Spieler, die Gerätefirma, hat drei Strategien:
    s_1^1: Einbau Typ I
    s_2^1: Einbau Typ II
    s_2^1: Einbau Typ III
2.Spieler, die "Natur" bzw. die Transistorfirma hat zwei Strategien:
    s_1^3: Defekt innerhalb der Garantiezeit
    s_2^2: kein Defekt innerhalb der Garantiezeit
Auszahlungsmatrix U für die Gerätefirma

	defekt	nicht defekt
Einbau Typ I	-4-36	-4
Einbau Typ II	-24	-24
Einbau Typ III	-40+40	-40

Wir wollen nun die Strategien mit dem Simplexverfahren bestimmen. Dabei ist es günstig nur nichtnegative Variable zu haben. Aus dem Lösungstableau des zweiten Spielers kann auch die Lösung des ersten Spielers abgelesen werden. Insbesondere verwenden wir die Auszahlungsmatrix

$$\tilde{U} = U + (41) = \begin{pmatrix} 1 & 37 \\ 17 & 17 \\ 41 & 1 \end{pmatrix} \geq 0 \ .$$

$$\tilde{y}_1 + \tilde{y}_2 \to \max$$
$$\tilde{y}_1 + 37\tilde{y}_2 \leq 1$$
$$17\tilde{y}_1 + 17\tilde{y}_2 \leq 1$$
$$41\tilde{y}_1 + \tilde{y}_2 \leq 1$$
$$\tilde{y}_1 \geq 0 \qquad \tilde{y}_2 \geq 0$$
$$\text{Spielwert } v(\tilde{U}) = \frac{1}{\tilde{y}_1 + \tilde{y}_2}$$
$$y_1 = v(\tilde{U}) \times \tilde{y}_1 \qquad y_2 = v(\tilde{U}) \times \tilde{y}_2$$

$\tilde{y}_1$	$\tilde{y}_2$	s_1	s_2	s_3	
1	37	1	0	0	1
17	17	0	1	0	1
41	1	0	0	1	1
1	1	0	0	0	0

$\tilde{y}_1$	$\tilde{y}_2$	s_1	s_2	s_3	
0	1516/41	1	0	-1/41	40/41
0	680/41	0	1	-17/41	24/41
1	1/41	0	0	1/41	1/41
0	40/41	0	0	-1/41	-1/41

Das optimale Tableau:

$\tilde{y}_1$	$\tilde{y}_2$	s_1	s_2	s_3			
0	1	41/1516	0	-1/1516	10/379		$\tilde{y}_2$
0	0	-170/379	1	-153/379	56/379		(s_2)
1	0	-1/1516	0	37/1516	9/379		$\tilde{y}_1$
0	0	-10/379	0	-9/379	-19/379		$-1/v(\tilde{U})$
		$-\tilde{x}_1$	$-\tilde{x}_2$	$-\tilde{x}_3$	$-1/v(\tilde{U})$		

Die Lösung ist:

$$\tilde{v} = v(\tilde{U}) = \frac{379}{49} \qquad v = v(U) = \tilde{v} - 41 \approx -21$$

$$y_1 = \tilde{v} \times \tilde{y}_1 = \frac{379}{49} \times \frac{9}{379} = \frac{9}{19} \qquad y_2 = \tilde{v} \times \tilde{y}_2 = \frac{379}{49} \times \frac{10}{379} = \frac{10}{19}$$

$$x_1 = \tilde{v} \times \tilde{x}_1 = \frac{379}{49} \times \frac{10}{379} = \frac{10}{19} \qquad x_2 = 0$$

$$x_3 = \tilde{v} \times \tilde{x}_2 = \frac{379}{49} \times \frac{9}{379} = \frac{10}{19}$$

Aufgabe 17 (auf Seite 52):

Sei U die gegebene Auszahlungsmatrix des ersten Spielers (Colonel Blotto). Bei der Berechnung mit Maple bietet es sich an, einen Lösungsansatz zu verwenden, bei dem der Spielwert v explizit vorkommt.

Das Problem des ersten Spielers ist:

$$v \rightarrow \max$$
$$U^T x \geq v \times \vec{\mathbf{1}}$$
$$x^T \vec{\mathbf{1}} = 1$$
$$x \geq 0 \ .$$

Das Problem des zweiten Spielers ist:

$$v \rightarrow \min$$
$$U y \leq v \times \vec{\mathbf{1}}$$
$$y^T \vec{\mathbf{1}} = 1$$
$$y \geq 0 \ .$$

Die Lösung mit Maple ergibt sich folgendermaßen:

```
>   restart;

>   with(simplex);

Warning, the protected names maximize and minimize have
been redefined and unprotected
```

$$[basis,\ convexhull,\ cterm,\ define\_zero,$$
$$display,\ dual,\ feasible,\ maximize,$$
$$minimize,\ pivot,\ pivoteqn,\ pivotvar,$$
$$ratio,\ setup,\ standardize]$$

```
> cnsts:={7*y1 + 5*y2 + 4*y3 + 3*y4 <=1,
> 4*y1 + 6*y2 + 3*y3 + 2*y4 <=1,
> 1*y1 + 5*y2 + 5*y3 + 1*y4 <=1,
> 2*y1 + 3*y2 + 6*y3 + 4*y4 <=1,
> 3*y1 + 4*y2 + 5*y3 + 7*y4 <=1};
```

$$cnsts := \{7\,y1 + 5\,y2 + 4\,y3 + 3\,y4 \le 1,$$
$$4\,y1 + 6\,y2 + 3\,y3 + 2\,y4 \le 1,$$
$$y1 + 5\,y2 + 5\,y3 + y4 \le 1,$$
$$2\,y1 + 3\,y2 + 6\,y3 + 4\,y4 \le 1,$$
$$3\,y1 + 4\,y2 + 5\,y3 + 7\,y4 \le 1\}$$

```
> obj:=y1+y2+y3+y4;
```

$$obj := y1 + y2 + y3 + y4$$

```
> maximize(obj,cnsts, NONNEGATIVE);
```

$$\{y2 = \frac{16}{205},\ y1 = \frac{7}{410},\ y3 = \frac{24}{205},\ y4 = \frac{3}{410}\}$$

```
> acnsts:={7*x1 + 4*x2 + 1*x3 + 2*x4 + 3*x5 >=1,
> 5*x1 + 6*x2 + 5*x3 + 3*x4 + 4*x5 >=1,
> 4*x1 + 3*x2 + 5*x3 + 6*x4 + 5*x5 >=1,
> 3*x1 + 2*x2 + 1*x3 + 4*x4 + 7*x5 >=1};
```

$$acnsts := \{$$
$$1 \le 7\,x1 + 4\,x2 + x3 + 2\,x4 + 3\,x5,$$
$$1 \le 5\,x1 + 6\,x2 + 5\,x3 + 3\,x4 + 4\,x5,$$
$$1 \le 4\,x1 + 3\,x2 + 5\,x3 + 6\,x4 + 5\,x5,$$
$$1 \le 3\,x1 + 2\,x2 + x3 + 4\,x4 + 7\,x5\}$$

```
> aobj:=x1+x2+x3+x4+x5;
```

$$aobj := x1 + x2 + x3 + x4 + x5$$

```
> minimize(aobj,acnsts, NONNEGATIVE);
```

$$\{x2 = 0,\ x4 = 0,\ x3 = \frac{1}{41},\ x1 = \frac{4}{41},\ x5 = \frac{4}{41}\}$$

Als Spielwert entnehmen wir der Rechnung $v = \dfrac{41}{9} - 3 = \dfrac{14}{9} = 1.\bar{5}$. Im Mittel bleiben Colonel Blotto also etwas mehr als $1\frac{1}{2}$ Kompanien. Die Strategien sind folgende:

$$\text{Colonel Blotto: } (\frac{4}{9}, 0, \frac{1}{9}, 0, \frac{4}{9}) \qquad \text{Gegner: } (\frac{7}{90}, \frac{32}{90}, \frac{24}{90}, \frac{3}{90})$$

Aufgabe 18 (auf Seite 54):
Wir betrachten die a_j der Größe nach sortiert:

$$\underbrace{a_1 \geq a_2 \geq \ldots a_k}_{>0} > \underbrace{a_{k+1=\ldots=a_{k+\ell}}}_{=0} > \underbrace{a_{k+\ell+1} \geq \ldots \geq a_n}_{<0}$$

$U = \text{diag}(a_1, \ldots, a_n)$ sei die Auszahlungsmatrix für den ersten Spieler. Ferner gilt dann $U^{-1} = U^{-T} = \text{diag}(a_1^{-1}, \ldots, a_n^{-1})$.

Fall 1: $k = n$, $\Rightarrow$ $a_j > 0$, $j = 1, \ldots, n$

Da $0 = \max\{0, \ldots, 0\} < \min\{a_1, \ldots, a_n\}$, kann es keinen Sattelpunkt in reinen Strategien geben. Es ist $v > 0$.

Wir gehen davon aus, dass die Lösung stark gemischt ist. Dann gilt

$$v = \frac{1}{\vec{1}^T U^{-1} \vec{1}} = \left(\sum_{j=1}^{n} a_j^{-1} \right)^{-1} \qquad x^o = \frac{U^{-T} \vec{1}}{\vec{1}^T U^{-1} \vec{1}} \qquad y^o = \frac{U^{-1} \vec{1}}{\vec{1}^T U^{-1} \vec{1}}$$

$$x^o = y^o = \left(\sum_{j=1}^{n} a_j^{-1} \right)^{-1} \left(a_1^{-1}, a_2^{-1}, \ldots, a_n^{-1} \right)^T$$

Fall 2: $k = \ell = 0$, $\Rightarrow$ $a_j < 0$, $j = 1, \ldots, n$

Auch hier gibt es eine stark gemischte Strategie, die sich wie bei Fall 1 berechnet (bei den Strategien kürzt sich das Minuszeichen heraus). Nur ist hier $v < 0$. Wegen $\max a_j < 0$ kann es auch in diesem Fall keinen Sattelpunkt in reinen Strategien geben.

Fall 3: $k + \ell = n$, $k \geq 1$, $\ell \geq 1$, $\Rightarrow$ $a_j \geq 0$

Wegen

$$\min\{a_1, a_2, \ldots, a_k, 0, 0, \ldots, 0\} = \max\{0, 0, \ldots, 0\} = 0$$

gibt es einen Sattelpunkt in reinen Strategien, und der Spielwert ist 0. Alle Strategien einschließlich der gemischten berechnen sich aus:

Problem des ersten Spielers:

$$v \to \max, U^T x \geq v\vec{1} = \vec{0} \quad \Rightarrow \quad a_j x_j \geq 0, \ j = 1, \ldots, n$$

Die Sattelpunktsstrategie des 1.Spielers ist also

$$\{x \,|\, x_j \geq 0, \sum_{j=1}^{n} x_j = 1\} \ .$$

Problem des zweiten Spielers:

$$v \to \min, U^T x \leq v\vec{1} = \vec{0} \quad \Rightarrow \quad a_j y_j \leq 0, \ j = 1, \ldots, n \ .$$

Die Sattelpunktsstrategie des 2.Spielers ist also

$$\{y \,|\, y_j \geq 0, (y_j = 0, \ \text{falls } a_j > 0) \sum_{j:a_j=0}^{n} y_j = 1\} \ .$$

Fall 4: $k = 0, \ 1 \leq \ell < n \Rightarrow a_j \leq 0$

Wegen

$$\max\{0, 0, \ldots, 0, a_{\ell+1}, \ldots, a_n\} = \min\{0, 0, \ldots, 0\} = 0$$

gibt es einen Sattelpunkt in reinen Strategien, und der Spielwert ist 0. Alle Strategien einschließlich der gemischten berechnen sich analog zum Fall 3, nur die Rollen von x und y sind vertauscht:

$$\{x \,|\, x_j \geq 0, (x_j = 0, \ \text{falls } a_j > 0) \sum_{j:a_j=0} x_j = 1\}$$

$$\{y \,|\, y_j \geq 0, \sum_{j=1}^{n} y_j = 1\}$$

Fall 5: $k \geq 1, \ \ell \geq 1, \ k + \ell < n$

Wegen

$$\max\{0, 0, \ldots, 0, a_{k+\ell+1}, \ldots, a_n\} = \min\{a_1, \ldots, a_k, 0, 0, \ldots, 0\} = 0$$

gibt es einen Sattelpunkt in reinen Strategien, und der Spielwert ist 0. Alle Strategien einschließlich der gemischten berechnen sich analog zum Fall 3.

$$\{x \,|\, x_j \geq 0, (x_j = 0, \ \text{falls } a_j > 0) \sum_{j:a_j \geq 0} x_j = 1\}$$

$$\{y \,|\, y_j \geq 0, (y_j = 0, \ \text{falls } a_j > 0) \sum_{j:a_j \leq 0} y_j = 1\}$$

Aufgabe 19 (auf Seite 56):
Die gemischten Strategien des 1. Spielers seien $(x, 1 - x)$.
Das Problem des 1.Spielers kann man folgendermaßen formulieren:

$$v \to \max$$
$$v \le -5x + 5(1 - x) = 5 - 10x =: g_1(x)$$
$$v \le 7x + 2(1 - x) = 2 + 5x =: g_2(x)$$
$$v \le x + 11(1 - x) = 11 - 10x =: g_3(x)$$
$$v \le 4x - (1 - x) = -1 + 5x = g_4(x)$$

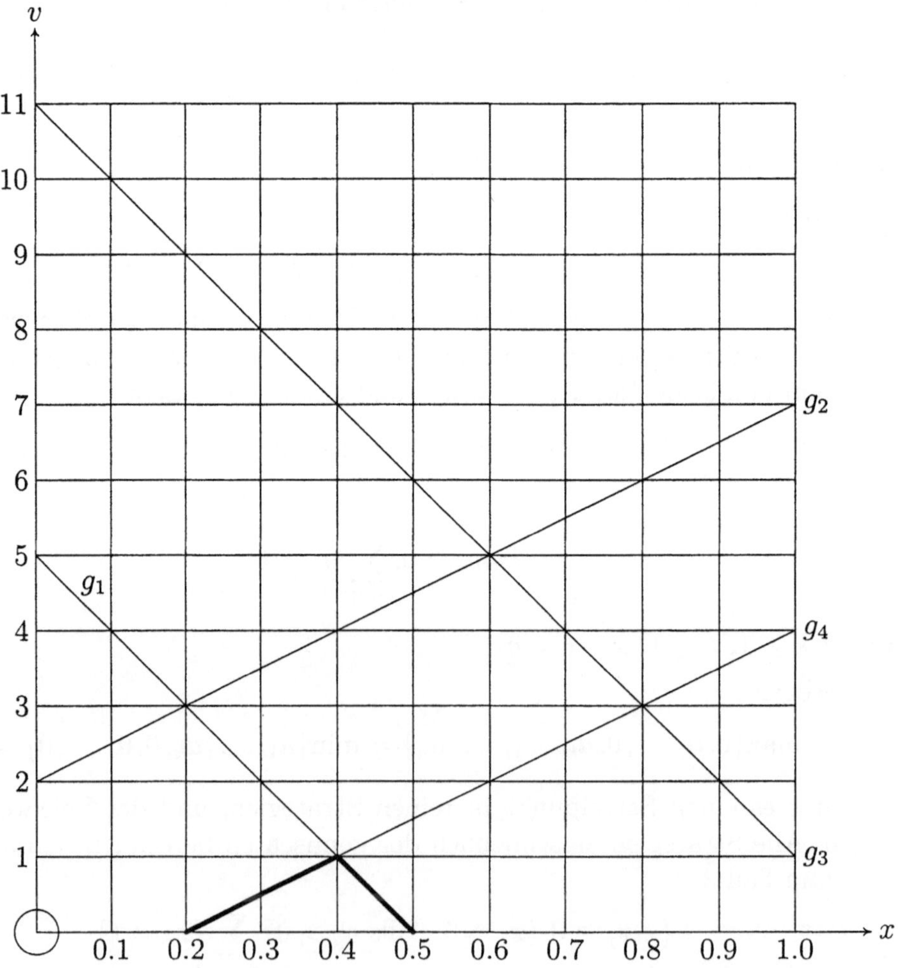

Die fett gezeichneten Linien stellen die Funktion $g_{\min}(x) = \min_i g_i(x)$ dar.

Aus der Zeichnung entnimmt man somit für die Gleichgewichtsstrategie des 1. Spielers die Bedingung

$$g_1(x) = g_4(x) \Rightarrow 5 - 10x = -1 + 5x \Rightarrow x = \frac{6}{15} = \frac{2}{5} = 0.4 \ .$$

Der **Spielwert** ist $v = g_1(2/5) = 1$ und die vollständige Gleichgewichtsstrategie $\left(\dfrac{2}{5}, \dfrac{3}{5}\right)$

Wegen $v = g_1(x) = g_4(x)$ gilt für die Strategie (y_1, y_2, y_3, y_4) des 2.Spielers $(y, 0, 0, 1 - y))$ und y ergibt sich aus

$$-5y + 4(1 - y) = v = 1$$
$$5y - (1 - y) = v = 1 \ .$$

Die Gleichgewichtsstrategie des 2. Spielers ist dann

$$\left(\frac{1}{3}, 0, 0, \frac{2}{3}\right) \ .$$

Aufgabe 20 (auf Seite 60):
Der 1.Spieler habe m, der zweite n Strategien. Wir nehmen ohne Beschränkung der Allgemeinheit an, dass der Spielwert $v > 0$ ist. Es ergeben sich die dualen Probleme:

primales Problem, 2. Spieler	duales Problem, 1. Spieler
$\vec{\mathbf{1}}^T \tilde{y} \to \max$	$\vec{\mathbf{1}}^T x \to \min$
$U\tilde{y} \le \vec{\mathbf{1}}$	$U^T \tilde{x} \ge \vec{\mathbf{1}}$
$\tilde{y} \ge 0$	$\tilde{x} \ge 0$

Diesen beiden zueinander dualen Problemen kann ein symmetrisches Spiel zugeordnet werden nach dem (siehe Satz 3.16) folgenden Schema:

primales Problem	duales Problem
$c^T \tilde{y} \to \max$	$b^T \tilde{x} \to \min$
$A\tilde{y} \le b$	$A^T \tilde{x} \ge c$
$\tilde{y} \ge 0$	$\tilde{x} \ge 0$

Zugeordnetes symmetrisches Spiel mit folgender Auszahlungsmatrix (für den ersten Spieler):

$$\mathbb{U} = \begin{pmatrix} 0 & -A^T & c \\ A & 0 & -b \\ -c^T & b^T & 0 \end{pmatrix}$$

Hier ist $c = \vec{\mathbf{1}}_n$, $b = \vec{\mathbf{1}}_m$ und $A = U$. Somit ergibt sich als Auszahlung für den zugeordneten ersten Spieler:

$$\mathbb{U} = \begin{pmatrix} O & -U^T & \vec{\mathbf{1}} \\ U & 0 & -\vec{\mathbf{1}} \\ -\vec{\mathbf{1}}^T & \vec{\mathbf{1}}^T & 0 \end{pmatrix}$$

mit den Strategien $(\hat{r}^*, \hat{z}^*, \tau^*)$.

Da wir wissen, dass das ursprüngliche Spielproblem immer eine Lösung hat, muss immer gelten $\tau^* > 0$.

Die Lösung des Problems des 2.Spielers ist $\tilde{y}^o = \dfrac{1}{\tau^*}\hat{r}^*$.

Die Lösung des Problems des 1.Spielers ist $\tilde{x}^o = \dfrac{1}{\tau^*}\hat{z}^*$.

Der Spielwert für die Auszahlung U ist

$$v = \frac{1}{\vec{\mathbf{1}}^T x^o} = \frac{1}{\vec{\mathbf{1}}^T y^o} = \frac{\tau^*}{\vec{\mathbf{1}}^T \hat{z}^*} = \frac{\tau^*}{\vec{\mathbf{1}}^T \hat{r}^*} \ .$$

Die gemischten Strategien für das gegebene Spiel ergeben sich daher zu:

$$y^o = \frac{\hat{r}^*}{\vec{\mathbf{1}}^T \hat{r}^*} \qquad x^o = \frac{z^*}{\vec{\mathbf{1}}^T \hat{z}^*}$$

Aufgabe 21 (auf Seite 60):

$x_i[m^3]$ sei der gesuchte Anteil des Gases Nr. i. Die Bedingungen sind:

$$x_1 \geq 0, \quad x_2 \geq 0, \quad x_3 \geq 0$$

$$\text{Mischbedingung } x_1 + x_2 + x_3 = 1$$

$$\text{Heizwert } 1000x_1 + 3000x_2 + 6000x_3 \geq 3000$$

$$\text{Schwefelgehalt } 8x_1 + x_2 + 2x_3 \leq 3$$

$$\text{Kosten pro } m^3 \ \frac{1}{1000}(10x_1 + 30x_2 + 20x_3) \to \min \ .$$

Die Elimination von x_3 ergibt mit

$$x_3 = 1 - x_1 - x_2 \text{ und } 1 - x_1 - x_2 \geq 0 \, ,$$

und der Kürzung überflüssiger "Nullen" und Konstanten (in der Zielfunktion):

$$x_1 + x_2 \leq 1$$
$$5x_1 + 3x_2 \leq 3$$
$$6x_1 - x_2 \leq 1$$
$$x_1 \geq 0, \quad x_2 \geq 0$$
$$x_1 - x_2 \to \max$$

Zur Umformung in ein symmetrisches Zweipersonen-Nullsummen-Spiel fassen wir dieses Optimierungsproblem als primales Problem auf mit:

$$Ax \leq b \qquad x \geq 0 \qquad c^T x \to \max$$

$$A = \begin{pmatrix} 1 & 1 \\ 5 & 3 \\ 6 & -1 \end{pmatrix} \qquad b = (1, 3, 1)^T \qquad c = (1, -1)$$

Die Auszahlungsmatrix des symmetrischen Spieles ist:

$$U = \begin{pmatrix} 0 & -A^T & c \\ A & 0 & -b \\ -c^T & b^T & 0 \end{pmatrix}$$

in Zahlen ausgeschrieben ist diese mit der zugeordneten Lösungsbezeichnung

$$U = \left(\begin{array}{cc|ccc|c} 0 & 0 & -1 & -5 & -6 & 1 \\ 0 & 0 & -1 & -3 & 1 & -1 \\ \hline 1 & 1 & 0 & 0 & 0 & -1 \\ 5 & 3 & 0 & 0 & 0 & -3 \\ 6 & -1 & 0 & 0 & 0 & -1 \\ \hline -1 & 1 & 1 & 3 & 1 & 0 \end{array}\right) \begin{array}{l} \hat{r}^* \\ \\ \\ \hat{z}^* \\ \\ \tau^* \end{array}$$

Die Lösung des Programms Gambit findet sich in Abbildung (7.1). Hieraus lesen wir ab:

$$\hat{r}^* = (1/8, 0)^T \qquad \hat{z}^* = (0, 0, 1/8)^T \qquad \tau^* = 3/4 \, .$$

Die Lösung für das Mischungsproblem ergibt sich aus

$$x^o = \hat{r}^*/\tau^* = (1/6, 0) \quad \Rightarrow \quad x_1 = 1/6, \ x_2 = 0, \ x_3 = 5/6 \, .$$

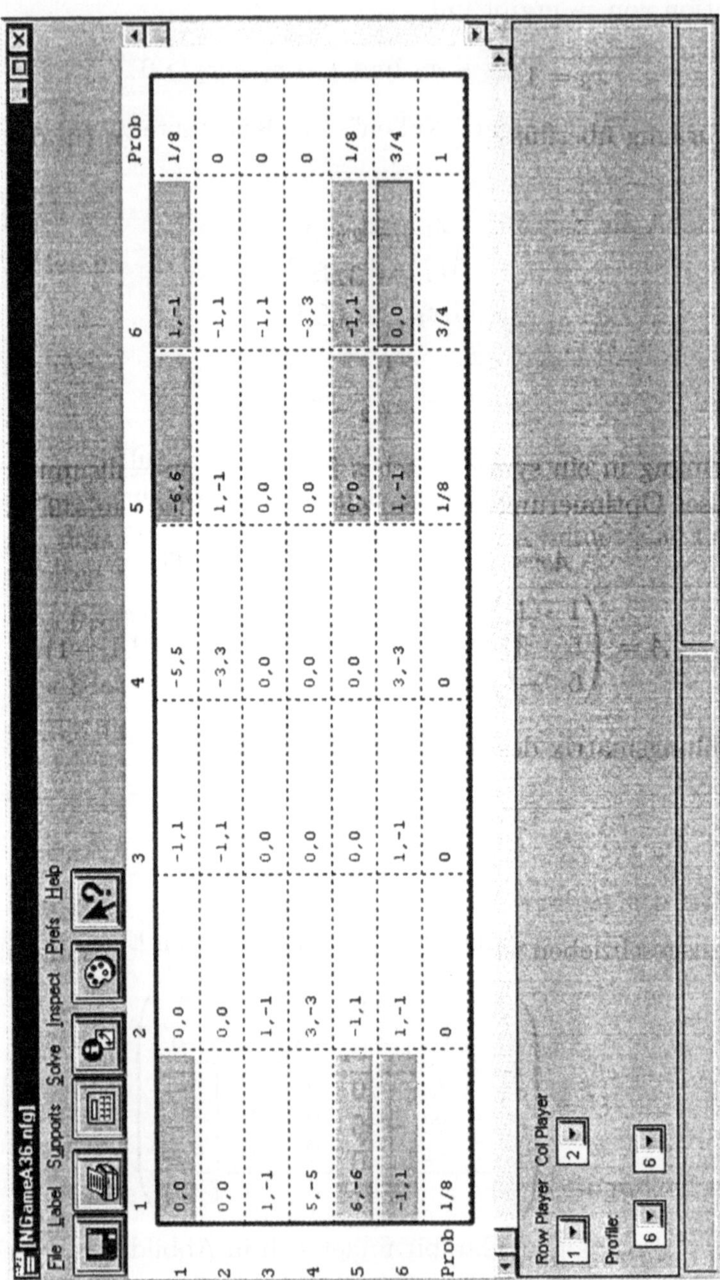

Abbildung 7.1: Gambit-Lösung

Aufgabe 22 (auf Seite 65):
Überprüfung von s_1^2

Zunächst werden die Werte $u_{j_1 j_2 j_3}^2$ als Matrix angeordnet mit j_2 als Zeilenindex:

$(j_1\, j_3)$	(11)	(12)	(21)	(22)	
$j_2 = 1$	1	1	1	1	$u_{j_1\, 1\, j_3}^2$
$j_2 = 2$	0	0	0	0	$u_{j_1\, 2\, j_3}^2$

Für die Auszahlungsmatrix $(u_{j_1 j_2, j_3}^2 - u_{j_1\, 1\, j_3}^2)$ des Spieles Γ^0 folgt

$$\begin{pmatrix} 0 & 0 & 0 & 0 \\ -1 & -1 & -1 & -1 \end{pmatrix}$$

Da bekannt ist, dass $v(\Gamma^0) \geq 0$, genügt es a=1 zu nehmen, um einen Spielwert > 0 zu erhalten:

$$\begin{pmatrix} 1 & 1 & 1 & 1 \\ 0 & 0 & 0 & 0 \end{pmatrix}$$

Für diese Auszahlungsmatrix lösen wir nun das Optimierungsproblem(3.57) – (3.63):

$$z \to \max$$
$$u^a = x_1 + x_2 \qquad u^a = y_1 + y_2 + y_3 + y_4$$
$$x_1 = 1 \text{ drei identische Gleichungen!}$$
$$x_1 + x_2 = 1$$
$$y_1 + y_2 + y_3 + y_4 <= 1$$
$$y_1 \geq z \qquad y_2 \geq z \qquad y_3 \geq z \qquad y_4 \geq z \, .$$

Alle Variablen können als nichtnegativ angenommen werden.

Mit Maple6 ergibt sich folgende Lösung:

$$(z = 1/4), u^a = 1, x_1 = 1, x_2 = 0, y_1 = y_2 = y_3 = y_4 = 1/4 \, .$$

Es gibt also eine stark gemischte Strategie y des 2. Spielers und der Spielwert $v(\Gamma^0) = 0$, da $u^a = 1/a = 1$. Nach Satz (3.17) ist somit dieStrategie s_2^1 des Spiels Γ ist undominiert.

Überprüfung von s_1^3

Zunächst werden die Werte $u_{j_1 j_2 j_3}^3$ als Matrix angeordnet mit j_3 als Zeilenindex:

$(j_1\,j_2)$	(11)	(12)	(21)	(22)	
$j_3 = 1$	1	1	1	1	$u^3_{j_1\,j_2\,1}$
$j_3 = 2$	0	0	0	0	$u^3_{j_1\,j_2\,2}$

Für die Auszahlungsmatrix $(u^2_{j_1\,j_2,j_3} - u^2_{j_1\,j_3\,1})$ des Spieles Γ^0 folgt

$$\begin{pmatrix} 0 & 0 & 0 & 0 \\ -1 & -1 & -1 & -1 \end{pmatrix}$$

Es liegt also formal die gleiche Auszahlungsmatrix wie bei der Überprüfung von s^2_1 vor. Daher folgt auch das gleiche Ergebnis, d.h. s^3_1 ist undominiert.

Aufgabe 23 (auf Seite 70):
Gemischte Strategien bei zwei reinen Strategien für jeden Spieler sind immer stark gemischte Strategien. In diesem Fall ist somit jede reine Strategie eine beste Antwort.

1. Spieler mit der Auszahlungsmatrix:

$$U^1 = \begin{pmatrix} \dfrac{V-D}{2} & V \\ 0 & \dfrac{W+V}{2} \end{pmatrix}$$

$$y\frac{V-D}{2} + (1-y)V = v^1$$
$$(1-y)\frac{W+V}{2} = v^1$$

woraus die Gleichgewichtsstrategie $(y, 1-y)$ für den 2. Spieler

$$y = \frac{W-V}{W-D}$$

und die Auszahlung für den 1.Spieler

$$v^1 = \frac{W+V}{2}\frac{V-D}{W-D}$$

folgt.

2. Spieler mit der Auszahlungsmatrix:

$$U^2 = \begin{pmatrix} \dfrac{V-D}{2} & 0 \\ V & \dfrac{W+V}{2} \end{pmatrix}$$

Da $U^{2T} = U^1$ gilt, hat der erste Spieler die gleiche Strategie wie der 2. Spieler und es ist auch $v^1 = v^2$. Im folgenden wurde dies nochmals nachgerechnet.

$$x\frac{V-D}{2} + (1-x)V = v^2$$

$$(1-x)\frac{W+V}{2} = v^2$$

woraus die Gleichgewichtsstrategie $(x, 1-x)$ für den 1. Spieler

$$x = \frac{W-V}{W-D}$$

und die Auszahlung für den 2.Spieler

$$v^2 = \frac{W+V}{2}\frac{V-D}{W-D}$$

folgt.

Damit x und y Wahrscheinlichkeiten sind und stark gemischte Strategien ergeben, muss gelten

Fall 1: $W > V$ und $W > D$ und $W - V < W - D$, d.h. $W > V > D$ oder

Fall 2: $W < V$ und $W < D$ und $V - W < D - W$ d.h. $D > V > W$.

Aufgabe 24 (auf Seite 76):

Die gemischten Strategien des ersten bzw. zweiten Spielers seien mit $x^T = (x_1, \dots, x_{n_1})$ bzw. $y^T = (y_1, \dots, y_{n_2})$ bezeichnet. (x^*, y^*) sei ein Nash-Gleichgewicht.

Wir betrachten zunächst den ersten Spieler. Für jede beliebige Strategie x des ersten Spielers gilt dann:

$$v^1 \geq \sum_{j=1}^{n_2}\left[\sum_{i=1}^{n_1} a_{ij} x_i\right] y_j^*$$

Es gibt nun wenigsten ein k, so dass $y_k^* > 0$. Da die k-te Spalte keine Null-spalte nach Voraussetzung ist, gibt es ein $\tilde{x}$ mit

$$\sum_{i=1}^{n_1} a_{ik}\tilde{x}_i > 0 \ .$$

Da in jedem Fall

$$\sum_{i=1}^{n_1} a_{ij}x_i \geq 0$$

gilt, muss also sogar $v^1 > 0$ gelten.
Für den zweiten Spieler folgt $v^2 > 0$ analog.

Aufgabe 25 (auf Seite 76):
Um eine positive Auszahlung beim Nash-Gleichgewicht zu sichern, wird zu allen Auszahlungen der Wert 1 addiert:
modifizierte Auszahlung für den 1.Spieler:

$$A = \begin{pmatrix} 3 & 3 & 1 \\ 1 & 4 & 1 \\ 4 & 1 & 2 \end{pmatrix}$$

modifizierte Auszahlung für den 2.Spieler:

$$B = \begin{pmatrix} 4 & 1 & 3 \\ 1 & 4 & 3 \\ 1 & 1 & 2 \end{pmatrix}$$

$Ausgangslösung : A - System$				
BV	$4 : y_1$	$5 : y_2$	$6 : y_3$	$R.S.$
$1 : u_1$	3	3	1	1
$2 : u_2$	1	4	1	1
$3 : u_3$	4	1	2	1

$Ausgangslösung : B - System$				
BV	$1 : x_1$	$2 : x_2$	$3 : x_3$	$R.S.$
$4 : t_1$	4	1	1	1
$5 : t_2$	1	4	1	1
$6 : t_3$	3	3	2	1

Der Algorithmus kann mit 6 verschiedenen Basisvariablen gestartet werden: $x_1, x_2, x_3, y_1, y_2, y_3$.

Für den Fall, dass die Variable No.1 ($=x_1$) zum Start als Basisvariable ausgewählt wird, zeigen wir die Folge der sich ergebenden Tableaus:

Umformung des B-Systems

*Schritt*1 : *B − System*			
BV	$4 : t_1$	$2 : x_2$	$3 : x_3$	$R.S.$
$1 : x_1$	1/4	1/4	1/4	1/4
$5 : t_2$	−1/4	15/4	3/4	3/4
$6 : t_3$	−3/4	9/4	5/4	1/4

Die neue Nicht-Basisvariable No.4 ($=t_1$ im B-System) erzwingt die Variable No.4 ($=y_1$ im A-System) als Basisvariable: Umformung des A-Systems

*Schritt*2 : *A − System*			
BV	$3 : u_3$	$5 : y_2$	$6 : y_3$	$R.S.$
$1 : u_1$	−3/4	9/4	−1/2	1/4
$2 : u_2$	−1/4	15/4	1/2	3/4
$4 : y_1$	1/4	1/4	1/2	1/4

Die neue Nicht-Basisvariable No.3 ($=u_3$ im A-System) erzwingt die Variable No.3 ($=x_3$ im B-System) als Basisvariable: Umformung des B-Systems

*Schritt*3 : *B − System*			
BV	$4 : t_1$	$2 : x_2$	$6 : t_3$	$R.S.$
$1 : x_1$	2/5	−1/5	−1/5	1/5
$5 : t_2$	1/5	12/5	−3/5	3/5
$3 : x_3$	−3/5	9/5	4/5	1/5

Die neue Nicht-Basisvariable No.6 ($=t_3$ im B-System) erzwingt die Variable No.6 ($=y_3$ im A-System) als Basisvariable: Umformung des A-Systems

*Schritt*2 : *A − System*			
BV	$3 : u_3$	$5 : y_2$	$4 : y_1$	$R.S.$
$1 : u_1$	−1/2	5/2	1	1/2
$2 : u_2$	−1/2	7/2	−1	1/2
$6 : y_3$	1/2	1/2	2	1/2

Die neue Nicht-Basisvariable No.4 ($=y_1$ im A-System) erzwingt die Variable
No.4 ($=t_1$ im B-System) als Basisvariable: Umformung des B-Systems

$Schritt3 : B - System$			
BV	$1 : x_1$ $\quad$ $2 : x_2$ $\quad$ $6 : t_3$		$R.S.$
$4 : t_1$	$5/2$ $\quad$ $-1/2$ $\quad$ $-1/2$		$1/2$
$5 : t_2$	$-1/2$ $\quad$ $5/2$ $\quad$ $-1/2$		$1/2$
$3 : x_3$	$3/2$ $\quad$ $3/2$ $\quad$ $1/2$		$1/2$

Die neue Nicht-Basisvariable No.1 ($=x_1$ im B-System) ist die gleiche Varia-
ble(nnummer), die zum Start als Basisvariable eingeführt wurde. Daher ist
der Algorithmus hier zu Ende.

$$\text{Nash-Gleichgewicht:}\quad x^T = (0,0,1)\quad y^T = (0,0,1)$$
$$\text{Auszahlungen des ursprünglichen Spiels}\quad v^1 = 1\quad v^2 = 1$$

Das gleiche Nash-Gleichgewicht findet man auch, wenn man als erste Basisvariable die Variable 3 ($= x_3$ im B-System) oder 4 ($= y_1$ im A-System) oder
6 ($= y_3$ im A-System) wählt.
Startet man mit den Variablen 2 oder 5, so ergibt sich das Nash-Gleichgewicht
$x^T = (0,1,0)$, $y^T = (0,1,0)$ mit den Auszahlungen des ursprünglichen Spiels
$v^1 = v^2 = 3$.

Aufgabe 26 (auf Seite 87):
Um nachzuweisen, dass (s_2^1, s_1^2, s_1^3) ein Nash-Gleichgewicht ist, genügt es, die
folgenden drei Ungleichungen zu verifizieren:

$$1 = U^1(s_2^1, s_1^2, s_1^3) \geq U^1(s_1^1, s_1^2, s_1^3) = 1$$
$$1 = U^2(s_2^1, s_1^2, s_1^3) \geq U^2(s_2^1, s_2^2, s_1^3) = 0$$
$$1 = U^3(s_2^1, s_1^2, s_1^3) \geq U^3(s_2^1, s_1^2, s_2^3) = 0$$

Um (s_1^1, s_1^2, s_1^3) als Nash-Gleichgewicht nachzuweisen, genügt es ebenfalls drei
Ungleichungen zu verfizieren

$$1 = U^1(s_1^1, s_1^2, s_1^3) \geq U^1(s_2^1, s_1^2, s_1^3) = 1$$
$$1 = U^2(s_1^1, s_1^2, s_1^3) \geq U^2(s_1^1, s_2^2, s_1^3) = 0$$
$$1 = U^3(s_1^1, s_1^2, s_1^3) \geq U^3(s_1^1, s_1^2, s_2^3) = 0$$

Als nächstes ist die Undominiertheit beider Nash-Gleichgewichte zu zeigen. Eine Strategie $\tilde{s}^i$ dominiert s^i, falls

$$U^i(\tilde{s}^i, s^{-i}) \geq U^i(s^i, s^{-i}) \quad \forall\, s^{-i} \in \mathcal{S}^{-i} ,$$

wobei für wenigstens ein s^{-i} strenge Ungleichheit gelten muss.
In den folgenden Tabellen vergleichen wir nun die beiden Strategien der einzelnen Spieler. Die Spalten geben die zu vergleichenden Strategien an, die Zeilen die Strategiekombination der Mitspieler:

Der 1. Spieler

	s^1_1	s^1_2
$s^2_1\, s^3_1$	1	1
$s^2_2\, s^3_1$	1	0
$s^2_1\, s^3_2$	1	0
$s^2_2\, s^3_2$	0	1

Da sich s^1_1 und s^1_2 nicht gegenseitig dominieren, sind beide undominiert.

Der 2. Spieler

	s^2_1	s^2_2
$s^1_1\, s^3_1$	1	0
$s^1_2\, s^3_1$	1	0
$s^1_1\, s^3_2$	1	0
$s^1_2\, s^3_2$	1	0

s^2_1 dominiert s^2_2 stark, damit ist s^2_1 undominiert.

Der 3. Spieler

	s^3_1	s^3_2
$s^1_1\, s^2_1$	1	0
$s^1_2\, s^2_1$	1	0
$s^1_1\, s^2_2$	1	0
$s^1_2\, s^2_2$	1	0

s^3_1 dominiert s^3_2 stark, damit ist s^3_1 undominiert.

Zusammenfassend kann man sagen, dass beide Nash-Gleichgewichte aus undominierten Strategien zusammengesetzt sind und somit insgesamt undominiert sind.
Es wird nun gezeigt, dass das Nash-Gleichgewicht (s^1_1, s^2_1, s^3_1) ein perfektes Gleichgewicht ist, indem eine Folge von stark gemischten Strategiekombinationen angegeben wird, die gegen dieses Gleichgewicht konvergiert und wo

dieses Gleichgewicht füe jedes Folgenglied (ab einen gewissen n) beste Antwort ist.

Es ist $U^i(s_1^1, s_1^2, s_1^3) = 1 \; i = 1, 2, 3$.

Es werden Folgen $\varepsilon \to 0$ genommen mit:

$$\hat{s}_\varepsilon^1 = \hat{s}_\varepsilon^2 = \hat{s}_\varepsilon^3 = \begin{pmatrix} 1 - \varepsilon \\ \varepsilon \end{pmatrix} \qquad \varepsilon > 0 \; .$$

Für die Auszahlungen ergibt sich:

1. Spieler:

$$U^1(\hat{s}_\varepsilon^1, \hat{s}_\varepsilon^2, \hat{s}_\varepsilon^3) = 1 - 3\varepsilon^2 + 3\varepsilon^3$$

$$U^1(s_1^1, \hat{s}_\varepsilon^2, \hat{s}_\varepsilon^3) = 1 - \varepsilon^2 \geq 1 - 3\varepsilon^2 + 3\varepsilon^3 \qquad (\text{ für } \varepsilon \leq \frac{2}{3})$$

2. und 3. Spieler

$$U^2(\hat{s}_\varepsilon^1, \hat{s}_\varepsilon^2, \hat{s}_\varepsilon^3) = U^3(\hat{s}_\varepsilon^1, \hat{s}_\varepsilon^2, \hat{s}_\varepsilon^3) = 1 - \varepsilon$$

$$U^2(\hat{s}_\varepsilon^1, s_1^2, \hat{s}_\varepsilon^3) = U^3(\hat{s}_\varepsilon^1, \hat{s}_\varepsilon^2, s_1^3) = 1 > 1 - \varepsilon$$

Die angegebenen Ungleichungen sind für alle genügend kleinen $\varepsilon > 0$ gültig, daher sind s_1^1, s_1^2, s_1^3 beste Antworten auf die Folge und bilden zusammen ein perfektes Gleichgewicht.

Um zu zeigen, dass das Nash-Gleichgewicht (s_2^1, s_1^2, s_1^3) kein perfektes Gleichgewicht ist, muss gezeigt werden, dass es keine Folge gibt, die die entsprechende Eigenschaft wie vorher besitzt. Wir betrachten allgemeine Folgen $\delta_n^i \to 0$ für $n \to \infty$, $i = 1, 2, 3$. Hieraus ergeben sich die allgemeinsten Folgen von Strategien zu:

$$\hat{s}^{1n} = \begin{pmatrix} \delta_n^1 \\ 1 - \delta_n^1 \end{pmatrix} \qquad \hat{s}^{in} = \begin{pmatrix} 1 - \delta_n^i \\ \delta_n^i \end{pmatrix} \; i = 2, 3 \; .$$

Die Auszahlung des 1. Spielers ergibt sich zu

$$U^1(s_2^1, \hat{s}^{2n}, \hat{s}^{3n}) = (1 - \delta_n^2)(1 - \delta_n^3) + \delta_n^2 \delta_n^3 = 1 - \delta_n^2 - \delta_n^3 + 2\delta_n^2 \delta_n^3$$

$$U^1(\hat{s}^{1n}, \hat{s}^{2n}, \hat{s}^{3n}) = \delta_n^1(1 - \delta_n^2)(1 - \delta_n^3) + \delta_n^1 \delta_n^2(1 - \delta_n^3) +$$

$$+ (1 - \delta_n^1)(1 - \delta_n^2)(1 - \delta_n^3) + \delta_n^1(1 - \delta_n^2)\delta_n^3 + (1 - \delta_n^1)\delta_n^2 \delta_n^3 =$$

$$= U^1(s_2^1, \hat{s}^{2n}, \hat{s}^{3n}) + \Delta_n$$

wobei gilt

$$\Delta_n = \delta_n^1 \delta_n^2 (1 - \frac{3}{2}\delta_n^3) + \delta_n^1(1 - \frac{3}{2}\delta_n^2)\delta_n^3$$

Für genügend großes n gilt $\delta_n^2, \delta_n^3 < \dfrac{2}{3}$ und damit $\Delta_n > 0$. Hieraus folgt dann

$$U^1(s_2^1, \hat{s}^{2n}, \hat{s}^{3n}) < U^1(\hat{s}^{1n}, \hat{s}^{2n}, \hat{s}^{3n})$$

für alle n. Somit kann s_2^1 keine beste Antwort für die Folge der Strategienkombination sein.

(s_2^1, s_1^2, s_1^3) ist daher kein perfektes Gleichgewicht, obwohl es undominiert ist.

Aufgabe 27 (auf Seite 88):
Bei linear äquivalenten Spielen bleibt die Abbildung der besten Antwort erhalten. Daher bleiben nach dem Kriterium der zitternden Hand auch die perfekten Gleichgewichte erhalten.

Aufgabe 28 (auf Seite 88):
Zur Erinnerung, die Auszahlungen sind

$$\begin{pmatrix} (1,3) & (0,0) \\ (0,0) & (3,1) \end{pmatrix}.$$

Nash-Gleichgewichte sind (s_1^1, s_1^2), (s_2^1, s_2^2) und $(\hat{s}^{1*}, \hat{s}^{2*})$ mit $\hat{s}^{1*} = (1/4, 3/4)$ und $\hat{s}^{2*} = (3/4, 1/4)$.
Nach dem Satz (3.25) sind bei einem Bimatrixspiel genau die undominierten Nash-Gleichgewichte perfekte Gleichgewichte.
Da s_1^1, s_2^1 und s_1^2, s_2^2 undominierte Strategien für die jeweiligen Spieler sind, sind diese also perfekte Gleichgewichte und es bleibt nur noch das stark gemischte Gleichgewicht zu untersuchen.
Stark gemischte Gleichgewichte sind immer perfekte Gleichgewichte. Zum Beweis braucht man nur eine konstante Folge betrachten, die gegen diese Gleichgewichte konvergiert.

Aufgabe 29 (auf Seite 89):
Zunächst betrachten wir nur stark gemischte Gleichgewichte. Da das Spiel symmetrisch in den drei Firmen ist, genügt es, die Firma 1 zu betrachten. Die Bedingungen sind:

$$v^1 = U^1(s^*) = 1 * x_1(1 - x_2)(1 - x_3) + 2 * (1 - x_1)x_2 x_3$$
$$(x_1 = 1): \quad v^1 = (1 - x_2)(1 - x_3) \qquad (x_1 = 0): \quad v^1 = 2x_2 x_3$$

Wegen der Symmetrie gilt $x_1 = x_2 = x_3 = x$, somit folgt

$$v_1 = (1 - x)^2 = 2x^2 \Rightarrow x = \sqrt{2} - 1$$

Damit ist dieses Gleichgewicht gezeigt.
Das Programm Gambit liefert die Ergebnisse in Abbildung 7.2:

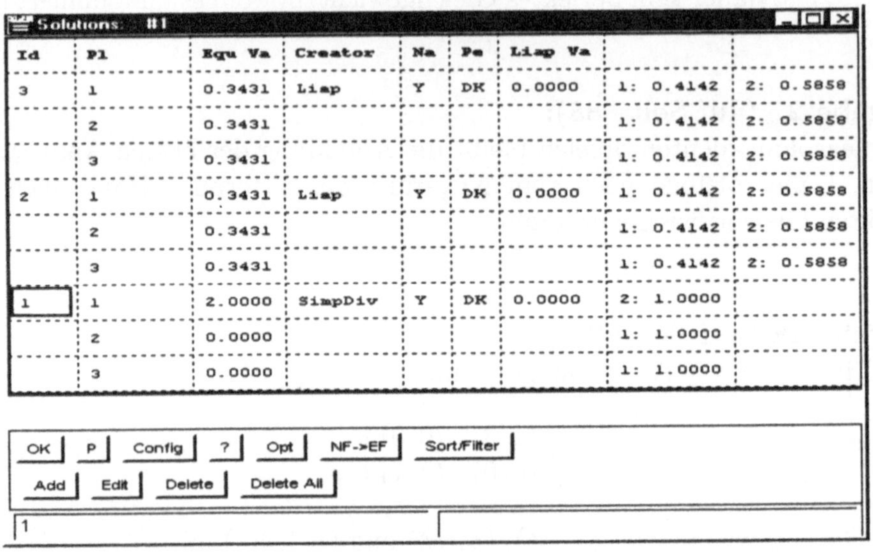

Id	Pl	Equ Va	Creator	Na	Pe	Liap Va		
3	1	0.3431	Liap	Y	DK	0.0000	1: 0.4142	2: 0.5858
	2	0.3431					1: 0.4142	2: 0.5858
	3	0.3431					1: 0.4142	2: 0.5858
2	1	0.3431	Liap	Y	DK	0.0000	1: 0.4142	2: 0.5858
	2	0.3431					1: 0.4142	2: 0.5858
	3	0.3431					1: 0.4142	2: 0.5858
1	1	2.0000	SimpDiv	Y	DK	0.0000	2: 1.0000	
	2	0.0000					1: 1.0000	
	3	0.0000					1: 1.0000	

OK | P | Config | ? | Opt | NF->EF | Sort/Filter

Add | Edit | Delete | Delete All

Abbildung 7.2

$x = \sqrt{2} - 1 = 0.4142$ und $1 - x = 2 - \sqrt{2} = 0.5858$ wird näherungsweise erkannt.
Zusätzlich wird die reine Strategie (2,1,1) als Gleichgewicht erkannt. Wegen der Symmetrie müssen auch die Strategien (1,2,1) und (1,1,2) Gleichgewichte sein. Man überzeugt sich mit den folgenden Überlegungen:

$$(2, 1, 1): \quad U^1(2, 1, 1) = 2 > U^1(1, 1, 1) = 0$$
$$U^2(2, 1, 1) = 0 \geq U^2(2, 2, 1) = 0$$
$$\text{und } U^3(2, 1, 1) = 0 \geq U^3(2, 1, 2) = 0$$

Stark gemischte Gleichgewichte sind immer auch perfekte Gleichgewichte. Als Folge braucht man nur die konstante Folge betrachten.
Die Gleichgewichte in reinen Strategien sind nicht perfekt. Beispielsweise für die Strategienkombination (2,1,1) überlegt man sich folgendes:

Die Auszahlung für den zweiten Spieler ergibt sich zu

$$U^2(x_1, x_2, x_3) = 2 * x_1(1 - x_2)x_3 + 1 * (1 - x_1)x_2(1 - x_3) \ .$$

Eine Folge, die gegen $(2,1,1)$ konvergiert ist:

$$x_{1,\varepsilon} = \varepsilon \quad x_{2,\varepsilon} = 1 - \varepsilon \quad x_{3,\varepsilon} = 1 - \varepsilon \ .$$

Hieraus ergibt sich weiter:

$$U^2(x_{1,\varepsilon}, x_2 = 1, x_{3,\varepsilon}) = \varepsilon(1 - \varepsilon) \ .$$
$$U^2(x_{1,\varepsilon}, x_{2,\varepsilon}, x_{3,\varepsilon}) = \varepsilon(1 - \varepsilon)(1 + \varepsilon)$$
$$\text{somit gilt } U^2(x_{1,\varepsilon}, x_2 = 1, x_{3,\varepsilon}) \not\geq U^2(x_{1,\varepsilon}, x_{2,\varepsilon}, x_{3,\varepsilon}) \quad \forall \varepsilon > 0$$

Aufgabe 30 (auf Seite 102):
Es ergibt sich folgender Spielbaum mit den Auszahlungen 1 für Gewinnen
und 0 für Verlieren:

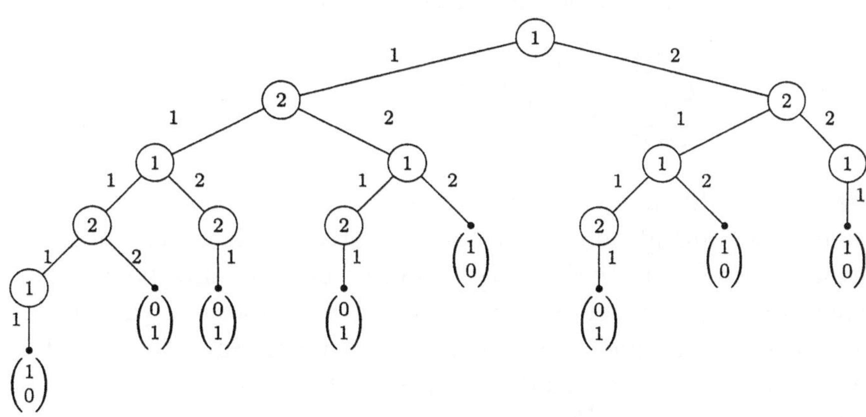

Der Spielbaum kann verkürzt werden um die Spielstände, bei denen vor
Spielende keine alternativen Spielzüge mehr möglich sind (es muss das letzte
Streichholz weggenommen werden!):

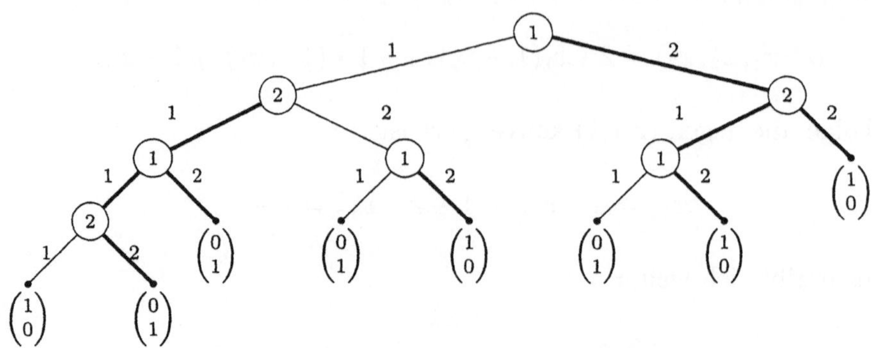

Der 1. Spieler ist an der Reihe bei den Spielständen:

Spielstände	$\mathfrak{n}$	$(1,1)$	$(1,2)$	$(2,1)$
Spielzüge bei	2	1	2	2
T-Gleichg.		2		

Der 2. Spieler ist an der Reihe bei den Spielständen:

Spielstände	(1)	(2)	$(1,1,1)$
Spielzüge bei	1	1	2
T-Gleichg.		2	

Die Angabe einer Strategie für den 1. Spieler besteht also darin, zu jedem der 4 Spielstände anzugeben, ob er 1 oder 2 Streichhölzer wegnimmt.

Die Angabe einer Strategie für den 2. Spieler besteht also darin, zu jedem der 3 Spielstände anzugeben, ob er 1 oder 2 Streichhölzer wegnimmt.

Als Konstantsummen-Spiel ist es einem Nullsummen-Spiel äquivalent.

Auszahlung und Strategien sind in der Tabelle 7.1 zusammengefasst. Die Kreuzung von Spalten und Zeilen, die mit "N" gekennzeichnet sind, ergeben die Nash-Gleichgewichte (4*8=32 Stück).

Aus der Zeichnung liest man 4 perfekte Teilspiel-Gleichgewichte ab, sie sind zusätzlich mit "T" gekennzeichnet.

Da es sich hier um ein Bimatrix-Spiel handelt, sind genau die Nash-Gleichgewichte perfekte Gleichgewichte, die undominiert sind.

Die 4 Gleichgewichtsstrategien des 1. Spielers sind undominiert (alle Auszahlungen an den 1. Spieler gleich 1). Die Auszahlungen an den 2.Spieler sind hier alle 0.

					N	N	N	N-T	N	N	N-T	N
					1	2	1	1	2	2	1	2
					1	1	2	1	2	1	2	2
					1	1	1	2	1	2	2	2
	1	1	1	1	(1,0)	(0,1)	(1,0)	(0,1)	(0,1)	(0,1)	(0,1)	(0,1)
	2	1	1	1	(0,1)	(0,1)	(1,0)	(0,1)	(1,0)	(0,1)	(1,0)	(1,0)
	1	2	1	1	(0,1)	(0,1)	(0,1)	(0,1)	(0,1)	(0,1)	(0,1)	(0,1)
	1	1	2	1	(1,0)	(1,0)	(1,0)	(0,1)	(1,0)	(1,0)	(0,1)	(1,0)
	1	1	1	2	(1,0)	(0,1)	(1,0)	(0,1)	(0,1)	(0,1)	(0,1)	(0,1)
	2	2	1	1	(0,1)	(0,1)	(1,0)	(0,1)	(0,1)	(0,1)	(1,0)	(1,0)
	2	1	2	1	(0,1)	(0,1)	(1,0)	(0,1)	(1,0)	(0,1)	(1,0)	(1,0)
N	2	1	1	2	(1,0)	(1,0)	(1,0)	(1,0)	(1,0)	(1,0)	(1,0)	(1,0)
	1	2	2	1	(0,1)	(1,0)	(0,1)	(0,1)	(1,0)	(1,0)	(0,1)	(1,0)
	1	2	1	2	(0,1)	(0,1)	(0,1)	(0,1)	(0,1)	(0,1)	(0,1)	(0,1)
	1	1	2	2	(1,0)	(1,0)	(1,0)	(0,1)	(1,0)	(1,0)	(0,1)	(1,0)
	2	2	2	1	(0,1)	(0,1)	(1,0)	(0,1)	(1,0)	(0,1)	(1,0)	(1,0)
N	2	2	1	2	(1,0)	(1,0)	(1,0)	(1,0)	(1,0)	(1,0)	(1,0)	(1,0)
N-T	2	1	2	2	(1,0)	(1,0)	(1,0)	(1,0)	(1,0)	(1,0)	(1,0)	(1,0)
	1	2	2	2	(0,1)	(1,0)	(0,1)	(0,1)	(1,0)	(1,0)	(0,1)	(1,0)
N-T	2	2	2	2	(1,0)	(1,0)	(1,0)	(1,0)	(1,0)	(1,0)	(1,0)	(1,0)

Tabelle 7.1

Beim zweiten Spieler gibt es nur die Strategie $s_4^2 =''(1,1,2)''$, die überall die Auszahlung 1 liefert bis auf die 4 Zeilen der Gleichgewichtsstrategien des 1.Spielers. Insbesondere ist das andere Teilspiel-Gleichgewicht $s_7^2 =''(1,2,2)''$ durch s_4^2 dominiert, kann also kein perfektes Gleichgewicht sein.

Undominierte und damit perfekte Gleichgewichte sind $((2,1,2,2),(1,1,2))$ und $((2,2,2,2), (1,1,2))$, eine Teilmenge der perfekten Teilspiel-Gleichgewichte.

Aufgabe 31 (auf Seite 102):

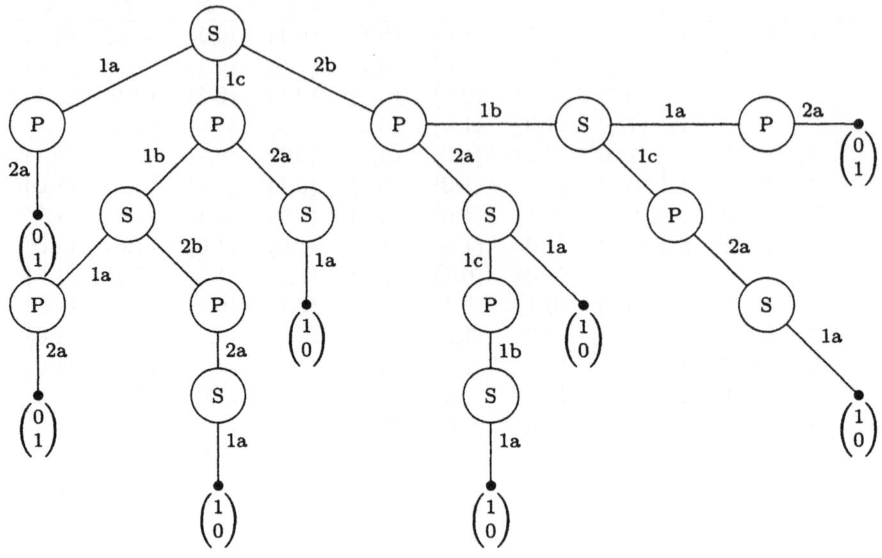

Der verkürzte Spielbaum

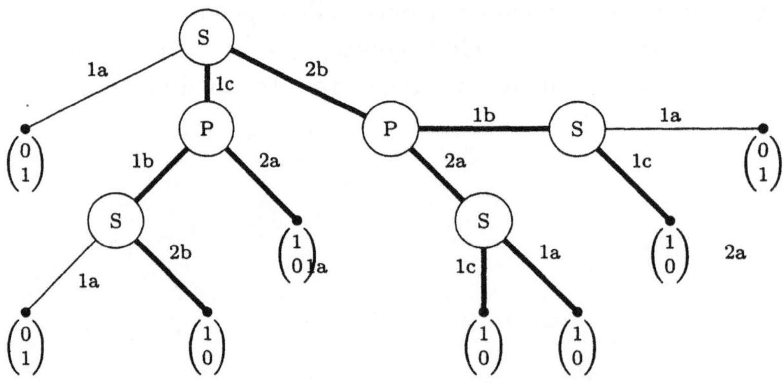

Für den verkürzten Spielbaum gibt die folgende Tabelle die Spielerfunktion und die möglichen Spielzüge an.

Spielstand	Spieler	Spielzüge		
n	S	1a	2b	1c
(1c)	P	1b	2a	
(1c,1b)	S	1a	2b	
(2b)	P	1b	2a	
(2b,1b)	S	1a	1c	
(2b,2a)	S	1a	1c	

Bei der folgenden Auszahlungsmatrix ist "Strich" der Zeilenspieler und "Punkt" der Spaltenspieler. "N" gibt an, dass es sich um ein Nash-Gleichgewicht handelt und "T", dass es sogar ein perfektes Teilspielgleichgewicht ist.

		N-T	N-T	N-T	N-T
		(1b,1b)	(1b,2a)	(2a,1b)	(2a,2a)
	(1a, *, *, *)	(0,1)	(0,1)	(0,1)	(0,1)
	(2b,1a,1a,1a)	(0,1)	(1,0)	(0,1)	(1,0)
	(2b,1a,1a,1c)	(0,1)	(1,0)	(0,1)	(1,0)
N	(2b,1a,1c,1a)	(1,0)	(1,0)	(1,0)	(1,0)
N	(2b,1a,1c,1c)	(1,0)	(1,0)	(1,0)	(1,0)
	(2b,2b,1a,1a)	(0,1)	(1,0)	(0,1)	(1,0)
	(2b,2b,1a,1c)	(0,1)	(1,0)	(0,1)	(1,0)
N-T	(2b,2b,1c,1a)	(1,0)	(1,0)	(1,0)	(1,0)
N-T	(2b,2b,1c,1c)	(1,0)	(1,0)	(1,0)	(1,0)
	(1c,1a,1a,1a)	(0,1)	(0,1)	(1,0)	(1,0)
	(1c,1a,1a,1c)	(0,1)	(0,1)	(1,0)	(1,0)
	(1c,1a,1c,1a)	(0,1)	(0,1)	(1,0)	(1,0)
	(1c,1a,1c,1c)	(0,1)	(0,1)	(1,0)	(1,0)
N	(1c,2b,1a,1a)	(1,0)	(1,0)	(1,0)	(1,0)
N	(1c,2b,1a,1c)	(1,0)	(1,0)	(1,0)	(1,0)
N-T	(1c,2b,1c,1a)	(1,0)	(1,0)	(1,0)	(1,0)
N-T	(1c,2b,1c,1c)	(1,0)	(1,0)	(1,0)	(1,0)

Bei einem perfekten Teilspiel kann "Punkt" beliebige Strategien wählen, "Strich" nur vier T-Strategien.

Da es sich um ein Bimatrixspiel handelt, sind Nash-Gleichgewichte genau dann perfekte Gleichgewichte, wenn sie undominiert sind.

Bei "Strich" sind dies die 8 N-Strategien, bei Punkt ist es nur die Strategie "(1b,1b)". Die sich daraus ergebenden Strategienkombinationen sind perfekte Gleichgewichte.

Aufgabe 32 (auf Seite 103):
Jedes Teilspiel, das im ursprünglichen Spiel das gestrichene Teilspiel T enthält, erhält auch im neuen Spiel die gleichen Auszahlungen mit den gleichen optimalen Spielzügen, soweit im neuen Spiel noch vorhanden.
Somit bleibt auch im neuen Spiel das vorher gefundene perfekte Teilspiel-Gleichgewicht erhalten, da kein besseres gefunden werden kann.

Aufgabe 33 (auf Seite 104):
Die Abbildung (7.3) zeigt den Spielbaum dieses Spieles. Wie man sieht, besteht das perfekte Teilspiel-Gleichgewicht darin, dass die Warenhauskette (Spieler 4, W genannt) immer die Strategie „kooperativ" wählt. Die in Bedrängnis geratenen ansässigen Händler (Spieler 1,2,3) wählen immer die Strategie „agressiv". Dies resultiert in dem Auszahlungsvektor $(2, 2, 2, 6)^T$.

Aufgabe 34 (auf Seite 110):
Der erste Spieler sei der Zeilenspieler, der zweite der Spaltenspieler. Es ergibt sich folgende Auszahlungsmatrix

	ℓ	r
L	**(3,1)**	(0,0)
C	(0,2)	(1,1)
R	**(3,2)**	**(3,2)**

Die fett gedruckten Auszahlungen entsprechen Nash-Gleichgewichten. Das Gleichgewicht (R,ℓ) ist perfekt, aber (R,r) und (L,ℓ) nicht.
Da ein Bimatrix-Spiel vorliegt, ist ein Nash-Gleichgewicht genau dann perfekt, wenn es undominiert ist.
Beim ersten Spieler ist die Strategie $s_3^1 = R$ undominiert, da der Zeilenvektor (3,3) größer oder gleich allen anderen Zeilenvektoren ist. Insbesondere folgt hieraus, dass (L,ℓ) nicht perfekt sein kann.
Beim zweiten Spieler ist die Strategie $s_1^2 = \ell$ undominiert, da der Spaltenvektor (1,2,2) größer oder gleich dem anderen Spaltenvektor ist. Insbesondere folgt hieraus, dass (R,r) nicht perfekt sein kann.
Da die reinen Strategien R bzw ℓ alle übrigen sogar dominieren, kann es kein undominiertes gemischtes Gleichgewicht geben. Somit ist (R, ℓ) das einzige perfekte Gleichgewicht.

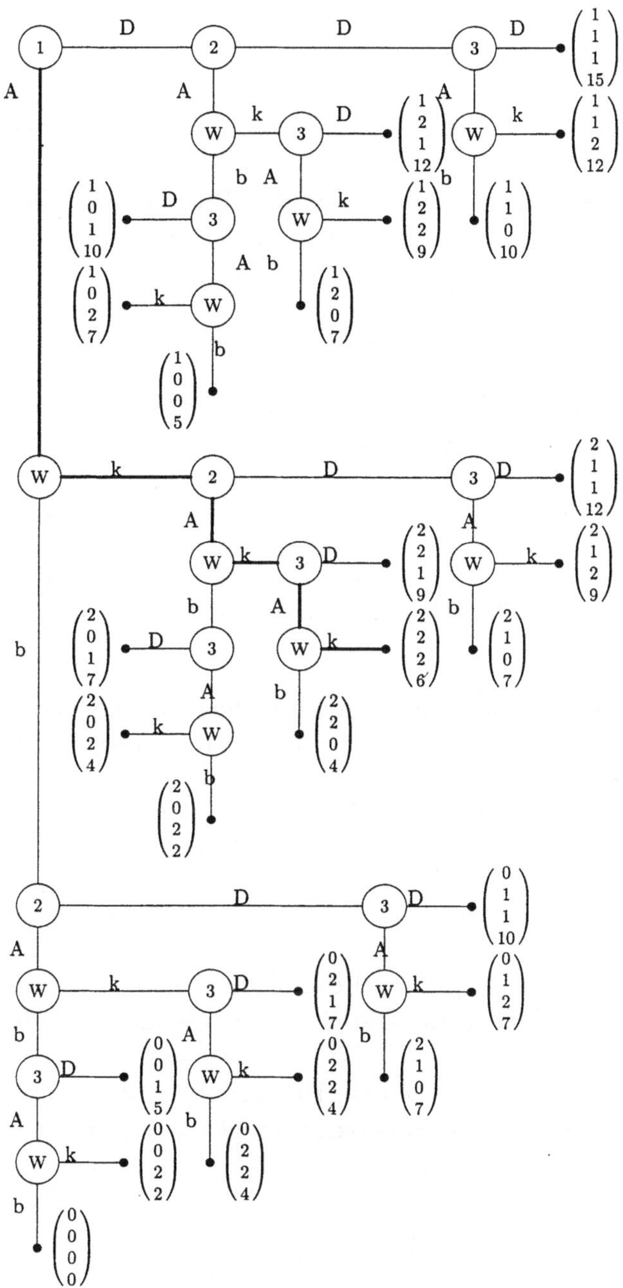

Abbildung 7.3

Für alle $x \in [0,1]$ überprüft man, dass die folgenden (β^*, μ^*) sequentielle Gleichgewichte sind. Wie oben gezeigt, ist jedoch nur dasjenige mit $x = 0$

perfekt.

$$\beta^{*\,1} = (x, 0, 1 - x)\forall x : 0 \leq x \leq 1 \qquad \beta^{2\,*} = (1, 0)$$

$$\mu^*(\{\mathfrak{n}\})(\mathfrak{n}) = 1 \qquad \mu^*(\{(L), (C)\})(L) = 1 \quad \mu^*(\{(L), (C)\})(C) = 0$$

Wir überprüfen zunächst die sequentielle Rationalität der angegebenen Einschätzung(en). Hierzu ist für jede Informationsmenge eines jeden Spielers die folgende Bedingung zu überprüfen.

$$\mathcal{U}^i(\beta^*, \mu^*; I_j^i) \geq \mathcal{U}^i(\beta^i, \beta^{-i\,*}, \mu^*; I_j^i) \quad \forall \beta^i \ .$$

Der Spieler 1 hat nur die Informationsmenge $I_1^1 = \{\mathfrak{n}\}$. Da $\mu = 1$, berechnet sich der Erwartungswert seiner Auszahlung zu:

$$\mathcal{U}^1(\beta^*, \mu^*; I_1^1) = 3 \times (1 - x) + 3 \times x \cdot 1 + 0 \times x \cdot 0 + 0 \times 0 \cdot 1 + 1 \times 0 \cdot 0 = 3 \ .$$

Mit dem angegebenen β^1 erreicht der Spieler seinen maximalen Wert. Eine Abweichung von dieser Strategie kann keine Verbesserung bringen. Daher ist die obige Bedingung erfüllt.

Der Spieler 2 hat ebenfalls nur eine Informationsmenge, nämlich $I_1^2 = \{(L), (C)\}$. Hier erscheint μ explizit bei der Berechnung der Auszahlung des Erwartungswertes:

$$\mathcal{U}^2(\beta^*, \mu^*; I_1^2) = 1 \times 1 \cdot 1 + 0 \times 1 \cdot 0 + 2 \times 0 \cdot 1 + 1 \times 0 \cdot 0 = 1 \ .$$

Die einzige Änderungsmöglichkeit, die der Spieler 2 hat, besteht in der Verwendung des Spielzuges "r" mit einer positiven Wahrscheinlichkeit. Wegen der Vorgabe $\mu^*(\{(L), (C)\})(C) = 0$ durch den Spieler 1 würde sich Spieler 2 dadurch aber verschlechtern. Die geforderte sequentielle Rationalität ist daher gegeben.

Es ist noch die Konsistenz zu zeigen. Für $x = 0$ ist die Konsistenz dadurch gezeigt, dass (R, ℓ) ein perfektes Gleichgewicht ist. Für $x > 0$ kann folgender Ansatz mit $\varepsilon \xrightarrow{>} 0$ gemacht werden:

$$\beta^{1\varepsilon} = (x - \frac{\varepsilon}{2}, \varepsilon, 1 - x - \frac{\varepsilon}{2}) \qquad \beta^{2\varepsilon} = (1 - \varepsilon, \varepsilon)$$

$$\mu^\varepsilon(\{\mathfrak{n}\})(\mathfrak{n}) = 1 \qquad \mu^\varepsilon(\{(L), (C)\})(L) = \frac{x - \dfrac{\varepsilon}{2}}{x + \dfrac{\varepsilon}{2}} \quad \mu^\varepsilon(\{(L), (C)\})(C) = \frac{\dfrac{\varepsilon}{2}}{x + \dfrac{\varepsilon}{2}}$$

Für die Konvergenz werden keine weiteren Bedingungen verlangt, außer, dass μ aus β abgeleitet sein muss.

Aufgabe 35 (auf Seite 111):

1. Der Spielbaum ergibt sich zu

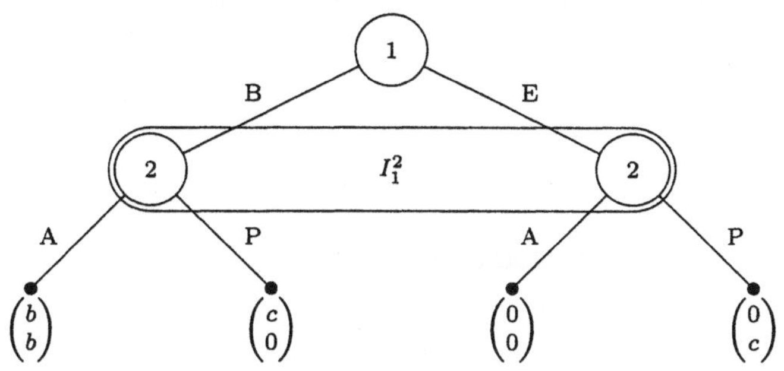

Abbildung 7.4

2. Die Normalform ist

	A	P
B	$(b, -b)$	$(-c, 0)$
E	$(0, 0)$	$(0, -c)$

Würde man den tatsächlichen Schaden a mit ins Spiel bringen, so müsste man bei jeder Auszahlung für den 1. Spieler a addieren und beim 2.Spieler abziehen. Dies ergäbe ein äquivalentes Spiel. Für die Strategien würde sich damit nichts ändern.

3. Nach der Tabelle für Bimatrix-Spiele mit jeweils zwei Strategien ergibt sich nur das folgende einzige Nash-Gleichgewicht.

1.Spieler: $\tilde{A} = b + c - 0 + 0 = b + c$, $\tilde{a} = 0 - (-c) = c$. Dies ist der Fall $0 \leq \tilde{a} < \tilde{A}$.

2.Spieler: $\tilde{B} = -b - 0 - 0 + (-c) = -b - c$, $\tilde{b} = -c - 0 = -c$. Dies ist der Fall $\tilde{B} < \tilde{b} \leq 0$.

Hieraus ergibt sich:

der 1.Spieler spielt B mit Wahrscheinlichkeit $x = \dfrac{c}{b + c}$ und E mit

$$1 - x = \frac{b}{b + c};$$

der 2.Spieler spielt A mit Wahrscheinlichkeit $y = \dfrac{c}{b + c}$ und P mit

$$1 - y = \frac{b}{b + c}.$$

4. Da $b, c > 0$, spielt jeder Spieler jede Strategie mit positiver Wahrscheinlichkeit, also der Versicherungsnehmer auch die Betrugsstrategie.

Läßt man die Prozeßkosten c gegen unendlich gehen, dann konvergiert die Wahrscheinlichkeit des Versicherungsnehmers zu betrügen gegen 1, und die Wahrscheinlichkeit der Versicherung auszuzahlen ebenfalls gegen 1.

Aufgabe 36 (auf Seite 112):

Es ergeben sich folgende Auszahlungsmatrizen:

		$s_1^2 = c$	$s_2^2 = d$
$s_1^3 = L$	$s_1^1 = C$	$(1, 1, 1)$	$(4, 4, 0)$
	$s_2^1 = D$	$(3, 3, 2)$	$(3, 3, 2)$

		$s_1^2 = c$	$s_2^2 = d$
$s_2^3 = R$	$s_1^1 = C$	$(1, 1, 1)$	$(0, 0, 1)$
	$s_2^1 = D$	$(0, 0, 0)$	$(0, 0, 0)$

Hier gibt es zwei verschiedene Typen von Nash-Gleichgewichten.
Der erste Typ eines Nash-Gleichgewichts: kein sequentielles Gleichgewicht und auch kein perfektes Gleichgewicht

$$\hat{s}_2^1 = 1 \quad \hat{s}_1^2 \geq 1/3 \quad \hat{s}_1^3 = 1$$

Der zweite Typ eines Nash-Gleichgewichts: sequentielles Gleichgewicht und auch perfektes Gleichgewicht

$$\hat{s}_1^1 = 1 \quad \hat{s}_1^2 = 1 \quad \hat{s}_2^3 \geq 3/4$$

Typ 1 Gleichgewichte

$$U^1(\hat{s}^1, \hat{s}^2, \hat{s}^3) = 3 * \hat{s}_1^2 + 3\hat{s}_2^2 = 3$$
$$U^2(\hat{s}^1, \hat{s}^2, \hat{s}^3) = 3 * \hat{s}_1^2 + 3\hat{s}_2^2 = 3$$
$$U^3(\hat{s}^1, \hat{s}^2, \hat{s}^3) = 2 * \hat{s}_1^2 + 2\hat{s}_2^2 = 2$$

Alle reinen Alternativ-Strategien dürfen nicht besser sein:

$$3 = U^1(\hat{s}^1, \hat{s}^2, \hat{s}^3) \geq U^1(s_1^1, \hat{s}^2, \hat{s}^3) = 1 * \hat{s}_1^2 + 4 * \hat{s}_2^2$$

$$\Leftrightarrow \quad \hat{s}_1^2 \geq \frac{1}{3}$$

$$3 = U^2(\hat{s}^1, \hat{s}^2, \hat{s}^3) \geq U^2(\hat{s}^1, s_1^2, \hat{s}^3) = 3$$

$$\geq U^2(\hat{s}^1, s_3^2, \hat{s}^3) = 3$$

$$2 = U^3(\hat{s}^1, \hat{s}^2, \hat{s}^3) \geq U^3(\hat{s}^1, \hat{s}^2, s_2^3) = 0 \, .$$

Es ist also tatsächlich ein Nash-Gleichgewicht.

Um zu überprüfen, ob dieses Gleichgewicht auch ein sequentielles Gleichgewicht ist, müssen aus diesen gemischten Strategien die Verhaltensstrategien berechnet, und insbesondere die sequentielle Rationalität nachgewiesen werden. Wie die folgenden Überlegungen zeigen, trifft dies nicht zu.

Sei $\frac{1}{3} \leq y \leq 1$.

Spielablauf	π^1	π^2	π^3
(D)	1	1	1
(D, L)	1	1	1
(D, R)	1	1	0
(C)	0	1	1
(C, d)	0	$1 - y$	1
(C, d, L)	0	$1 - y$	1
$(C, d), R$	0	$1 - y$	0
(C, c)	0	y	1

Hieraus berechnen sich die Verhaltensstrategien.

Die Informationsmengen sind:

$$I^1 = \{\{\mathfrak{n}\}\} \qquad I^2 = \{\{(C)\}\} \qquad I^1 = \{\{(D), (C.d)\}\}$$

Wahrscheinlichkeiten der Spielzüge:

$$\beta^1(I_1^1)(C) = \frac{\pi^1(C)}{\pi^1(\mathfrak{n})} = 0 \qquad \beta^1(I_1^1)(D) = \frac{\pi^1(D)}{\pi^1(\mathfrak{n})} = 1$$

$$\beta^2(I_1^2)(c) = \frac{\pi^2(C, c)}{\pi^2(C)} = y \qquad \beta^2(I_1^2)(d) = \frac{\pi^2(C, d)}{\pi^2(C)} = 1 - y$$

$$\beta^3(I_1^3)(C) = \frac{\pi^3(D, L)}{\pi^3(D)} = 1 \qquad \beta^3(I_1^3)(D) = \frac{\pi^3(D, R)}{\pi^3(D)} = 0 \, .$$

Wir betrachten nun den Spieler 2.

Für seine einzige Informationsmenge gilt:

$$\mu(I_1^2)(C) = 1 \ .$$

Relevante terminale Elemente des Spielbaums sind

$$\mathfrak{a}_1 = (C, c) \quad \mathfrak{a}_2 = (C, d, L) \quad \mathfrak{a}_3 = (C, d, R) \ .$$

Die dazugehörigen Wahrscheinlichkeiten lauten:

$$\mathcal{W}(\mathfrak{a}_1) = \mu(I_1^2)(C) \times \beta^2(I_1^2)(c) = y$$
$$\mathcal{W}(\mathfrak{a}_2) = \mu(I_1^2)(C) \times \beta^2(I_1^2)(d) \times \beta^3(I_1^3)(L) = 1 - y$$
$$\mathcal{W}(\mathfrak{a}_3) = 0 \ .$$

Der Erwartungswert der Auszahlung ist

$$U^2(\beta, \mu; I_1^2) = y * 1 + (1 - y) * 4 = 4 - 3y \leq 3 \text{ für } y \geq \frac{1}{3} \ .$$

Wie man sieht kann sich der Spieler 2 verbessern, wenn er beispielsweise $y = 0$ wählen würde. Daher kann es kein sequentielles Gleichgewicht sein und auch kein perfektes (weil hieraus wieder ein sequentielles folgt).

Typ 2 Gleichgewichte

Sei $1 - y = \hat{s}_2^3 \geq \dfrac{3}{4}$

$$U^1(\hat{s}^1, \hat{s}^2, \hat{s}^3) = 1 * y + 1 * (1 - y) = 1$$
$$U^2(\hat{s}^1, \hat{s}^2, \hat{s}^3) = 1 * y + 1 * (1 - y) = 1$$
$$U^3(\hat{s}^1, \hat{s}^2, \hat{s}^3) = 1 * y + 1 * (1 - y) = 1$$

Alle reinen Alternativ-Strategien dürfen nicht besser sein:

$$1 = U^1(\hat{s}^1, \hat{s}^2, \hat{s}^3) \geq U^1(s_2^1, \hat{s}^2, \hat{s}^3) = 3 * y + 0 * (1 - y) = 3y$$
$$\Leftrightarrow \quad y \leq \frac{1}{3}$$
$$1 = U^2(\hat{s}^1, \hat{s}^2, \hat{s}^3) \geq U^2(\hat{s}^1, s_2^2, \hat{s}^3) = 4 * y + 0 * (1 - y) = 4y$$
$$\Leftrightarrow \quad y \leq \frac{1}{4}$$
$$1 = U^3(\hat{s}^1, \hat{s}^2, \hat{s}^3) \geq U^3(\hat{s}^1, \hat{s}^2, s_1^3) = 1$$
$$\geq U^3(\hat{s}^1, \hat{s}^2, s_2^3) = 1 \ .$$

Es ist also tatsächlich ein Nash-Gleichgewicht.

Wir zeigen nun, dass diese Gleichgewichte perfekte Gleichgewichte sind. Dazu betrachten wir für $0 \leq y \leq \frac{1}{4}$ die nachstehenden Folgen, die gegen die Gleichgewichte konvergieren:

$$\hat{s}_\varepsilon^1 = \begin{pmatrix} 1 - \varepsilon \\ \varepsilon \end{pmatrix} \qquad \hat{s}_\varepsilon^2 = \begin{pmatrix} 1 - \varepsilon \\ \varepsilon \end{pmatrix} \qquad \hat{s}_\varepsilon^3 = \begin{pmatrix} y + \varepsilon \\ 1 - y - \varepsilon \end{pmatrix}$$

$$U^1(\hat{s}^1, \hat{s}^2, \hat{s}^3) = 1 + (7y - 2)\varepsilon + (-4y + 8)\varepsilon^2 - 4\varepsilon^3$$

$$U^2(\hat{s}^1, \hat{s}^2, \hat{s}^3) = +(7y - 2)\varepsilon + (-4y + 8)\varepsilon^2 - 4\varepsilon^3$$

$$U^3(\hat{s}^1, \hat{s}^2, \hat{s}^3) = 1 + (-1 + y)\varepsilon + (y + 1)\varepsilon^2 + \varepsilon^3$$

Für alle betrachteten y Werte sind dies Auszahlungen für genügend kleines $\varepsilon > 0$. Die Bedingung der besten Antwort ist erfüllt, und somit sind es perfekte Gleichgewichte und damit auch sequentielle.

Aufgabe 37 (auf Seite 121):
$\mathcal{W}$ hat die Eigenschaften einer superadditiven Koalitionsbewertung.

Aufgabe 38 (auf Seite 122):
Wir nehmen an, dass es eine Imputation z gibt, dann folgt in diesem Fall

$$\mathcal{V}(\mathcal{A}) < \sum_{i=1}^{m} \mathcal{V}(\{i\}) \leq \sum_{i=1}^{m} z_i = \mathcal{V}(\mathcal{A}) \, .$$

Dies ergibt den Widerspruch $\mathcal{V}(\mathcal{A}) < \mathcal{V}(\mathcal{A})$. Daher kann es keine Imputation z geben.

Aufgabe 39 (auf Seite 123):
(1) Sei die charakteristische Funktion additiv, d.h.

$$\mathcal{V}(B) = \sum_{j \in B} \mathcal{V}(\{j\}) \qquad \forall B \subseteq \mathcal{A}$$

Setzt man $B = \mathcal{A}$, so folgt die angegebene Bedingung.
(2) Sei die angegebene Bedingung gültig, dann folgt unter Verwendung der

Superadditivität:

$$\mathcal{V}(\mathcal{A}) = \sum_{j=1}^{m} \mathcal{V}(\{j\}) = \sum_{j \in B} \mathcal{V}(\{j\}) + \sum_{j \in \mathcal{A} \backslash B} \mathcal{V}(\{j\})$$
$$\leq \mathcal{V}(B) + \mathcal{V}(\mathcal{A} \backslash B) \leq \mathcal{V}(\mathcal{A}) \ .$$

Es muss also überall Gleichheit gelten und insbesondere

$$\mathcal{V}(B) = \sum_{j \in B} \mathcal{V}(\{j\}) \quad \forall B \ .$$

Hieraus folgt die Additivität von $\mathcal{V}$.

Aufgabe 40 (auf Seite 123):
Sei $B_j = \{1, 2, \ldots, j\} \subseteq \mathcal{A}$. Aus der Superadditivität folgt $\mathcal{V}(B_j) + \mathcal{V}(\{j + 1\}) \leq \mathcal{V}(B_{j+1})$, $j = 1, \ldots, m$. Fasst man alle diese Ungleichungen zusammen, so ergibt sich

$$\sum_{i=1}^{m} \mathcal{V}(\{i\}) \leq \mathcal{V}(\mathcal{A}) \ .$$

Mit $z_i = \mathcal{V}(\{i\}) + \dfrac{\varepsilon}{m}$, wobei $\varepsilon = \mathcal{V}(\mathcal{A}) - \sum_{j=1}^{m} \mathcal{V}(\{j\}) \geq 0$ ist nun eine Zuteilung gegeben:

$$z_i \geq \mathcal{V}(\{i\}) \qquad \mathcal{V}(\mathcal{A}) = \sum_{i=1}^{m} \mathcal{V}(\{i\}) \ .$$

Aufgabe 41 (auf Seite 127):
Da das Problem in den drei Firmen symmetrisch ist, genügt es die Koalitionsbewertungen der Koalitionen $\{1\}$, $\{2, 3\}$, $\{1, 2, 3\}$ zu berechnen.
Für die Einerkoalitionen ergibt sich:

		Koalition $\{1, 2, 3,\}$			
		(1,1)	(1,2)	(2,1)	2,2)
Koalition$\{1\}$	Strategie 1	0	0	0	1
	Strategie 2	2	0	0	0

mit einen Sattelpunkt in reinen Strategien mit dem Wert 0

$$\Rightarrow \quad \mathcal{V}(\{i\}) = 0, \quad i = 1, 2, 3 \ .$$

Für die Zweierkoalitionen folgt:

		Koalition $\{1\}$	
		Strategie 1	Strategie 2
	(1,1)	0+0=0	0+0=0
Koalition$\{2,3\}$	(1,2)	0+2=2	1+0=1
	(2,1)	2+0=2	0+1=1
	(2,1)	0+0=0	0+0=0

mit einem Sattelpunkt in reinen Strategien mit dem Wert 1

$$\Rightarrow \quad \mathcal{V}(\{2,3\}) = \mathcal{V}(\{2,3\}) = \mathcal{V}(\{2,3\}) = 1 \ .$$

Der Mindestgewinn für die Koalition $\{1,2,3\}$ ist die maximale Summenauszahlung für die drei Firmen, dies ist 2

$$\Rightarrow \quad \mathcal{V}(\{1,2,3\}) = 2 \ .$$

Aufgabe 42 (auf Seite 128):
Sei $\tilde{\mathcal{V}}(B) = k \times \mathcal{V}(B) + \sum_{i \in B} c_i$ die äquivalente Koalitionsbewertung zur superadditiven Koalitionsbewertung $\mathcal{V}$. Es gilt

$$\tilde{\mathcal{V}}(B) + \tilde{\mathcal{V}}(Q)$$
$$= k \times (\mathcal{V}(B) + \mathcal{V}(Q)) + \sum_{i \in B} c_i + \sum_{i \in Q} c_i$$

und wegen der Superadditivität von $\mathcal{V}$ folgt weiter

$$\leq k \times \mathcal{V}(B \cup Q) + \sum_{i \in B} c_i + \sum_{i \in Q} c_i$$

und schließlich

$$= \tilde{\mathcal{V}}(B \cup Q) \ .$$

Aufgabe 43 (auf Seite 129):
Aus der Superadditivität folgt $\sum_{i \in B} \mathcal{V}(\{i\}) \leq \mathcal{V}(B)$, $B \subseteq \mathcal{A}$. Da $\mathcal{V}(\{i\}) = 0 \quad \forall i$, so ergibt sich $0 \leq \mathcal{V}(S)$.

Zum Nachweis der übrigen Aussagen betrachten wir die aus der Superadditivität folgende Ungleichung für $S \subseteq Q$:

$$\mathcal{V}(S) + \mathcal{V}(Q \cap \bar{S}) \leq \mathcal{V}(Q) .$$

Da, wie gezeigt, die Koalitionsbewertung nur Werte ≥ 0 annimmt, muss gelten

$$\mathcal{V}(S) \leq \mathcal{V}(Q) .$$

Speziell gilt $\mathcal{V}(S) \leq \mathcal{V}(\mathcal{A}) = 1$, woraus $\mathcal{V}(S) \leq 1$ folgt.

Aufgabe 44 (auf Seite 133):
Bei einem superadditiven Spiel gilt für jede Zerlegung $\mathcal{B}$ einer Koalition T

$$\mathcal{V}(T) \geq \sum_{B \in \mathcal{B}} \mathcal{V}(B) .$$

Daher gilt für die superadditive Hülle

$$\tilde{\mathcal{V}}(T) = \max_{\mathcal{B}} \sum_{B \in \mathcal{B}} \mathcal{V}(B) = \mathcal{V}(T) .$$

Somit gilt die Behauptung.

Aufgabe 45 (auf Seite 139):
Maple liefert folgende Berechnung des Optimierungsproblems zur Feststellung eines nichtleeren Kerns:

```
> with(simplex);

Warning, the protected names maximize and minimize have been
redefined and unprotected
> minimize(v, {v=z1+z2+z3+z4,
> z1+z2+z3+z4>=-700, z1+z2+z3>=-600, z1+z2+z4>=-600,
> z1+z3+z4>=-600, z2+z3+z4>=-600, z1+z3>=-500, z1+z4>=-500,
> z2+z3>=-500, z2+z4>=-500,z1+z2>=-400, z3+z4>=-400,
> z1>=-300,z2>=-300, z3>=-300, z4>=-300});
```

$$\{z1 = -300, z2 = -100, v = -700, z3 = -100, z4 = -200\}$$

Der Kern ist nichtleer, da die minimale Zielfunktion zu $\mathcal{V}(\mathcal{A}) = -700$ berechnet wurde. Die berechnete Zuteilung liegt daher im Kern

$$z_1 = -300, \; z_2 = -100, \; z_3 = -100, \; z4 = -200 .$$

Aufgabe 46 (auf Seite 141):
Nach Definition (5.1) und Satz (5.13) erfüllen die Zuteilungen $(x_1, \ldots, x_m)$, die im Kern liegen, die folgenden Bedingungen:

$$\sum_{i=1}^{m} x_i = \mathcal{V}(\mathcal{A})$$

$$x_i \geq \mathcal{V}(\{i\})$$

$$\sum_{i \in B} x_i \geq \mathcal{V}(B) \ .$$

Hieraus folgt für die Zerlegung $T = \{B_k, k = 1, \ldots, \ell\}$

$$\sum_{k=1}^{\ell} \mathcal{V}(B_k) \leq \sum_{k=1}^{\ell} \sum_{i \in B_k} x_i = \sum_{i=1}^{m} x_i = \mathcal{V}(\mathcal{A})$$

Dies ist die Behauptung.
Das folgende **Gegenbeispiel** zeigt, dass die Bedingung nicht hinreichend ist:
sei $\mathcal{A} = \{1, 2, 3\}$, $\mathcal{V}(B) = 1$, falls $|B| \geq 2$ sonst $\mathcal{V}(B) = 0$.
$\mathcal{A}$ kann in zwei oder drei Koalitionen zerlegt werden. In beiden Fällen ist die angegebene Bedingung erfüllt, da

$$\mathcal{V}(\{1\}) + \mathcal{V}(\{2\}) + \mathcal{V}(\{3\}) = 0 \leq \mathcal{V}(\mathcal{A}) = 1$$
$$\mathcal{V}(\{i\}) + \mathcal{V}(\{1,2,3\}\backslash\{i\}) = 1 \leq \mathcal{V}(\mathcal{A}) = 1 \qquad i = 1, 2, 3 \ .$$

Andererseits ist der Kern $\mathcal{K}$ jedoch leer, denn es müsste für ein $x \in \mathcal{K}$ gelten:

$$x_1 + x_2 \geq \mathcal{V}(\{1,2\}) = 1$$
$$x_2 + x_3 \geq \mathcal{V}(\{2,3\}) = 1$$
$$x_3 + x_1 \geq \mathcal{V}(\{1,3\}) = 1 \ .$$

Addition der drei Ungleichungen liefert:

$$2 \sum_{i=1}^{3} x_i \geq 3 \Rightarrow \sum_{i=1}^{3} x_i \geq 1.5 \ ,$$

was im Widerspruch steht zu

$$\sum_{i=1}^{m} x_i = \mathcal{V}(\mathcal{A}) = 1 \ .$$

Aufgabe 47 (auf Seite 142):

Nach Definition (5.1) und Satz (5.13) erfüllen die Zuteilungen $(x_1, \ldots, x_m)$, die im Kern liegen, die folgenden Bedingungen:

$$\sum_{i=1}^{m} x_i = \mathcal{V}(\mathcal{A})$$

$$x_i \geq \mathcal{V}(\{i\})$$

$$\sum_{i \in B} x_i \geq \mathcal{V}(B) \,.$$

Hieraus folgt für die Zerlegung $T = \{B_k, k = 1, \ldots, \ell\}$

$$\sum_{k=1}^{\ell} \mathcal{V}(B_k) \leq \sum_{k=1}^{\ell} \sum_{i \in B_k} x_i = \sum_{i=1}^{m} x_i = \mathcal{V}(\mathcal{A})$$

Dies ist die Behauptung.

Das folgende **Gegenbeispiel** zeigt, dass die Bedingung nicht hinreichend ist: sei $\mathcal{A} = \{1, 2, 3\}$, $\mathcal{V}(B) = 1$, falls $|B| \geq 2$ sonst $\mathcal{V}(B) = 0$.

$\mathcal{A}$ kann in zwei oder drei Koalitionen zerlegt werden. In beiden Fällen ist die angegebene Bedingung erfüllt, da

$$\mathcal{V}(\{1\}) + \mathcal{V}(\{2\}) + \mathcal{V}(\{3\}) = 0 \leq \mathcal{V}(\mathcal{A}) = 1$$
$$\mathcal{V}(\{i\}) + \mathcal{V}(\{1, 2, 3\} \backslash \{i\}) = 1 \leq \mathcal{V}(\mathcal{A}) = 1 \qquad i = 1, 2, 3 \,.$$

Andererseits ist der Kern $\mathcal{K}$ jedoch leer, denn es müsste für ein $x \in \mathcal{K}$ gelten:

$$x_1 + x_2 \geq \mathcal{V}(\{1, 2\}) = 1$$
$$x_2 + x_3 \geq \mathcal{V}(\{2, 3\}) = 1$$
$$x_3 + x_1 \geq \mathcal{V}(\{1, 3\}) = 1 \,.$$

Addition der drei Ungleichungen liefert:

$$2 \sum_{i=1}^{3} x_i \geq 3 \Rightarrow \sum_{i=1}^{3} x_i \geq 1.5 \,,$$

was im Widerspruch steht zu

$$\sum_{i=1}^{m} x_i = \mathcal{V}(\mathcal{A}) = 1 \,.$$

Aufgabe 48 (auf Seite 147):
Da nach Satz (5.16) das allgemeine Dreipersonen-Spiel in 0-1-reduzierter
Form genau dann einen nichtleeren Kern hat, wenn

$$\alpha_1 + \alpha_2 + \alpha_3 \leq 2 \tag{7.24}$$

gilt und andererseits nach Satz (5.18) ein Spiel genau dann einen nichtleeren
Kern hat, wenn es ausgegelichen ist, ist ein allgemeines Dreipersonen-Spiel
genau dann ausgeglichen, wenn die Bedingung (7.24) gilt.

Aufgabe 49 (auf Seite 147):

1. Berechnung der Koalitionsbewertung

   Seien a_i^S die Lösungen von

   $$\mathcal{V}(S) := \max_{a_i | i \in S} \left\{ \sum_{i \in S} f_i(a_i) | a_i \in \mathbb{R}_+^\ell \; ; \sum_{i \in S} a_i = \sum_{i \in S} \omega_i \right\} .$$

   Dann muss gelten

   $$\sum_{i \in S} a_i^S = \sum_{i \in S} \omega_i = \binom{|S \cap K|}{|S \cap M|}$$

   $f_i(a_i^S)$ ist nur dann genau 1, wenn beide Komponenten von a_i^S gleich 1
   sind. Es kann aber höchsten $\min\{|S \cap K|, |S \cap M|\}$ solcher a_i^S geben,
   wie die vorige Bedingung zeigt. Damit gilt

   $$\mathcal{V}(S) = \min\{|S \cap K|, |S \cap M|\} .$$

2. Berechnung des Kerns

   Da der Kern nicht leer ist, gibt es mindestens eine Zuteilung $z = (z_1, \ldots, z_m)$, die im Kern ist. Diese muss die Bedingung

   $$\sum_{i \in \mathcal{A}} z_i = \min\{|S \cap \mathcal{A}|, |S \cap \mathcal{A}|\} = \min\{|K|, |M|\} = |K|$$

   erfüllen.

   Alle $z_i \geq 0$, da offensichtlich $\mathcal{V}(\{i\}) = 0$. $i = 1, \ldots, m$.

   Da $|M| \geq |K| + 1$ gilt, gilt für die Koalition $S = \mathcal{A} \backslash \{j\}$ mit beliebigem
   $j \in M$ ebenfalls $\mathcal{V}(S) = |K|$. Daher gilt $z_j = 0$ für alle $j \in M$.

Betrachtet man Zweierkoalitionen, die genau einen Spieler aus K enthalten, müssen die $z_i \geq 1$ für $i \in K$ sein. Sie können aber nicht > 1 sein, da sonst die Bedingung für die Gesamtkoalition nicht erfüllt ist, sondern es gilt $z_i = 1$ für $i \in K$.

Der Kern besteht also nur aus einer Zuteilung, für die gilt

$$z_i = \begin{cases} 1 & \text{falls } i \in K, \\ 0 & \text{falls } i \in M. \end{cases}$$

Aufgabe 50 (auf Seite 149):
Nach der Definition (5.55) eines konvexen Spieles muss für alle Koalitionen $S, T \subseteq \mathcal{A}$ gelten

$$\mathcal{V}(S) + \mathcal{V}(T) \leq \mathcal{V}(S \cup T) + \mathcal{V}(S \cap T) \ .$$

Diese Ungleichung ist für alle Koalitionsbewertungen erfüllt, wenn

1. S oder T gleich $\emptyset$ oder

2. S oder T gleich $\mathcal{A}$ oder

3. $S = T$ ist.

Für die folgende Fallunterscheidung berücksichtigen wir auch, dass diese Ungleichung in S und T symmetrisch ist.
Die Koalitionen ordnen wir in folgender Reihenfolge

$$B_1 = \{1\}, \ B_2 = \{2\}, \ B_3 = \{3\}$$
$$B_4 = \{2,3\}, \ B_5 = \{1,3\}, \ B_6 = \{1,2\}$$
$$B_7 = \{1,2,3\} \ \text{an.}$$

Fall 1: $S = B_i$, $i = 1,2,3$

Fall 1.1: Sei $T = B_i$, $i = 2,3$.

Dann ist $S \cap T = \emptyset$ und $S \cup T = \{i_1, i_2\}$ für gewisse i_1, i_2.

Wegen $\mathcal{V}(S) = \mathcal{V}(T) = \mathcal{V}(S \cap T) = 0$ und $\mathcal{V}(S \cup T) = \alpha_i$, $i = 1,2,3$ (Symmetrie!) folgt

$$\alpha_i \geq 0 \quad i = 1,2,3 \ .$$

Fall 1.2: Sei $T = B_i$, $i = 4, 5, 6$.

Dann ist $S \cup T$ gleich T oder gleich $\{1, 2, 3\}$. In beiden Fällen ist $\mathcal{V}(S \cap T) = 0$. Der erste Fall liefert keine zusätzliche Bedingung, der zweite Fall liefert

$$\alpha_i \leq 1 \quad i = 1, 2, 3 .$$

Fall 2: $S = B_i$, $i = 4, 5, 6$ und $T = B_i$, $i = 5, 6$.

Es ist immer $\mathcal{V}(S \cap T) = 0$, da $|S \cap T| \leq 1$.

Ferner ist immer $\mathcal{V}(S \cup T) = \mathcal{A}$.

Somit folgt

$$\alpha_1 + \alpha_2 \leq 1$$
$$\alpha_1 + \alpha_3 \leq 1$$
$$\alpha_2 + \alpha_3 \leq 1$$

Aus den letzten drei Ungleichungen folgt, dass diese Bedingungen nur erfüllt sind, wenn

$$\alpha_1 + \alpha_2 + \alpha_3 \leq 1.5 \text{ gilt,}$$

wobei natürlich die Umkehrung nicht gilt.

Zur Existenz eines Kerns war nur die schwächere Bedingung

$$\alpha_1 + \alpha_2 + \alpha_3 \leq 2$$

nötig.

Aufgabe 51 (auf Seite 149):

Nach Definition (5.7)ist ein äquivalentes kooperatives Spiel durch

$$\tilde{\mathcal{V}}(B) = k \times \mathcal{V}(B) + \sum_{i \in B} c_i$$

mit $k > 0$ gegeben. Daraus folgt

$$\tilde{\mathcal{V}}(B) + \tilde{\mathcal{V}}(G) = k(\mathcal{V}(B) + \mathcal{V}(G)) + \sum_{i \in B} c_i + \sum_{i \in G} c_i .$$

Berücksichtigt man, dass

$$\sum_{i \in B} c_i + \sum_{i \in G} c_i = \sum_{i \in B \cup G} c_i + \sum_{i \in B \cap G} c_i$$

($\sum_{i \in B \cap G} c_i$ kommt zweimal vor!), so folgt aus der angenommenen Konvexität weiter

$$\leq k \times (\mathcal{V}(B \cup G) + \mathcal{V}(B \cap G)) + \sum_{i \in B \cup G} c_i + \sum_{i \in B \cap G} c_i \ .$$

Nach Definition der Äquivalenz gilt die Gleichung

$$= \tilde{\mathcal{V}}(B \cup G) + \tilde{\mathcal{V}}(B \cap G) \ .$$

Damit ist die Behauptung bewiesen.

Aufgabe 52 (auf Seite 150):
Zunächst wird gezeigt, dass $(x_1, \ldots, x_m)$ tatsächlich eine Zuteilung ist.

1. Aus der Konvexität folgt

$$\mathcal{V}(B_i) + \mathcal{V}(\{i\}) \leq \mathcal{V}(B_i \cup \{i\}) \ .$$

Hieraus folgt schließlich $x_i \geq \mathcal{V}(\{i\})$

2.

$$\sum_{i=1}^{m} x_i = \sum_{i=1}^{m} \mathcal{V}(B_i \cup \{i\}) - \sum_{i=1}^{m} \mathcal{V}(B_i)$$

$$= \mathcal{V}(\mathcal{A}) + \sum_{i=1}^{m-1} \mathcal{V}(\underbrace{B_i \cup \{i\}}_{B_{i+1}}) - \sum_{i=2}^{m} \mathcal{V}(B_i) =$$

$$= \mathcal{V}(\mathcal{A}) + \sum_{i=1}^{m-1} \mathcal{V}(B_{i+1}) - \sum_{i=2}^{m} \mathcal{V}(B_i) = \mathcal{V}(\mathcal{A})$$

Das heißt, dass $\sum_{i=1}^{m} x_i = \mathcal{V}(\mathcal{A})$.

Somit sind alle Bedingungen für eine Zuteilungen erfüllt.
Im nächsten Schritt wird gezeigt, dass die Zuteilung x im Kern liegt.
Es werde eine beliebige Koalition $S = \{i_1, \ldots, i_s\}$, $i_1 < i_2 < \ldots < i_s$, betrachtet. Gegeben Sei ferner ein beliebiges $\ell : 1 < \ell < s$. Aus der Konvexität folgt

$$\mathcal{V}(\{i_1, i_2, \ldots, i_\ell\}) + \mathcal{V}(B_{i_{\ell+1}} \cup \{i_\ell + 1\}) \geq \mathcal{V}(B_{i_{\ell+1}}) + \mathcal{V}(\{i_1, i_2, \ldots, i_\ell, i_{\ell+1}\})$$

und somit

$$\mathcal{V}(\{i_1, i_2, \ldots, i_\ell\}) + \underbrace{\mathcal{V}(B_{i_{\ell+1}} \cup \{i_{\ell+1}\}) - \mathcal{V}(B_{i_{\ell+1}})}_{x_{i_{\ell+1}}} \geq \mathcal{V}(\{i_1, i_2, \ldots, i_\ell, i_{\ell+1}\}) \, ,$$

woraus sich

$$x_{i_{\ell+1}} \geq \mathcal{V}(\{i_1, i_2, \ldots, i_\ell, i_{\ell+1}\}) - \mathcal{V}(\{i_1, i_2, \ldots, i_\ell\})$$

ergibt.

Summiert man die letzte Ungleichung über alle ℓ unter Berücksichtigung von $x_{i_1} \geq \mathcal{V}(\{i\})$ auf, d.h. berechnet man $\sum_{i \in S} x_i$, dann folgt die Aussage

$$\sum_{i \in S} x_i = \sum_{\ell=0}^{s-1} x_{i_{\ell+1}} \geq \sum_{\ell=0}^{s-1} \Big(\mathcal{V}(\{i_1, i_2, \ldots, i_\ell, i_{\ell+1}\}) - \mathcal{V}(\{i_1, i_2, \ldots, i_\ell\}) \Big) = \mathcal{V}(S) \, ,$$

die x als zum Kern gehörig ausweist. Der Kern ist also für ein konvexes Spiel nicht leer.

Aufgabe 53 (auf Seite 152):
Betrachten wir zunächst die Identität mit $\pi(i) = i$ unter den Permutationen. Dies ergibt die Zuteilung $x_i^\pi = \mathcal{V}(B_i \cup \{i\}) - \mathcal{V}(B_i)$ aus Aufgabe 52. Man sieht dann, dass die folgende Teilmenge der Ungleichungen, die einen Kern beschreiben, mit Gleichheit erfüllt ist:

$$x_1^\pi \geq \mathcal{V}(\{1\}) \qquad \sum_{k=1}^{i} x_k^\pi \geq \mathcal{V}(\{B_{i+1}\}) \; i = 2, \ldots, m-1 \qquad \sum_{k=1}^{m} x_i^\pi = \mathcal{V}(\mathcal{A}) \, .$$

Diese Nebenbedingungen haben linear unabhängige Gradienten und daher ist x_i^π, $i = 1, \ldots, m$ eine Ecke des zulässigen Bereichs.
Im Falle einer beliebigen Permutation π wird definiert

$$B_i^\pi = \{\pi^{-1}(1), \ldots, \pi^{-1}(i)\}$$

und es ist folgende Teilmenge der Ungleichungen, die einen Kern beschreiben mit Gleichheit erfüllt:

$$x_1^\pi \geq \mathcal{V}(\{1\}) \qquad \sum_{k=1}^{i} x_k^\pi \geq \mathcal{V}(\{B_{i+1}^\pi\}) \; i = 1, \ldots, m-1 \qquad \sum_{k=1}^{m} x_k^\pi = \mathcal{V}(\mathcal{A}) \, .$$

Hier gilt ebenfalls die lineare Unabhängigkeit und wir haben eine Ecke des Kerns.

Aufgabe 54 (auf Seite 152):

Es genügt die 0-1-reduzierte Form zu betrachten. Es sei an die Bezeichnung

$$T(\pi, j) = \{i \in \mathcal{A} \mid \pi(i) < \pi(j)\}$$

erinnert. Mit den Abkürzungen $\gamma_i = 1 - \alpha_i$ folgt:

$\pi(1)$	$\pi(2)$	$\pi(3)$	$T(\pi,1)\cup\{1\}$	$T(\pi,1)$	$T(\pi,2)\cup\{2\}$	$T(\pi,2)$	$T(\pi,3)\cup\{3\}$	$T(\pi,3)$	Ecken des Kerns x_1	x_2	x_3
1	2	3	$\{1\}$	$\emptyset$	$\{1,2\}$	$\{1\}$	$\{1,2,3\}$	$\{1,2\}$	0	α_3	γ_3
1	3	2	$\{1\}$	$\emptyset$	$\{1,2,3\}$	$\{1,3\}$	$\{1,3\}$	$\{1\}$	0	γ_2	α_2
2	1	3	$\{1,2\}$	$\{2\}$	$\{2\}$	$\emptyset$	$\{1,2,3\}$	$\{1,2\}$	α_3	0	γ_3
2	3	1	$\{1,3\}$	$\{3\}$	$\{1,2,3\}$	$\{1,3\}$	$\{3\}$	$\emptyset$	α_2	γ_2	0
3	1	2	$\{1,2,3\}$	$\{2,3\}$	$\{2\}$	$\emptyset$	$\{2,3\}$	$\{2\}$	γ_1	0	α_1
3	2	1	$\{1,2,3\}$	$\{2,3\}$	$\{2,3\}$	$\{3\}$	$\{3\}$	$\emptyset$	γ_1	α_1	0

Aufgabe 55 (auf Seite 156):

1. Wir betrachten eine Folge $k \to \infty$ von Zuteilungen $x_k = (x_{k1}, \dots, x_{km}) \in \mathcal{R}$, die gegen einen Grenzwert x_∞ konvergiert. Ferner werde angenommen, dass dieser Grenzwert $\notin \mathcal{R}$ ist. Dann gibt es wegen der externen Stabilität von $\mathcal{R}$ eine Zuteilung $z \in \mathcal{R}$, die x_∞ dominiert, d.h. es gibt eine Koalition B, so dass

$$x_{\infty,i} < z_i \forall i \in B \text{ und } \sum_{i\in B} z_i \leq \mathcal{V}(B) \ .$$

   Die Bedingung $x_{\infty,i} < z_i \forall i \in B$ ist dann für alle Folgenglieder in einer genügend kleinen Umgebung von x_∞ erfüllt. Somit würde $z \in \mathcal{R}$ andere Elemente von $\mathcal{R}$, nämlich Folgenglieder ab einem gewissen Index k^*, dominieren, was ein Widerspruch ist. Daher ist jede stabile Menge abgeschlossen.

2. Da der Kern immer in einer stabilen Menge $\mathcal{R}$ enthalten ist und die innere Stabilität eine Dominanz verbietet, trifft die Behauptung zu.

3. Wegen der inneren Stabilität einer VNM-Lösung, findet sich in einer echten Teilmenge keine Zuteilung, die ein Element des Restes dominieren würde. Dies verlangt aber die externe Stabilität einer VNM-Lösung. Die Aussage ist daher richtig.

4. Der Kern ist immer in einer stabilen Menge enthalten. Nach dem vorangehenden Punkt kann keine echte Obermenge einer stabilen Menge ebenfalls eine stabile Menge sein. Daher ist ein Kern, der extern stabil ist, die einzige stabile Menge.

Aufgabe 56 (auf Seite 158):
Die stabile Menge ist eindeutig und gleich dem Kern des Spieles. Die stabile Menge ist damit konvex und kann durch die Ecken des Kerns beschrieben werden.

Aufgabe 57 (auf Seite 165):
Seien die A-Mitglieder $\{1, 2, 3, 4, 5\}$ und $\{6, 7, \ldots, 15\}$ die B-Mitglieder. Die Koalitionsbewertung kann dann folgendermaßen beschrieben werden

$$\mathcal{V}(B) = \begin{cases} 1 & \text{falls } \{1, 2, 3, 4, 5\} \subseteq B \wedge |B| \geq 9 \\ 0 & \text{falls } |B| < 9 \\ 0 & \text{falls } i \notin B, \forall i \in \{1, 2, 3, 4, 5\} \end{cases}$$

Insbesondere hat die Koalitionsbewertung folgende Eigenschaften:

$$\mathcal{V}(\{i\}) = 0 \text{ und } \mathcal{V}(B) = 0 \Rightarrow \mathcal{V}(B \backslash \{i\}) = 0$$

Ein Dummy-Spieler liegt vor, wenn

$$\mathcal{V}(S \cup \{i\}) = \mathcal{V}(S) \quad \forall S \subseteq \mathcal{A} \, .$$

Für A-Mitglieder i gilt die Gleichung nicht für ein B mit $\mathcal{V}(B) = 1$. Denn es ist dann $\mathcal{V}(B \backslash \{i\}) = 0$.
Für ein B-Mitglied i gilt die Gleichung nicht für ein B mit $|B| = 9$ und $\mathcal{V}(B) = 1$. In diesem Fall ist nämlich auch $\mathcal{V}(B \backslash \{i\}) = 0$.
Es gibt also keine Dummy-Spieler (-Mitglieder).
Wegen der Symmetrie erhalten jeweils alle A-Mitglieder und alle B-Mitglieder die gleiche Auszahlung

Nach dem oben Gesagten ist nur dann für A-Mitglieder $\mathcal{V}(B)-\mathcal{V}(B\backslash\{i\}) > 0$, wenn $\mathcal{V}(B) = 1$. In diesem Fall muss B alle A-Mitglieder enthalten. Folglich ist aber dann $\mathcal{V}(B\backslash\{i\}) = 0$. Die Differenz ist also gleich 1. Für $i \in \{1,2,3,4,5\}$ berechnet sich die Shapley-Zuteilung zu

$$\Phi_i(\mathcal{V}) = \sum_{b=|B|=9}^{15} \frac{(b-1)!(m-b)!}{m!} \sum_{B:\{1,2,3,4,5\}\subset B} 1 =$$

$$= \sum_{b=9}^{15} \frac{(b-1)!(m-b)!}{m!} \binom{m-5}{b-5} =$$

$$= \frac{1}{m(m-1)(m-2)(m-3)(m-4)} \sum_{b=9}^{15} (b-4)(b-3)(b-2)(b-1) =$$

$$= \frac{70728}{360360} = \frac{421}{2145} = 0.1962703963$$

der Rest zu 1 bleibt für die übrigen 10 B-Mitglieder

$$1 - 5 * \frac{421}{2145} = \frac{40}{2145}$$

jedes B-Mitglied i erhält daher die Wertigkeit

$$\Phi_i(\mathcal{V}) = \frac{4}{2145} = 0.001864801865 \ .$$

Aufgabe 58 (auf Seite 166):
Jede Permutation π von $\{1,2,\ldots,m\}$, die m festlässt ($\pi(m) = m$) ist ein Automorphismus der Koalitionsbewertung $\mathcal{V}$. Daher sind alle $\phi_i(\mathcal{V})$ für $i = 1,\ldots,m-1$ gleich und es gilt:

$$(m-1)\phi_i(\mathcal{V}) + \phi_m(\mathcal{V}) = \mathcal{V}(\mathcal{A}) = f(m-1) \qquad i = 1,\ldots,m-1$$

$$\phi_i(\mathcal{V}) = \frac{f(m-1) - \phi_m(\mathcal{V})}{m-1} \qquad i = 1,\ldots,m-1 \ .$$

Die Berechnung von $\phi_m(\mathcal{V})$ geschieht mit der Formel:

$$\phi_m(\mathcal{V}) = \sum_{B \subseteq \mathcal{A}} \frac{(|B|-1)!(m-|B|)!}{m!} \underbrace{(\mathcal{V}(B) - \mathcal{V}(B \setminus \{m\}))}_{=f(|B|-1)} =$$

$$= \sum_{b=1}^{m} \frac{(b-1)!(m-b)!}{m!} \underbrace{\left(\sum_{B : |B|=b} 1 \right)}_{=\binom{m-1}{b-1}} f(|B|-1) =$$

$$= \frac{1}{m} \sum_{b=1}^{m} f(b-1) = \frac{1}{m} \sum_{b=1}^{m-1} f(b) \ .$$

Somit ergibt sich

$$\phi_i(\mathcal{V}) = \frac{1}{m-1} \left(f(m-1) - \frac{1}{m} \sum_{k=1}^{m-1} f(k) \right) \qquad i = 1, \dots, m-1$$

$$\phi_m(\mathcal{V}) = \frac{1}{m} \sum_{k=1}^{m-1} f(k) \ .$$

Aufgabe 59 (auf Seite 167):
Wir betrachten zwei Permutationen π und π^* der folgenden Art

$\pi(j_i)$	1	2	...	ℓ	...	$m-2$	$m-1$	m
$\pi^*(j_i)$	m	$m-1$	...	$m-\ell+1$	...	3	2	1
j_i	j_1	j_2	...	j_ℓ	...	j_{m-2}	j_{m-1}	j_m

Es sei $k = j_\ell$ ein Spieler aus H. Es ist ferner $T(\pi, k) = \{j_1, j_2, \dots, j_{\ell-1}\}$ und $T(\pi^*, k) = \{j_m, j_{m-1}, j_{m-2}, \dots, j_{\ell+1}\}$.
Bezeichne nun

$$d(\pi, k) = \sum_{i \in T(\pi,k) \cap H} y_i - \sum_{i \in T(\pi,k) \cap K} x_i$$

Die Definition von $d(\pi^*, k)$ ist analog. Aus der Definition der Koalitionsbewertung ergibt sich

$$x_{\pi,k} = \mathcal{V}(T(\pi, k) \cup \{k\}) - \mathcal{V}(T(\pi, k)) = \begin{cases} 0, & d(\pi, k) \leq 0; \\ d(\pi, k), & 0 \leq d(\pi, k) \leq x_k; \\ x_k, & x_k \leq d(\pi, k). \end{cases}$$

Wegen der fast komplementären Mengen $T(\pi, k)$ und $T(\pi^*, k)$ und der Beziehung $c = \sum_{i \in H} x_i = \sum_{i \in K} y_i$ folgt

$$d(\pi, k) + d(\pi^*, k) = x_k \ .$$

Ferner folgt

$$\mathcal{V}(T(\pi^*, k) \cup \{k\}) - \mathcal{V}(T(\pi^*, k)) =$$
$$\begin{cases} 0, & d(\pi^*, k) \leq 0 \iff x_k \leq d(\pi, k); \\ d(\pi^*, k), & 0 \leq d(\pi^*, k) \leq x_k \iff 0 \leq d(\pi, k) \leq x_k; \\ x_k, & x_k \leq d(\pi^*, k) \iff d(\pi, k) \leq 0. \end{cases}$$

Somit gilt

$$x_{\pi, k} + x_{\pi^*, k} = x_k \ ,$$

und nach der Formel

$$\Phi_k(\mathcal{V}) = \frac{1}{m!} \frac{m!}{2} x_k = \frac{x_k}{2} \quad k \in H \ .$$

Analog folgt

$$\Phi_k(\mathcal{V}) = \frac{y_k}{2} \quad k \in K \ .$$

Aufgabe 60 (auf Seite 171):
Mit Hilfe der Tabellen für Zweipersonen-Zweistrategien-Spiele auf Seite 66 rechnet man nach, dass es neben den unsymmetrischen Nash-Gleichgewichten (s_1^1, s_2^2) und (s_2^1, s_1^2) die Strategienkombination, wo jeder Spieler $(1/2, 1/2)$ spielt, ein symmetrisches Nash-Gleichgewicht gibt. Die Auszahlung ergibt sich mit den Strategienhäufigkeiten x bzw. y zu

$$U(x, y) = (-1)xy + 2x(1 - y) + 1(1 - x)(1 - y)$$

und speziell für $y = 1/2$

$$U(x, 1/2) = 1/2 \ .$$

Aus der letzten Gleichung erkennt man, dass jedes x eine beste Antwort auf $y = 1/2$ ist. Daher muss auch die Bedingung 2 der Definition (6.2) überprüft werden:

$$U(1/2, x) - U(x, x) > 0 \quad \forall x \neq 1/2 \ ,$$

und weiter folgt

$$U(1/2, x) - U(x, x) = 2 * (x - \frac{1}{2})^2 \ .$$

Hieraus sieht man, dass die Bedingung 2 der Definition (6.2) gilt.
Das symmetrische Nash-Gleichgewicht $(1/2, 1/2)$ ist somit eine ESS.

Literaturverzeichnis

[1] TAMER BAŞAR UND GEERT JAN OLSDER. „Dynamic noncooperative game theory", Band 23 aus „Classics in Applied Mathematics". Society for Industrial and Applied Mathematics, Philadelphia, 2 Auflage (1999).

[2] C. BERGE. „Espaces topologiques et fonctions multivoques". Dunod, Paris (1966).

[3] M.J. BEST UND K. RITTER. „Linear Programming: Active Set Analysis and Computer Programs". Prentice-Hall Inc., Englewood Cliffs New Jersey 07632 (1985).

[4] KEN BINMORE. Game theory and the social contract. In Selten [67], Seiten 85 – 163.

[5] KEN BINMORE. „Game theory and the social contract: Playing fair". MIT Press, Cambridge, Massachusetts (1994).

[6] KEN BINMORE. „Game theory and the social contract: Just playing". MIT Press, Cambridge, Massachusetts (1998).

[7] I. M. BOMZE. Non-cooperative 2-person games in biology: a classification. *International Journal of Game Theory* **15**, 31–59 (1986).

[8] I. M. BOMZE UND W. GROSSMANN. „Optimierung – Theorie und Algorithmen". BI Wissenschaftsverlag, Mannheim, Leipzig, Wien, Zürich (1993).

[9] O. N. BONDAREVA. Some applications of linear programming methods to the theory of cooperative games. *Problemy Kybernetiki* **10**, 119 – 139 (1963). in russisch.

[10] E. BOREL. La théorie du jeu et les équations intégrales à noyau symmétrique. *Comptes Rendus de l'Académie des Sciences* **173**, 1304 – 1308 (1921).

[11] E. BOREL. Applications aux jeux d'hasard. In „Traité du calcul des probabilités et ses applications". Gauthier-Villars, Paris (1938).

[12] DOUGLAS S. BRIDGES UND GHANSHYAM B. MEHTA. „Representations of Preferences Ordering", Band 422 aus „Lecture Notes in Economics and Mathematical Systems". Springer-Verlag, Berlin (1995).

[13] JOHN L. CASTI. „Die großen fünf: Mathematische Theorien, die unser Jahrhundert prägten". Birkhäuser Verlag, Basel (1966).

[14] ANDREW M. COLMAN. „Game Theory and Experimental Games. The Study of Strategic Interaction". International series in experimental social psychology,vol. 4. Pergamon Press, Oxford, London (1982).

[15] ANNE CONDON. „Computational models of games". ACM distinguished dissertations, Massachusetts Institute of Technology, Massachusetts (1989).

[16] A. COURNOT. „Recherches sur les principes mathématiques de la théorie des richesses". Hachette, Paris (1838).

[17] ERIC VAN DAMME. „Stability and Perfection of Nash Equilibria". Springer-Verlag, Neudruck der 2. Auflage (1996).

[18] F. Y. EDGEWORTH. „Mathematical Psychics". Kegan Paul, London (1881).

[19] MANFRED EIGEN UND RUTHILD WINKLER. „Das Spiel: Naturgesetze steuern den Zufall". Piper, München, Zürich, 4 Auflage (1996).

[20] J.W. FRIEDMAN. „Game Theory with Application to Economics". University Press, Oxford (1986).

[21] DONALD B. GILLIES. Solutions to general non-zero-sum-games. In H.W. KUHN UND A.W. TUCKER (Herausgeber), „Contributions to the Theory of Games", Band IV aus „Annals of Mathematics Studies 40", Seiten 47–85. Princeton University Press, Princeton (1959).

[22] J.C. HARSANYI. Games with incomplete information played by 'bayesian' players, part i. *Management Science* **14**, 159–182 (1967).

[23] J.C. HARSANYI. Games with incomplete information played by 'bayesian' players, part ii. *Management Science* **15**, 320–334 (1968).

[24] J.C. HARSANYI. Games with incomplete information played by 'bayesian' players, part iii. *Management Science* **15**, 486–502 (1968).

[25] JOHN C. HARSANYI. The tracing procedure: a bayesian approach to defining a solution for n-person noncooperative games. *International Journal of Game Theory* **4**(2), 61 – 94 (1975).

[26] JOHN C. HARSANYI. A new theory of equilibrium selection for games with complete information. *Games and Economic Behavior* **8**, 91 – 122 (1995).

[27] JOHN C. HARSANYI UND REINHARD SELTEN. „A General Theory of Equilibrium Selection in Games". MIT Press, Cambridge Massachusetts (1988).

[28] H. HESSE. „Das Glasperlenspiel". Suhrkamp Taschenbuch Verlag, Frankfurt am Main (1972).

[29] MORRIS W. HIRSCH UND STEPHEN SMALE. „Differential Equations, Dynamical Systems and Linear Algebra", Band 60 aus „Pure and Applied Mathematics". Academic Press, New York, San Francisco, London (1974).

[30] JOSEF HOFBAUER UND KARL SIGMUND. „Evolutory Games and Population Dynamics". Cambridge University Press, Cambridge, United Kingdom (1998).

[31] M. J. HOLLER UND G. ILLIG. „Einführung in die Spieltheorie". Springer-Verlag, Berlin, 3 Auflage (1996).

[32] JOHAN HUIZINGA. „Homo Ludens:Vom Ursprung der Kultur im Spiel". Rowohlt Taschenbuch-Verlag, Hamburg (1956).

[33] T. ICHIISHI. Super-modularity: applications to convex games and to the greedy algorithm for LP. *Journal of Economic Theory* **25**, 283–286 (1981).

[34] YAKAR KANNAI. The core and balancedness. In ROBERT J. AUMANN UND SERGIU HART (Herausgeber), „Handbook of Game Theory with Economic Applications Vol.1", Band 1 aus „Handbook in Economics Vol. 11", Kapitel 12, Seiten 355 – 395. North Holland, Amsterdam, 2. Auflage (1992).

[35] C. T. KELLEY. „Iterative Methods for Linear and Nonlinear Equations". Society for Industrial and Applied Mathematics, Philadelphia (1995).

[36] D. M. KREPS UND R. B. WILSON. Sequential equilibria. *Econometrica* **50**, 863 – 894 (1982).

[37] H.W. KUHN. Extensive games and the problem of information. In H.W. KUHN UND A.W. TUCKER (Herausgeber), „Contributions to the Theory of Games", Band I aus „Annals of Mathematics Studies", Seiten 193 – 216. Princeton University Press, Princeton (1953).

[38] WOLFGANG LEININGER, LARS THORLUND-PETERSEN UND JÜRGEN WEIBULL. A note on strictly competitive and zero-sum games. Bericht, Universität Bonn (1988).

[39] C. E. LEMKE. Bimatrix equilibrium points and mathematical programming. *Management Science* **11**, 681 – 689 (1965).

[40] C. E. LEMKE UND J. T. JR. HOWSON. Equilibrium points in bimatrix games. *SIAM Journal on Applied Math.* **12**, 413 – 423 (1964).

[41] W. F. LUCAS. A game with no solution. *Bulletin of the American Mathematical Society* **74**, 237–239 (1968).

[42] O. L. MANGASARIAN. Equilibrium points in bimatrix games. *Journal of the Society for Industrial and Applied Mathematics* **12**, 778 – 780 (1964).

[43] J. MAYNARD SMITH. Game theory and the evolution of fighting. In „On Evolution", Seiten 8 – 28. Edinburgh University Press, Edinburgh (1972).

[44] R. D. MCKELVEY UND AL. Gambit command language. Internet (1997). Beschreibung der Kommando-Version des Programms.

[45] R. D. MCKELVEY UND AL. Gambit graphics user interface. Internet (1997). Beschreibung des Windows-Programms.

[46] R. D. MCKELVEY UND A. MCLENNAN. Computation of equilibria in finite games. In H. AMMAN, H. D. KENDRICK UND J. RUST (Herausgeber), „Handbook of Computational Economics", Band 1, Seiten 87 – 142. Elsevier (1996).

[47] R. D. McKelvey und Th. R. Palfrey. Quantal response equilibria for normal form games. *Games and Economic Behavior* **10**, 6 – 38 (1995).

[48] A. Mehlmann. „Wer gewinnt das Spiel? Spieltheorie in Fabeln und Paradoxa". Verlag Vieweg, Braunschweig/Wiesbaden (1997).

[49] László Mérö. „Moral Calculations. Game Theory, Logic, and Human Frailty". Springer-Verlag, New York (1998).

[50] R. B. Myerson. Refinements of the nash equilibrium concept. *International Journal of Game Theory* **7**, 73 – 80 (1978).

[51] J.F. Nash. Equilibrium points in n-person games. *Proc. Nat. Acad. Sci. U.S.A.* **36**, 48–49 (1950).

[52] J.F. Nash. Non-cooperative games. *Annals of Mathematics* **54**, 286–295 (1951).

[53] J. von Neumann. Zur Theorie der Gesellschaftsspiele. *Mathematische Annalen* **100**, 295–300 (1928).

[54] J. von Neumann und O. Morgenstern. „Theory of games and economic behaviour". Princeton University Press, Princeton (1944).

[55] A. Okada. Perfect equilibrium points and lexicographic domination. *International Journal of Game theory* **17**, 225 – 239 (1988).

[56] M. J. Osborne und A. Rubinstein. „A course in game theory". MIT Press, Cambridge, Massachusetts (1994).

[57] G. Owen. „Spieltheorie". Springer-Verlag, Berlin (1971).

[58] B. Rauhut, N. Schmitz und E.-W. Zachow. „Spieltheorie". Teubner-Verlag, Stuttgart (1979).

[59] A. Reinefeld. „Spielbaum-Suchverfahren". Informatik-Fachberichte Vol.200. Springer-Verlag, Berlin (1989).

[60] J. Rosenmüller. On a generalization of the Lemke-Howson algorithm to noncooperative n-person games. *SIAM Journal of Applied Mathematics* **21**, 73 – 79 (1971).

[61] H. Scarf. The approximation of fixed points of a continuous mapping. *SIAM Journal of Applied Mathematics* **15**, 1328 – 1343 (1967).

[62] H. SCARF. „The Computation of Economic Equilibria". Yale University Press, New Haven (1973).

[63] R. SELTEN. Spieltheoretische Behandlung eines Oligopolmodells mit Nachfrageträgheit. *Zeitschrift für die gesamte Staatswirtschaft* **121**, 301–324, 667–689 (1965).

[64] R. SELTEN. Reexamination of the perfectness concept for equilibrium points in extensive games. *International Journal of Game Theory* **4**, 25–55 (1975).

[65] R. SELTEN. The chain store paradox. *Theory and Decisions* **9**, 127 – 159 (1978).

[66] REINHARD SELTEN (Herausgeber). „Game Equilibrium Models I: Evolution and Game Dynamics". Springer-Verlag, Berlin (1991).

[67] REINHARD SELTEN (Herausgeber). „Game Equilibrium Models II: Methods, Morals, amd Markets". Springer-Verlag, Berlin (1991).

[68] REINHARD SELTEN (Herausgeber). „Game Equilibrium Models III: Strategic Bargaining". Springer-Verlag, Berlin (1991).

[69] REINHARD SELTEN (Herausgeber). „Game Equilibrium Models IV: Social and Political Interaction". Springer-Verlag, Berlin (1991).

[70] L. SHAPLEY. A value for n-person games. In H. W. KUHN UND A. W. TUCKER (Herausgeber), „Contributions to the Theory of Games Vol.2". Princeton University Press, Princeton (1953).

[71] L. S. SHAPLEY. On balanced sets and cores. *Naval Research Logistics Quaterly* **14**, 453–460 (1967).

[72] L. S. SHAPLEY. Cores of convex games. *International Journal of Game Theory* **1**, 11–26 (1971).

[73] M. SHUBIK. „Game Theory in the Social Sciences: Concepts and Solutions". MIT Press, Cambridge, Massachusetts (1984).

[74] E. SPERNER. Neuer Beweis für die Invarianz der Dimensionszahl und des Gebietes. *Abhandlungen aus dem Mathematischen Seminar der Hamburgischen Universität* **6**, 265 – 272 (1928).

[75] H. STACKELBERG. „Marktform und Gleichgewicht". Springer-Verlag, Wien (1934).

[76] P. D. TAYLOR UND L. B. JONKER. Evolutionary stable strategies and game dynamics. *Math. Biosc.* **40**, 332– 341 (1978).

[77] N.N. VOROB'EV. „Game Theory", Band 7 aus „Application of Mathematics". Springer-Verlag, Berlin (1977).

[78] ROSENTHAL R. W. Games of perfect information, predatory pricing and the chain-store paradox. *Journal of Economic Theory* **25**, 92 – 100 (1981).

[79] J. WALDEGRAVE. Minimax solution to 2-person zero-sum game, reported 1713 in a letter from P. de Montmort to N. Bernoulli. In W. J. BAUMOL UND S. GOLDFIELD (Herausgeber), „Precursors of Mathematical Economics", Seiten 3 – 9. London School of Economics, London (1968).

[80] ROBERT J. WEBER. Games in coalitional form. In ROBERT J. AUMANN UND SERGIU HART (Herausgeber), „Handbook of Game Theory with Economic Applications", Band 2 aus „Handbook in Economics Vol. 11", Kapitel 36, Seiten 1285 – 1304. North Holland, Amsterdam, 2. Auflage (1994).

[81] R. WILSON. Computing equilibria of n-person games. *SIAM Journal of Applied Mathematics* **21**, 80 – 87 (1971).

[82] E. C. ZEEMAN. Population dynamics from game theory. In Z. NITECKI UND C. ROBINSON (Herausgeber), „Global Theory of Dynamical Systems", Band 819 aus „Lecture Notes in Mathematics", Seiten 471 – 497. Springer-Verlag, Berlin (1980).

[83] J. ZHAO. The equilibria of a multiple objective game. *International Journal of Game Theory* **20**, 171 – 182 (1991).

English Vocabulary

action,
 Spielzug (bei extensiven Spielen)
agent,
 Spieler, Akteur
agent form,
 Normalform, strategische Form
assessment,
 Einschätzung

balanced game,
 ausgeglichenes Spiel
belief,
 Spielhypothese
best response,
 beste Antwort
best response function,
 Abbildung der besten Antwort

carrier,
 Träger(menge)
centipede,
 Tausendfüssler
chain-store,
 Warenhauskette
characteristic function,
 charakteristische Funktion
chicken game,
 Angsthasen-Spiel
collective rationality,
 kollektive (Gruppen-) Rationalität
complementarity,
 Komplementäreigenschaft
complete information,
 vollständige Information
core,
 Kern

dummy,
 Strohmann(Dummy)

effectiveness condition,
 Bedingung der Effektivität
equilibrium, sequential,
 sequentielles Gleichgewicht
equilibrium,
 trembling hand perfect,
 Gleichgewicht der zitternden Hand
equivalence, best response,
 beste-Antwort aquivalent
strategic equivalence,
 strategische Äquivalenz
external stability,
 externe Stabilität

foreman,
 Vorarbeiter

game theory,
 Spieltheorie
game tree,
 Spielbaum
game, coalitional,
 kooperatives Spiel
game, constant sum,
 Konstantsummen-Spiel
game, cooperative ,
 kooperatives Spiel
game, essential,
 wesentliches (kooperatives) Spiel
game, extensive,
 extensives Spiel
game, inessential,
 unwesentliches (kooperatives) Spiel
game, noncooperative ,
 nicht-kooperatives Spiel
game, strictly competitive,
 stark kämpferisch
game, zero,
 Null-Spiel

hawk-dove-game,
    Falke-Taube-Spiel, auch Löwe-Lamm-Spiel
history,
    Spielhistorie, Spielablauf

imperfect information,
    ohne perfekte Information
imperfect recall,
    ohne perfekte Erinnerung
imputation,
    Zuteilung (Imputation)
imputation, dominance of ,
    Dominanz von Zuteilungen
individual rationality,
    individuelle Rationalität
information, complete,
    vollständige Information
internal stability,
    interne Stabilität

leader-follower-game,
    Stackelberg-Spiel
Linear Programming,
    Lineare Optimierung

Nash equilibrium,
    Nash-Gleichgewicht
never-best response,
    niemals beste Antwort

outcome,
    Auszahlung o. allg. Spielergebnis

payoff, transferable,
    übertragbare Auszahlung
perfect equilibrium,
    perfektes Gleichgewicht
perfect information,
    perfekte Information
perfect recall,
    perfekte Erinnerung

player,
    Spieler, Akteur
preferability condition,
    Bedingung der Präferenz
prisoner's dilemma,
    Gefangenen Dilemma
profile,
    Strategienkombination

saddle point,
    Sattelpunkt
scissors-paper-stone game,
    Schere-Stein-Papier Spiel
Selten's horse,
    Selten's Pferd
sequential equilibrium,
    sequentielles Gleichgewicht
Shapley value,
    Shapley Wert
strategic form,
    strategische Form, Normalform
strategy,
    Strategie
strategy, behavioral,
    Verhaltensstrategie
strategy, combination of,
    Kombination von Strategien
strategy, mixed,
    gemischte Strategie
strategy, pure,
    reine Strategie
strategy, strictly dominated,
    stark dominierte Strategie
strategy, strongly mixed,
    stark gemischte Strategie
strategy, weakly dominated,
    schwach dominierte Strategie
strictly competitive,
    stark kämpferisch
subgame,
    Teilspiel

subgame perfect equilibrium,
   perfektes Teilspiel-Gleichgewicht
superadditivity,
   Superadditivität
support,
   Träger(menge)

utility function,
   Auszahlungsfunktion

0-1-reduced form,
   0-1-reduzierte Form
zerosum game,
   Nullsummen-Spiel

Computational Finance mit MATLAB

Michael Günther, Ansgar Jüngel
Finanzderivate mit MATLAB
Mathematische Modellierung und numerische Simulation
2003. XII, 302 S. Br. € 24,90   ISBN 3-528-03204-9

Inhalt: Optionen und Arbitrage - Die Binomialmethode - Die Black-Scholes-Gleichung - Die Monte-Carlo-Methode - Numerische Lösung parabolischer Differentialgleichungen - Numerische Lösung freier Randwertprobleme - Einige weiterführende Themen - Eine kleine Einführung in MATLAB

In der Finanzwelt ist der Einsatz von Finanzderivaten zu einem unentbehrlichen Hilfsmittel zur Absicherung von Risiken geworden. Dieses Buch richtet sich an Studierende der (Finanz-)Mathematik und der Wirtschaftswissenschaften im Hauptstudium, die mehr über Finanzderivate und ihre mathematische Behandlung erfahren möchten. Es werden moderne numerische Methoden vorgestellt, mit denen die entsprechenden Bewertungsgleichungen in der Programmierumgebung MATLAB gelöst werden können.

Abraham-Lincoln-Straße 46
65189 Wiesbaden
Fax 0611.7878-400
www.vieweg.de

Stand 1.7.2004. Änderungen vorbehalten.
Erhältlich im Buchhandel oder im Verlag.